U0372065

碳达峰碳中和的中国之道

庄贵阳 周宏春 主编

中国财经出版传媒集团
中国财政经济出版社

图书在版编目（CIP）数据

碳达峰碳中和的中国之道 / 庄贵阳，周宏春主编
. -- 北京 : 中国财政经济出版社，2021.12

ISBN 978-7-5223-0916-3

Ⅰ. ①碳… Ⅱ. ①庄… ②周… Ⅲ. ①二氧化碳—排
污交易—研究—中国 Ⅳ. ① X511

中国版本图书馆 CIP 数据核字（2021）第 225560 号

责任编辑：李昊民　张怡然　　　　特约编辑：陈　娟

封面设计：张　敏　　　　　　　　责任印制：张　健

碳达峰碳中和的中国之道

TANDAFENG TANZHONGHE DE ZHONGGUO ZHI DAO

中国财政经济出版社 出版

URL： http://www.cfeph.cn

E-mail：cfeph@cfemg.cn

社址：北京市海淀区阜成路甲 28 号　邮政编码：100142

营销中心电话：010-88191522

天猫网店：中国财政经济出版社旗舰店

网址：https://zgczjjcbs.tmall.com

北京中科印刷有限公司印刷　各地新华书店经销

成品尺寸：170mm × 240mm　16 开　19.5 印张　260 千字

2021 年 12 月第 1 版　2022 年 1 月北京第 2 次印刷

定价：58.00 元

ISBN 978-7-5223-0916-3

（图书出现印装问题，本社负责调换，电话：010-88190548）

本社图书质量投诉电话：010-88190744

打击盗版举报热线：010-88191661　QQ：2242791300

前言

气候科学愈加明确，人类活动很可能是造成全球气候变暖的主要原因，也增加了极端高温、降水、干旱和热带气旋发生的可能性和严重性。气候变化问题不仅危及自然生态系统的结构和功能，也影响经济社会的正常运转，给国际和平与安全造成威胁。为了减缓和适应气候变化问题，国际温控目标从不超过工业化前水平 2 ℃过渡至 1.5 ℃，要求全球在 2050 年左右实现碳中和。近期，政府间气候变化专门委员会（Intergovernmental Panel on Climate Change，IPCC）警告称，除非全球在 2050 年前后实现温室气体净零排放，否则 1.5 ℃目标将落空。国际社会日渐重视提升气候变化行动力，中国也遵循《巴黎协定》的要求，宣示了更新的国家自主贡献目标，承诺采取更加有力的政策和措施，二氧化碳排放力争于 2030 年前达到峰值，努力争取 2060 年前实现碳中和。

一、碳达峰碳中和的内涵阐释

中国主动提出碳达峰、碳中和的最新气候目标，受到社会各界的广泛关注。碳排放提前达峰中的“碳”明确指二氧化碳，而且主要指能源活动产生的二氧化碳。而“努力争取 2060 年前实现碳中和”中的“碳”，则指全经济领域的温室气体。从碳达峰到碳中和，逐步扩大的温室气体纳入范围既符合《巴黎协定》关于提交中长期温室气体低排放发展战略和更具雄心的长期目标的要求，也与中国的经济发展需求和减排能力相适应。

（一）碳排放与发展阶段密切相关

碳达峰是指经济体内生产生活活动因消费煤炭、石油、天然气等化石能源而产生的二氧化碳总量在一定时期内（通常以年为单位）达到峰值，之后进入平台期并可能在一定范围内波动，然后平稳下降的过程。碳达峰包括以下要素：达峰路径、达峰时间点和目标值以及达峰后的减排路径。碳中和是指通过植树造林、节能减排等方式抵消经济体在一定时期内（通常以年为单位）直接或间接产生的温室气体排放，从而实现零排放。简单地说，就是人为造成的排放源和吸收汇之间达到平衡，使温室气体净排放量为零。

人口，经济发展水平，工业化、城镇化水平，能源结构等因素显著影响碳排放水平。观察、总结工业化国家和地区的达峰规律、经济属性后发现，碳排放和能源消费“双达峰”“双下降”往往出现在工业化、城镇化发展阶段之后，此时经济增速明显下降，人均国内生产总值（GDP）在 1 万—2 万美元的水平。我国在上述因素方面均与工业化国家存在较大差异，承担着减排和经济高质量发展的双重任务。已有研究显示，我国二氧化碳排放增长与经济增长整体呈现从相关到脱钩的趋势。我国在客观上已经具备实现碳达峰的现实基础，如期实现净零排放目标也在技术和经济上具有可行性。

在以化石能源为主的能源结构下，经济发展和二氧化碳排放存在一定的联系。根据挪威国际气候研究中心估算，自工业革命以来全球二氧化碳排放量持续增长，从 1750 年的 935.05 万吨增长到 2020 年的 340.75 亿吨。其中，绝大多数排放量是在 20 世纪以来的 120 年中产生的。从图 1 中也可以看出，碳排放量受到经济波动的影响显著。在 1929 —1933 年“大萧条”、1980 —1982 年资本主义世界经济危机、1990 —1991 年美国经济危机、1997 —1998 年亚洲金融危机、2008 —2009 年国际金融危机、2019 —2020 年新冠肺炎疫情期间，经济活动大幅减少，全球碳排放量也显著下降。

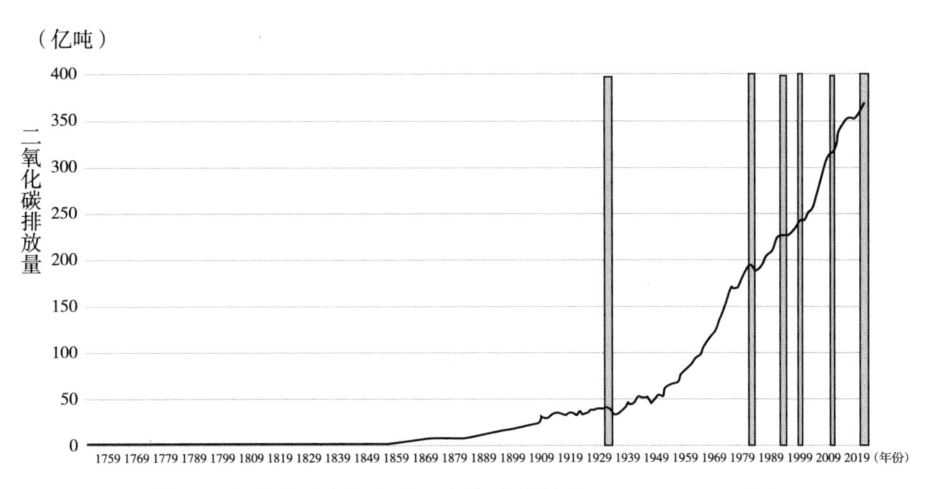

图 1 工业革命以来的全球二氧化碳排放量（1750—2020 年）

资料来源：Our World in Data（用数据看世界）网站公开统计数据。

（二）碳达峰碳中和的政策内涵

“二氧化碳排放力争于 2030 年前达到峰值”不是快速攀高峰、争空间，而是要削峰发展、压低峰位，以便走向碳中和。一国选择放任二氧化碳排放高速增长以尽快达到高峰值的“冲锋”模式，与逐步控制碳排放增量而较晚达到低峰值的“削峰”模式，在达峰后将面临截然不同的“经济—社会—环境”系统。中国走“削峰”模式，尽管前期对能源、经济转型提出较高要求，但能规避高碳锁定、路径依赖以及产能过剩等问题，具有可操作性。碳达峰目标不仅在一定程度上决定了排放轨迹和实践路径，也直接影响碳中和实现的时间和困难程度。碳达峰是碳中和的基础和前提，碳中和是碳达峰的紧约束。我国面临着比工业化国家时间更紧张、幅度更大的减排要求，越早以“削峰”模式实现二氧化碳达峰，越能为实现碳中和目标留出更多时间和空间。

2030 年前碳排放达峰仅需要在现有政策基础上再加一把劲儿。然而，在现有技术和政策体系下实现 2060 年前碳中和目标还面临诸多挑战。从能源系统的角度看，实现碳中和需要将从工业革命以来建立的以化石能源为主体的能源体系转变为以可再生能源为主体的能源体系，并通过生物能源与碳捕集和封存（Biomass Energy with Carbon Capture and Storage，BECCS）等负排放技术实现能源体系的净零排放甚至负排放。从科技创新的角度看，低碳、零碳、负碳技术的发展尚不成熟，各类技术系统集成难、环节构成复杂、技术种类多、成本昂贵，亟待系统性的技术创新。低碳技术体系涉及可再生能源、负排放技术等领域，不同低碳技术的技术特性、应用领域、边际减排成本和减排潜力差异很大。我国脱碳成本曲线显示，可再生能源电力可低成本减少我国最初约 50% 的人类活动温室气体排放；在达到 75% 脱碳后，曲线将进入“高成本脱碳”区间，而实现 90% 脱碳的年成本可能高达约 1.8 万亿美元。如果仅延续当前政策、投资和碳减排目标等，现有技术难以支撑我国在 2060 年前实现碳中和。

归根结底，碳达峰、碳中和的深层次问题和主要矛盾在于能源问题。修正后的 Kaya 恒等式显示，碳排放主要与人口、人均 GDP、碳排放强度和能源结构有关。我国人口趋近峰值，国土空间开发趋近完成，收入水平仍在提升，正处于由经济规模型经济体向生活品质提升型经济体的转变阶段。2020 年，我国经济总量已迈上百万亿元台阶，强大的国家综合实力为实现“双碳”目标奠定了坚实的经济基础。因此，控制碳排放的主要着力点在于降低碳排放强度和调整能源结构。当然，在关注二氧化碳减排之余，还需要关注非二氧化碳温室气体的管控。

社会生产生活的各个环节通过能源电力建立起广泛而深刻的联系。高比例发展可再生能源、优化能源结构是实现提前达峰目标的根本对策。控制能源消费总量、以技术创新提升能效和可再生能源对传统化石能源的替代将在二氧化碳减排过程中发挥重要作用。在可预测的一段时间内，我国能源消费总量仍处于上升趋势，行业能效提升的空间也将不断收窄，发展以可再生能源为主体的能源系统是实现碳达峰、碳中和目标的重中之重。

构建新型电力系统是实现“双碳”目标的重要战略举措，其核心特征在于推动以风、光等新能源为代表的可再生能源成为提供电量支撑的主体电源。未来随着可再生能源电力大规模集群并网和高渗透分散接入，风、光等电源出力的波动性和不确定性将给电力系统带来更为复杂的安全稳定挑战。预计未来电力资源将构成“三分天下、互为补充”的格局：可再生能源成为主体电源，提供主要的电力支撑；大型可控电源，作为维持电力系统安全稳定的灵活性电源，提供基础的调节服务；无所不在的短时电池储能与必要的长时储能互补构成全时间尺度的系统调节能力。[①]

二、碳达峰碳中和的重要意义

碳达峰碳中和为进入新发展阶段的我国低碳发展确立了新目标，注入了新动力，符合我国低碳发展战略内在演化逻辑。这一战略部署符合我国可持续发展的内在要求，也是维护气候安全、共谋全球生态文明建设的必然选择。

（一）打造生态文明发展新范式，走经济高质量发展之路

从国内行动逻辑来看，近年来我国正在寻求更具可持续性、包容性和韧性的经济增长方式，碳达峰、碳中和目标的提出将我国的绿色发展之路提升到新的高度，成为我国未来数十年内社会经济发展的主基调之一。我国将碳达峰、碳中和纳入生态文明建设整体布局，在规划实现路径时将综合考虑我国国情，在发展和减排中找到平衡点，走经济高质量发展之路。

一方面，我国的碳达峰、碳中和之路与生态文明理论高度一致。我国基于对工业文明的反思与扬弃提出了生态文明思想，不仅顺应全

① 参见袁家海、张浩楠：《碳中和电力系统中，煤电还是“压舱石”吗？》，载于《中国能源报》2021年8月1日。

球可持续发展的大趋势，也为应对气候变化问题提供了全新的转型思路及指导方法。生态文明理念指导我国二氧化碳减排、应对气候变化行动。同时，我国经济社会绿色低碳转型、二氧化碳减排的成果也佐证了生态文明思想在全球气候治理领域所发挥的推动作用。生态文明强调人与自然、人与社会、人与人之间的和谐。在应对气候变化问题上，既要求用科学的态度看待人与自然的关系；也要求改变高污染、高排放的生产方式和生活方式，遏制对自然资源的过度利用，从根源阻断气候变化的成因；还要求人与人之间相互尊重、相互帮助、相互诚信、相互理解，通力、真诚合作，促进区域资源禀赋深度融合。碳达峰、碳中和既强调产业结构调整，生产侧节能降碳，也推崇适度、低碳、健康的消费方式和生活方式。在自然开发、保护与末端治理方面，推崇基于自然的解决方案，发展循环经济，复原生态红利。这与生态文明理论遵循人与自然相统一、人的行为与自然相协调、道德理性与自然理性相一致。

另一方面，碳达峰、碳中和是构建新发展格局的重要一环。我国进入新发展阶段，开启全面建设社会主义现代化国家的新征程。党的十九届五中全会提出，要在新发展理念引领下构建以国内大循环为主体、国内国际双循环相互促进的新发展格局。新发展格局中的“发展”，是绿色、低碳、可持续的高质量发展。布局新发展格局，应统筹安全与发展、当下与长远、自强与开放，需要碳达峰、碳中和在其中发挥激励、约束作用。同时，多目标协同、多角度系统规划的新发展格局的构建过程也将促进、保证碳达峰、碳中和目标的实现。党的十九届五中全会提出加快构建新发展格局的同时，明确了 2035 年远景目标。除此之外，我国还面临着联合国可持续发展目标、到 21 世纪中叶基本实现现代化等诸多短期目标和中长期愿景，对多目标的综合考虑更有利于有效识别可能影响新发展格局构建、影响“双碳”目标实现的实质问题。

作为我国经济高质量发展的内在约束，碳达峰、碳中和要求建立健全绿色低碳循环发展的经济体系，建立健全清洁、低碳、高效、安全的现代化能源生产和消费体系。随着生态文明建设的不断推进，“绿水青山就是金山银山”的理念日益深入人心。我国在政策引导之余，通过以点带面的政策示范效应，充分调动了各方面低碳发展的积极性、主动性和创造性，为碳达峰、碳中和目标的实现注入强大动力。独具中国特色的政策设计逻辑和政治执行力，充分彰显了中国的制度优势和市场优势，尤其是集中力量办大事的优势。只要继续秉持新发展理念，凝聚全社会智慧和力量共同行动，我们打赢这场硬仗并不是天方夜谭。与粗放式的经济增长模式相比，在经济高质量发展路径之下，我国也必然能实现碳达峰、碳中和目标。

（二）维护全球气候安全，引领经济绿色复苏

从国际行动逻辑来看，地球处于气候紧急状态已引起各个国家和地区的警惕。气候变化问题在全球范围内发生，跨越了时间和空间的范畴。作为碳排放量世界第一的大国，我国碳排放量超过发达国家和地区的总和。我国碳达峰、碳中和具有世界意义，将对世界产生最重要的两点贡献：一是防范气候风险，维护气候安全；二是引领绿色复苏。

我国是二氧化碳排放量最大的国家。根据《BP世界能源统计年鉴（2020）》，2019年我国二氧化碳排放总量为9825.8百万吨，约占世界二氧化碳排放总量的28.8%。同时，在世界发展格局演化进程中，中国的相对地位发生了根本性的变化，国际社会对中国减排的期望很高。在某种程度上说，只有中国碳达峰，世界才能碳达峰；只有中国碳中和，世界才能碳中和。

我国碳达峰、碳中和有利于维护气候安全，减少自然灾害损失。气候变化问题具有全局性、系统性的特征，没有一个国家或地区能够避免其负面影响。由于长期行动不足，气候变化从一种正常的自然现象发展为环境问题；又从单纯的环境问题逐渐演变为更高层面的发展问题；目前已经成为人类发展面临的最大非传统安全挑战。高影响气候事件频发、海洋生态系统遭到破坏、“气候难民”数量上升，15 个已知的全球气候临界点已有 9 个被激活。在国际知名学术期刊《自然》（*Nature*）刊载的文章中，科学家认为在先前指出的 9 个临界点中，超过一半的临界点已经呈现出活跃状态，更有几个临界点处于“接近被触发，或者已经被触发”的状态。IPCC 发布第六次评估报告第一工作组报告称，很多气候变化造成的影响，在百年到千年的时间尺度上是不可逆转的。在保护人类免受气候变化的灾难性影响这一问题上，“我们没有时间可以浪费了”。

2020 年初暴发的新冠肺炎疫情给全球带来了自 20 世纪 30 年代以来最严重的经济冲击，正在并将持续对投资、就业、经济乃至应对气候变化行动产生全方位的重要影响。疫情期间温室气体排放量下降的主要原因在于经济活动减少带来的能源需求下降，除非立即采取行动推动产业结构和能源结构调整，否则随着经济复苏，碳排放总量必定会反弹。考虑到过往的全球经济危机复苏过程通常伴随着碳排放水平的大幅跃升，国际社会呼吁各个国家和地区携手推进绿色复苏。

我国推进碳达峰、碳中和不仅有助于防范灾难性气候“黑天鹅”风险、化解气候变化“灰犀牛”风险[①]，在一定程度上降低气候变化问题带来的经济损失，也与绿色复苏逻辑一致。绿色复苏旨在建立一条发展目标、气候目标兼容可持续的经济社会低碳发展路径，在应对生态危机的同时恢复经济发展。两者的关键都在于经济系统快速脱碳，抑制以高碳投资拉动经济的冲动，减少化石能源使用和其他温室气体排放来源。我国的碳达峰、碳中和以能源脱碳推动经济社会绿色低碳转型，目标是在满足人民日益增长的美好生活需要的情况下实现碳中和。

在后疫情时代，我国的碳达峰、碳中和目标向世界发出了明确的

① 参见潘家华、张莹：《中国应对气候变化的战略进程与角色转型：从防范“黑天鹅”灾害到迎战“灰犀牛”风险》，载于《中国人口·资源与环境》2018 年第 10 期。

信号，即应对新冠肺炎疫情不应也不会成为阻止更大力度行动应对气候变化的理由。[①]我国的碳达峰是整体性、系统性、全局性的工作，覆盖了能源电力、工业、交通、建筑等高耗能、高排放部门，涉及生产和消费、基础设施建设和社会福利等各个方面。我国将以绿色低碳产业体系发展、绿色基础设施建设等为方向，致力于加强绿色能源、绿色金融等领域合作，并完善“一带一路”等多边合作平台。研究表明，大规模的绿色公共投资计划是后疫情时代振兴各国经济以及更有效应对气候变化的方式。与传统的经济措施相比，提高能源效率或者使用可再生能源的绿色项目创造了更多的就业机会，并为政府带来了更高的短期回报以及长期的成本节约。我国的探索将引领世界经济绿色复苏，为其他国家和地区提供经验借鉴。

三、碳达峰碳中和的政策导向

自碳达峰、碳中和目标愿景提出以来，我国在多个场合表明实现“双碳”目标的决心。在这一新的历史条件下，制定出台碳达峰碳中和的时间表和路线图，以顶层设计指引二氧化碳减排是我国实现绿色低碳可持续转型和履行国际承诺的重要任务和前提。

（一）中国低碳减排成效与挑战

我国始终高度重视应对气候变化问题，实施积极应对气候变化国家战略，采取了调整产业结构、优化能源结构、节能提高能效、推进碳市场建设、增加森林碳汇等一系列措施，在控制温室气体排放战略规划制定、体制机制改革、社会意识提升和能力建设等重点领域取得积极成效。其经验在于对内统筹推进减缓与适应行动，将应对气候变化与经济社会可持续发展紧密结合；对外坚持与国际社会共建气候治理多边机制。

① 参见庄贵阳:《绿色低碳发展道路彰显中国责任担当》，载于《光明日报》2021年1月25日。

在实践中，我国发挥制度优势，将节能降碳行政目标层层分解至地方和部门，充分发挥城市的主体作用和引领作用，推动能源电力、工业、建筑、交通等重点部门的减排进程，使大气污染治理带动二氧化碳协同减排取得了一定的成效。同时，我国也通过“试点—扩散”机制在多地区开展了多类型、多领域的低碳试点尝试，如低碳省市试点、碳交易试点、低碳工业园区试点等，发挥行政规制与市场机制的协同作用，探索建立低碳发展的长效机制。早在2017年，中国尽早实现二氧化碳排放峰值的实施路径研究课题组就提出，在经济上、技术上我国具备提前达峰的客观条件。尽管未来仍有一些需要克服的困难，但中国在2050年实现净零碳排放目标在技术和经济上仍具有可行性，且对国家发展和居民生活水平产生的经济成本都较为有限。

作为世界第二大经济体和最大的发展中国家，我国当前仍处于工业化和城市化发展阶段中后期，能源总需求在一定时期内还会持续增长。不少发达国家已实现碳排放与经济脱钩，它们实现碳排放达峰是一个技术、经济发展的自然过程，从碳达峰到碳中和，发达国家有60年到70年的过渡期。相较而言，我国的碳达峰、碳中和是自我加压的主动行为，通过政策手段驱动“双碳”目标的实现。

从碳达峰到碳中和，我国只有30年左右的时间。这意味着，我国温室气体减排的难度和力度都要比发达国家大得多，也意味着我国的碳达峰、碳中和之路不能照搬其他国家和地区的现有经验，只能“摸着石头过河”，在干中学，在实践中摸索。差异性意味着独特性。我国的碳达峰、碳中和实践是“用中国理论阐释中国实践”。我国将在发展不平衡不充分的条件下实现碳达峰，并在最短的时间内从碳达峰实现碳中和，这将是一场硬仗和大考。这就需要我们持续推动碳减排与经济社会协同发展，更加重视发展绿色能源产业，加快推进绿色低碳生产、生活方式，开展碳排放达峰行动。

（二）顶层设计引领碳达峰碳中和

碳达峰、碳中和需要在全国一盘棋的工作思路下，发挥制度优势和市场优势，以协同适配的一揽子政策推进其实现。碳达峰、碳中和既需要差异化的行动方案，也需要东中西部地区之间要素禀赋的深度融合。除了巩固自上而下将减排目标层层分解至地方政府部门的传统做法外，也应通过碳定价等政策将减排责任压实至企业，并需要在科技、碳汇、国际合作等方面提供政策保障。

碳达峰碳中和工作领导小组办公室设在国家发展和改革委员会，按照统一部署，正加快建立“1+N”政策体系，立好碳达峰、碳中和工作的“四梁八柱”。实际上，我国很多的改革方案都是以“1+N”的形式推出的，比如说国企改革方案、生态文明体系建设，这是我国作重大决策时的惯有方式。所谓“1”就是一个总体性的指导意见，“N”就是多个领域、多个方面的配套政策方案。2021 年 10 月 24 日，中共中央和国务院联合出台了《中共中央 国务院关于完整准确全面贯彻新发展理念做好碳达峰碳中和工作的意见》（以下简称《意见》）；2021 年 10 月 26 日，国务院发布了《2030 年前碳达峰行动方案》（以下简称《方案》），统筹统领碳达峰、碳中和工作。作为“1+N”中的“1”，《意见》是党中央对碳达峰、碳中和工作进行的系统谋划和总体部署，覆盖碳达峰、碳中和两个阶段，是管全局、管长远的顶层设计。而《方案》是“N”中为首的政策文件，是碳达峰阶段的总体部署，在目标、原则、方向等方面与《意见》保持有机衔接的同时，更加聚焦 2030 年前碳达峰目标。除此之外，“N”还包括科技支撑、碳汇能力、统计核算、督察考核等支撑措施和财政、金融、价格等保障政策。这一系列文件将构建起目标明确、分工合理、措施有力、衔接有序的碳达峰碳中和“1+N”政策体系。

碳达峰碳中和“1+N”政策体系涉及能源、产业、交通、技术等多个领域，转型和创新是其主旋律。主要包括以下 10 个方面：一是推进经济社会发展全面绿色转型；二是深度调整产业结构；三是加快构建清洁低碳、安全高效的能源体系；四是加快推进低碳交通运输体系建设；五是提升城乡建设绿色低碳发展质量；六是加强绿色低碳重大科技攻关和推广应用；七是持续巩固提升碳汇能力；八是提高对外开放绿色低碳发展水平；九是健全法律法规标准和统计监测体系；十是完善政策机制。

（三）避免运动式“减碳”

由于地方政府对大气治理、二氧化碳减排等问题的理解存在偏差，二氧化碳减排之路也曾“误入歧途”，出现了一些不尊重经济规律、盲目行动的异化现象，没有平衡好经济、民生和减碳的关系。2021 年 7 月 30 日，中共中央政治局会议指出，统筹有序做好碳达峰、碳中和工作，要坚持全国一盘棋，纠正运动式“减碳”，先立后破，坚决遏制“两高”项目盲目发展。总体而言，运动式“减碳”有以下三种表现形式。

一是蜂拥而上，虚喊口号。当前一些地方和部门在没有充分调查研究，甚至在没有制定行动方案、没有协调好能源安全性和经济性的情况下，就喊出提前碳达峰、碳中和的目标，目的在于抢风口、蹭热度、追热点，而后续行动显得乏力。把碳达峰、碳中和当概念炒作不可取，碳达峰、碳中和绝不是一场资本狂欢。“双碳”目标的实现，不在于口号喊得多响亮、造的声势多么轰轰烈烈，而是要踏踏实实落实在具体行动上。政治表态再积极，如果行动方案缺乏科学性和可操作性，不仅会影响碳达峰、碳中和目标的实现，而且会对经济增长、就业、社会福利等带来不利影响。

二是先破后立，过度行动。此类运动式“减碳”采取比较激进的措施应对节能降碳目标，或是运动式关停或是运动式上马项目。一些地方不考虑能源需求和能源安全，“拉闸限电”，对所有煤电机组采取“一刀切”的方式一关了之。一些地区没有统筹经济发展，只是简单强调控制能耗总量和提前碳达峰，对于一些能耗较高的传统产业粗暴关停。一些地区盲目上马新能源项目，出现了砍伐森林建设光伏电站、抢装风电的现象；市面上也出现了认为每个地方、每个行业、每个企业都要碳达峰、碳中和的观点。此类忽视经济发展客观规律、过度行动的做法，不仅造成减碳成本与效益难以达到最优，也会导致资源浪费，影响经济平稳恢复和产业链稳定。

三是盲目冲“峰”，认知偏差。一些地方曲解了碳达峰的内涵，认为可以通过在2030年前继续大幅提升化石能源消费量将碳排放峰值冲到高位，发展高耗能产业的冲动强烈。近期中央生态环境保护督察就发现，一些地方存在盲目上马“两高”项目的冲动，有“大上、快上、抢上、乱上”的势头。如果任由“两高”项目盲目发展，不但会影响中国的产业结构优化升级和能源结构调整，影响环境空气质量的改善，而且会导致碳排放增速加快，意味着实现碳中和目标将承担更大的压力和代价。

运动式“减碳”是为了减碳而专门发起的运动，是减碳表面化、不愿向深水区挺进的表现，具有“过”和“不及”的特征。实质上，运动式“减碳”是缺乏统筹、无序抢先的问题，原因可归结为以下三个方面：一是缺乏系统化思维。地方政府没有厘清减碳与发展的关系、减碳和能源的关系以及能源可及性、经济性和绿色低碳之间的关系。二是“双碳”驱动的政绩观。地方政府对碳达峰、碳中和政策理解不深入不透彻，手段过于简单、强硬，对经济社会生活产生了不必要的负面影响。三是市场机制作用尚待发挥。欲有效促进碳达峰与碳中和目标的衔接与实现，政府和市场毫无疑问都要扮演各自的角色。如果整个体制机制没有相应的调整，政策和市场无法相互影响、相互制衡，最后的市场表现很难令人满意。

为了避免运动式“减碳”的负面影响，节约行动试错成本，在工作思路上，要处理好发展和减排、整体和局部、短期和中长期的关系；在工作举措上，要坚持全国统筹，强化顶层设计，发挥制度优势，压实各方责任，坚持政府和市场双手发力，在改革创新中推进落实。

一是坚持“先立后破、不立不破”的原则。把握好改革、发展和稳定的关系，先把减碳的基础设施做好，在保证经济平稳运行的基础上减碳。坚持“立”在“破”前，没有“立”住之前，不要急于“破”，只有“立”得住，才能“破”得好。制度层面，有序推进碳达峰、碳中和需要具体、统一的标准和行动指南，以顶层设计指导地方科学把握减排降碳的节奏。产业层面，不仅要构建以可再生能源为主体的能源电力系统，以减碳倒逼产业转型和产业升级，以技术创新保障其实现，而且要保障经济发展、城市建设、环境保护、改善民生的项目，坚决遏制“两高”项目盲目发展。公众层面，倡导绿色低碳的生活方式，从需求侧倒逼供给侧绿色低碳转型。

二是依法依规统筹有序推进“双碳”目标。统筹和有序是做好碳达峰、碳中和工作的两大指导方针。“统筹”是指全国一盘棋，尊重各地区的资源禀赋、经济目标和比较优势。促使东中西部资源深度融合，以有条件的地区率先达峰、率先中和乃至负排放来带动、抵补减排潜力不足、以经济发展为先地区的减排成果，坚决制止只顾眼前政绩效益、不符合经济发展水平和承受能力的行为。“有序”则指科学制定减排政策，既不冒进又不保守，根据地方实际有的放矢、有序管控。要理顺钢铁、煤炭的供需关系，明确“两高”项目在经济发展与能源需求脱钩的过程中扮演的角色。在顺应经济发展客观规律的基础上，切实防止过剩产能加剧，适时适当发展可再生能源电力及高新技术产业。

三是平衡好行政手段和市场机制的关系。促进碳达峰、碳中和目标的实现，需要尽可能避免为完成目标采取过于简单粗暴的行政手段，对经济社会生活产生不必要的负面影响。在这一过程中，政府需要做的是对所有相关的政策和制度进行梳理，对与碳达峰、碳中和目标相矛盾的现行政策和制度进行修改完善，保持政府政策和制度与碳减排目标的一致性。基于此，市场主体才会主动作为，促进碳达峰、碳中和目标的实现。

四、碳达峰碳中和的国际协同

气候变化问题的政治反应是21世纪的决定性问题，我国碳达峰、碳中和目标愿景向全世界发出了以更大力度的行动来应对气候变化的信号。然而，在气候变化挑战面前，人类命运与共，单一力量势必单薄。应对气候问题迫切需要在多边主义框架下开展国际合作。

（一）中美欧引领全球气候治理新格局

全球碳中和需要中美欧三方的通力合作和坚定引领。2020年，中美欧温室气体排放量占世界50%以上。英国皇家国际问题研究所认为，中美欧三方做出的决定对世界气候和能源安全具有重大影响。减少温室气体排放的政策往往是长期的，需要连贯性和稳定性。美国应对气候变化的态度反复不定、在气候变化政策方面反复“停—启”的做法严重削弱了其在国际减排进程中的效力。欧盟一贯支持气候倡议，通过了更为雄心勃勃的减排目标，在低碳技术部署方面处于全球领先地位。中国坚定不移地践行多边主义理念，正以巨大决心和切实行动应对气候变化。在2021年4月22日的领导人气候峰会上，国家主席习近平根据中国自主减排实践，提出了“坚持人与自然和谐共生”“坚持绿色发展”“坚持系统治理”“坚持以人为本”“坚持多边主义”“坚持共同但有区别的责任原则”[①]的中国方案，不仅为中国参加国际气候治理指明了方向，也为推动各国合作参与全球气候治理提供了解决方案。

中美携手推进全球气候变化事务，提振全球应对气候变化的信心。拜登政府带领美国重返《巴黎协定》，这对全球能源转型和可再

① 参见《习近平出席领导人气候峰会并发表重要讲话 强调要坚持绿色发展，坚持多边主义，坚持共同但有区别的责任原则，共同构建人与自然生命共同体》，载于《人民日报》2021年4月23日。

生能源产业是重大利好消息，也符合中国提倡的构建人类命运共同体理念，中国对此表示肯定。以美国新政府上台为契机，中国政府应加强中美清洁能源科技合作与技术交流，共同推进《巴黎协定》相关机制的落地，加强公开透明和对话沟通。中美双方应在适当时机推出第四份中美元首关于气候变化的联合声明，明确21世纪中叶温室气体低排放发展战略，积极践行绿色发展承诺，提振全球绿色发展信心。

继续强化中欧气候领域合作，实现应对气候变化的双赢。无论是在气候变化还是在生物多样性等方面，欧盟都设立了较高的绿色发展目标。但对于欧盟而言，仅靠自身不可能使全球气候变化问题发生实质性的改变，需要中国作为其应对气候变化的合作伙伴。中欧需要加强对话，在理想与现实之间找到恰当的契合点，助力各自目标的实现并获得双赢。我国政府应用好中欧环境与气候高层对话机制，相互支持中欧举办生物多样性、气候变化、自然保护国际会议，将中欧投资协定中关于市场准入、公平竞争环境和可持续发展三个方面做出的必要的实质性承诺予以落实。

（二）中国遵从国际“去煤”共识

全球合作框架下的绿色发展态势对煤炭可持续开发利用带来挑战。联合国秘书长古特雷斯呼吁经济合作与发展组织成员国承诺到2030年逐步淘汰煤炭，并呼吁非经合组织国家2040年淘汰煤炭。停止对煤炭发电厂的国际资助，将投资转向可持续能源项目。全球努力，一家一家煤电厂地过渡，并最终实现公正转型。

全球碳达峰碳中和的路线图是非常清晰的，那就是煤炭必须要首先退出，而且越早越好。发达国家的碳中和针对的基本都是化石能源消费带来的碳排放。美国控制温室气体排放，工作的着力点和重点都在化石能源。英国要在2025年前彻底退出煤炭，德国一开始说在2042年，后来改成2038年，目前承诺到2030年彻底退出煤炭。所以，我国的碳中和战略要符合国际规则，必须基于国际共识、国际协同、国际认可，要把重点落在化石能源减碳、脱碳上。中国社会科学院学部委员潘家华指出，在2045年或者最晚2050年，煤炭要全部退出。

脱煤是国际趋势，我国必须遵从这一国际共识。近几年，我国成为海外煤电投资的主力军，通过“一带一路”倡议向全世界70%的燃煤电厂建设提供资金支持。尽管我国“走出去”的燃煤机组在技术水平上是先进的，污染排放已经接近燃气机组的排放水平，且采用特高压等世界上最先进的输电技术，是环保高效的，但仍被质疑与我国积极进行的应对气候变化和绿色转型背道而驰。在不考虑外部性的条件下，由于煤炭是最廉价的能源资源，因此，发展煤电是东道国解决当下由能源贫困带来的发展限制问题的必然选择。我国境外煤电投资更多取决于市场机制和接受国的偏好，并非我国政府单方面能够决定的。此外，许多投资并不完全来自政府主体，尽管政府能够实施引导社会资本流向，但市场行为也发挥着很大的作用。[①]因此，企业在海外进行投资要对当地的环保政策有充分了解，比如火电项目一定要慎重，海外投资项目一定不能与气候治理相违背。企业环境责任的焦点难点体现在企业的碳责任上。

退煤进程处理不好还可能会引发社会矛盾甚至政治动荡。从投资的角度来看，煤炭开采、煤化工、煤电是回收期很长的投资，投资金额动辄七八十亿元甚至上百亿元，一般投资三年以后才能投产，经济运行周期长达四五十年，而碳中和的刚性约束在二三十年内就会不断趋紧，企业面临资产搁浅的潜在风险。除此之外，据世界资源研究所研究估计，到2030年，煤炭发电、石油开采和其他行业的约600万个工作岗位可能消失，而新的绿色工作将需要不同于以往的技能，如果不以公正公平的方式做好过渡工作，将会给受影响的工人及社区造成巨大困难。

---

① 参见张中祥：《碳达峰、碳中和目标下的中国与世界——绿色低碳转型、绿色金融、碳市场与碳边境调节机制》，载于《人民论坛·学术前沿》2021年7月（下）。

（三）碳边界调整机制利弊

欧盟委员会于2019年12月公布应对气候变化的《欧洲绿色协议》，提出到2050年欧洲地区在全球范围内率先实现碳中和，并逐步推出一揽子政策措施。在这一系列措施中，备受关注与争议的莫过于“碳边界调整机制”。这一机制将从2026年起主要针对欧盟进口的水泥、钢铁、铝、化肥及电力这5类产品征收碳关税。尽管欧盟方面不断强调，该机制将完全符合世界贸易组织的规则，但外界对其贸易保护主义色彩的质疑一直没有消除。

欧洲推出碳边界调整机制一方面是为了有效限制“碳泄漏”①；另一方面是保持欧盟相关产业在欧盟本土的竞争力。在碳边界调整机制之下，高耗能产品在国际贸易中处于竞争劣势。碳边界调整机制试图“决胜于千里之外”规范别国的经济行为，倒逼经济社会绿色低碳转型。

在《联合国气候变化框架公约》及《巴黎协定》的多边框架之外再采取诸如碳边界调整机制这种额外的单边措施，面临许许多多的问题。这一政策的接受度、严厉程度和影响范围取决于碳边界调整机制相关细节的制定和实施。事实上，碳价一定程度上反映了本地区的减排成本及减排潜力。世界各国具有不同的国情，发展阶段，经济、能源结构和技术水平，不同行业在不同国家和地区具有各不相同的减排成本。发展中国家的碳价比发达国家低是合理的，欧盟碳边界调整机制有强迫不同发展水平和能力的国家执行统一的碳价之嫌。

也有声音认为碳边界调整机制存在“逆全球化”、贸易保护主义的倾向，可能成为阻碍国际贸易的壁垒。我国主张，碳边界调整机制本质上是一种单边措施，无原则地把气候问题扩大到贸易领域，既违反世界贸易组织规则，冲击自由开放的多边贸易体系，严重损害国际

---

① “碳泄漏”是指环境规制严格的地区将高耗能、高排放产业转移至环境规制相对宽松的地区，一般是发展中国家和地区。通过从上述国家和地区进口高碳产品的方式应对本地面临的环境约束，但这会造成环境规制宽松地区的温室气体排放水平骤然提高。

社会互信和经济增长前景，也不符合《联合国气候变化框架公约》及《巴黎协定》的原则和要求，特别是共同但有区别的责任等原则，以及“自下而上”国家自主决定贡献的制度安排，助长单边主义、保护主义之风，会极大伤害各方应对气候变化的积极性和能力。

碳边界调整机制的利弊之争成为当前的气候热点，单边措施不能破坏全球碳中和的趋势也是世界共识。我国以审慎但积极的态度与国际社会就碳边界调整机制进行广泛磋商，避免欧盟单方面采取碳边界调整机制可能带来的冲突。应对气候变化是全球共同的责任和议题。碳边界调整机制对于中国参与国际贸易的相关高碳产业企业，以及关联的上下游产业也有同样的推动作用。应对碳边界调整机制的根本是推动国内绿色低碳技术的商业化推广应用。我国已于 2021 年 7 月 16 日正式启动全国碳市场，这是碳定价政策的一种实践方式。中欧是当前应对气候变化的主要推动力量，携手合作巩固全球碳中和大趋势将成为双赢之选。

总而言之，碳中和是一场广泛而深刻的经济社会变革。变革必然会面临压力，但压力往往又是前行的动力。在百年未有之大变局下，相信我国一定能在复杂的国际博弈中突出重围，实现我国长远的高质量发展，为民族复兴助力。

庄贵阳

2021 年 10 月

目 录

王文军 傅崇辉 赵栩婕

第八章
碳达峰碳中和的碳定价机制

庄贵阳 魏鸣昕

第九章
碳达峰碳中和的城市引领

毛显强 郭 枝 高玉冰

第十章
碳达峰碳中和的目标协同

第一章
碳达峰碳中和目标的提出及概念内涵

陈迎　张永香

2020 年 9 月 22 日，国家主席习近平在第 75 届联合国大会一般性辩论中向国际社会郑重宣布，中国将提高国家自主贡献力度，二氧化碳排放力争于 2030 年前达到峰值，努力争取 2060 年前实现碳中和。党的十九届五中全会、中央经济工作会议、中央全面深化改革委员会会议、中央财经委员会会议和 2021 年全国“两会”对落实碳达峰、碳中和工作作出部署。2021 年 10 月，中共中央、国务院正式发布《中共中央 国务院关于完整准确全面贯彻新发展理念做好碳达峰碳中和工作的意见》，对碳达峰、碳中和工作作出顶层设计和系统谋划。国务院印发《2030 年前碳达峰行动方案》，对碳达峰行动作出具体部署。各部门纷纷加紧制定碳达峰行动方案和相关政策，碳达峰、碳中和被提到了前所未有的高度，各项工作全面铺开。

一、碳达峰碳中和目标的提出

（一）碳达峰碳中和的概念内涵

碳达峰说的“碳”是二氧化碳（CO_2），常温下为一种无色无味不可燃的气体。工业革命以来，人类活动在燃烧化石能源、发展工业以及农林土地利用变化过程中排放的大量二氧化碳滞留在大气中。二氧化碳是造成气候变化最主要的温室气体。除二氧化碳之外，具有增暖效应的温室气体还包括甲烷（CH_4）、氧化亚氮（N_2O）、氢氟碳化物（HFC_S）、全氟碳化物（PFC_S）和六氟化硫（SF_6）等。为了应对气候变化，促进人类社会的可持续发展，必须努力减少温室气体排放。

碳达峰是指全球、国家、城市、企业等不同主体的碳排放在由升转降的过程中，碳排放的最高点即为碳排放峰值。碳中和是指全球、国家、城市、企业、活动等不同主体在一段时间内人为碳排放源与通过植树造林、碳捕集与封存（CCS）技术等人为吸收汇达到平衡的状态。

（二）认识误区和概念澄清

对于碳达峰、碳中和的基本概念和内涵，社会上依然存在很多误解，需要澄清。

1. 将碳达峰理解为达峰前还有排放空间，碳排放还要“攀高峰”

目前，一些地方、企业对碳达峰、碳中和的关系认识存在误区，认为达峰前要赶快上高耗能、高排放的项目，达峰后就没有机会了。碳达峰是具体的近期目标，碳中和是中长期的愿景目标，二者相辅相成。尽早实现碳达峰，努力“削峰”，可以为后续碳中和目标留下更大的空间和灵活性。而碳达峰时间越晚，峰值越高，则后续实现碳中和目标的挑战和压力越大。如果说碳达峰需要在现有政策基础上再加一把劲儿，那么实现碳中和目标，仅在现有技术和政策体系下努力是远远不够的，需要社会经济体系的全面深刻转型。

2. 将碳中和的重点放在“中和”，高估碳汇的作用

中国森林碳汇估计为 11 亿吨二氧化碳，仅占我国二氧化碳年排放总量的大约 11%。同期我国已运行的碳捕集和封存与碳捕集、利用和封存（CCS/CCUS）示范项目的总减排规模约为每年几十万吨二氧化碳。专家估计，2060 年左右我国经过努力，届时通过碳汇和碳移除等地球工程技术可能实现负排放 15 亿吨左右，远远无法实现碳中和目标。因此，碳减排是碳达峰、碳中和工作的重点。

碳中和目标的吸收汇只包括通过植树造林、森林管理等人为活动增加的碳汇，而不是自然碳汇，也不是碳汇的存量。海洋吸收二氧化碳会造成海洋的不断酸化，对海洋生态系统造成不利影响。陆地生态系统自然吸收的二氧化碳是碳中性的，并非永久碳汇。森林生长期吸收碳，但到成熟期吸收能力下降，动植物死亡腐烂后二氧化碳将重新排放到空气中。一场森林大火还可能将森林储存的碳变成二氧化碳快速释放。因此，人为排放到大气中的二氧化碳必须通过人为增加的碳吸收汇清除，才能达到碳中和。

3. 推进碳达峰碳中和工作，搞运动式“减碳”

运动式“减碳”就是指一些地方、企业还没有弄清碳达峰、碳中和的概念内涵，就虚喊口号、蜂拥而上，抢风口、蹭热度、追热点；还有一些地方、企业提出了超出目前发展阶段的不切实际的目标，或为了减碳而采取不切实际的行动。例如，构建零碳电力系统。促进能源系统转型是实现碳达峰、碳中和的重点领域，但也必须统筹有序推进。如果一味盲目关停煤电，一哄而上发展可再生能源，也可能引起电网的不稳定，影响供电系统的安全。再如，为了增加碳汇在不适合造林的地方造林，结果不仅不能增加碳汇，还破坏了自然生态系统。

4. 将碳中和理解为只控制二氧化碳排放，忽视其他非二氧化碳类温室气体

温室气体不只是二氧化碳，还包括甲烷、氧化亚氮、氢氟碳化物、全氟碳化物和六氟化硫等。甲烷的增温效应是二氧化碳的 21 倍。2021 年 7 月 24 日，中国气候变化事务特使解振华在主题为“全球绿色复苏与 ESG 投资机遇”的全球财富管理论坛 2021 北京峰会上，首次明确了 2060 年碳中和包括全经济领域温室气体的排放。非二氧化碳温室气体的减排也是碳达峰、碳中和工作的一个重要组成部分。2016 年 10 月 15 日《蒙特利尔议定书》197 个缔约方达成的《〈蒙特利尔议定书〉基加利修正案》（以下简称《基加利修正案》），就减排导致全球变暖的强效温室气体氢氟碳化物达成一致。我国是氢氟碳化物的生产和消费大国，制冷需求增长较快，而氢氟碳化物的削减与减缓和适应气候变化都密切相关。据《基加利修正案》要求，我国 2024 年将氢氟碳化物的生产和消费冻结在基线水平，2029 年在基线水平上削减 10%，到 2045 年削减 80%。我国已接受《基加利修正案》，承诺加强非二氧化碳温室气体管控，相当于进一步提升应对气候变化的行动力度。

（三）中国节能减排目标的演进[①]

我国一贯高度重视气候变化问题，把积极应对气候变化作为国家经济社会发展的重大战略，“十一五”以来，每个五年规划都制定应对气候变化的目标，并由国务院制定和实施节能减排综合工作方案。

1.“十一五”规划（2006—2010年）能源强度目标及完成情况

“十一五”规划中第一次提出了节能减排的概念，并设定了单位国内生产总值能源消耗比“十五”期末降低20%左右的目标的约束性指标。“十一五”期间，全国单位GDP能耗下降19.1%，基本完成了“十一五”规划纲要确定的目标任务。

2.“十二五”规划（2011—2015年）二氧化碳强度目标及完成情况

“十二五”规划设定了提高低碳能源使用和降低化石能源消耗的目标，非化石能源占一次能源消费比重提高到11.4%。单位国内生产总值能源消耗比2010年降低16%，单位国内生产总值二氧化碳排放比2010年降低17%。森林覆盖率提高到21.66%，森林蓄积量增加6亿立方米。“十二五”期间，中国实现碳强度累计下降20%左右，2015年非化石能源占一次能源消费比重达到12%，均超额完成“十二五”规划目标。此外，可再生能源装机容量已占全球的四分之一，新增可再生能源装机容量占全球的三分之一，为全球应对气候变化作出了积极贡献。

3.“十三五”规划（2016—2020年）能耗总量和能源强度双控目标及完成情况

---

① 参见陈迎、巢清尘主编：《碳达峰、碳中和100问》，人民日报出版社2021年版，第100—102页。

《“十三五”节能减排综合工作方案》提出“双控目标”，到2020年，全国万元国内生产总值能耗比2015年下降15%，能源消费总量控制在50亿吨标准煤以内。根据国家统计局能源统计司公布数据，2020年能源消费总量约为49.7亿吨标准煤，实现了“十三五”规划纲要制定的“能源消费总量控制在50亿吨标准煤以内”的目标，完成了能耗总量控制任务。但能耗强度累计下降幅度在13.79%左右，未完成“十三五”规划纲要制定的“单位GDP能耗比2015年下降15%”的任务。单位GDP二氧化碳排放降低约22%，超过“十三五”规划制定的18%的目标。

我国在2009年哥本哈根会议上曾提出，到2020年中国非化石能源占一次能源消费的比重达到15%左右；通过植树造林和加强森林管理，森林面积比2005年增加4000万公顷，森林蓄积量比2005年增加13亿立方米。实际上，截至2020年底，我国碳强度较2005年降低约48.4%，非化石能源占比15.5%，可再生能源专利数、投资、装机量和发电量连续多年稳居全球第一，风电、光伏的装机规模均占全球30%以上。我国森林碳汇增加全球最快。与此同时，我国还实现了农村贫困人口全部脱贫，基本上实现了经济、社会、环境与气候行动协同发展。我国不仅提前完成对外承诺的到2020年的目标，也为落实到2030年的国家自主贡献奠定了坚实基础。

4.“十四五”时期是碳达峰碳中和的关键期、窗口期

国家主席习近平在2020年气候雄心峰会上提出：到2030年，中国单位GDP二氧化碳排放将比2005年下降65%以上，非化石能源占一次能源消费比重将达到25%左右，森林蓄积量将比2005年增加60亿立方米，风电、太阳能发电总装机容量将达到12亿千瓦以上。[①]“十四五”规划设定应对气候变化的约束性目标包括：单位GDP

① 参见《习近平在气候雄心峰会上发表重要讲话》，载于《人民日报》2020年12月13日。

能源消耗降低 13.5%，单位 GDP 二氧化碳排放降低 18%，森林覆盖率提高到 24.1%。2021 年是“十四五”规划的开局之年，进一步明确达峰路径和相关政策对确保 2030 年前高质量达峰，为 2060 年前实现碳中和目标打好基础至关重要。

综合来看，我国应对气候变化目标总体上体现了从相对目标（能源和碳强度目标），通过能源强度和总量双控目标过渡，最终转向绝对（碳达峰和碳中和）目标，管控模式不断升级，管控范围从化石能源消费转向非化石能源发展、森林碳汇、行业及区域适应气候变化等全方位发展布局。应对气候变化工作已在国家和地方层面扎实推进，并取得显著成效。

二、碳达峰碳中和目标的科学基础

深入理解碳达峰、碳中和目标，首先要了解一些气候变化的科学问题。

（一）什么是气候、气候变化

气候是指一个地区在某段时间内所经历过的天气，是一段时间内天气的平均或统计状况，反映一个地区的冷、暖、干、湿等基本特征。它是大气圈、水圈、岩石圈、生物圈等圈层相互作用的结果，是由大气环流、纬度、海拔高度、地表形态综合作用形成的。

气候变化是指气候平均值和气候极端值出现了统计意义上的显著变化。平均值的升降，表明气候平均状态的变化；气候极端值增大，表明气候状态不稳定性增加，气候异常愈明显。联合国政府间气候变化专门委员会（IPCC）定义的气候变化是指基于自然变化和人类活动所引起的气候变动，而《联合国气候变化框架公约》（UNFCCC）定义的气候变化是指经过一段相当时间的观察在自然气候变化之外由人类活动直接或间接地改变全球大气组成所导致的气候改变。

气候变化是一个与时间尺度密不可分的概念，在不同的时间尺度上，气候变化的内容、表现形式和主要驱动因子均不相同。根据气候变化的时间尺度和影响因子的不同，气候变化问题一般可分为三类，即地质时期的气候变化、历史时期的气候变化和现代气候变化。万年以上尺度的气候变化为地质时期的气候变化，如冰期和间冰期循环；人类文明产生以来（1 万年以内）的气候变化可纳入历史时期气候变化的范畴；1850 年有全球器测气候变化记录以来的气候变化一般被视为现代气候变化。

（二）近百年气候变化的特征

近百年来全球气候出现了以变暖为主要特征的系统性变化。2019 年全球大气中二氧化碳、甲烷和氧化亚氮的平均浓度分别为（410.5 ± 0.2）ppm、（1877 ± 2）ppb 和（332.0 ± 0.1）ppb，较工业化前时代（1750 年）水平分别增加 48%、160% 和 23%，达到过去 80 万年来的最高水平。2019 年大气主要温室气体增加造成的有效辐射强迫已达到 3.14 瓦 / 平方米，明显高于太阳活动和火山爆发等自然因素所导致的辐射强迫，是全球气候变暖最主要的影响因子。

2020 年全球气候系统变暖的趋势进一步持续，全球平均温度较工业化前水平（1850 —1900 年平均值）高出约 1.2 ℃，是有完整气象观测记录以来的第 2 暖年份。近百年来全球海洋表面平均温度上升了 0.89 ℃（范围在 0.80 ℃—0.96 ℃），全球海洋热含量持续增长，并在 20 世纪 90 年代后显著加速。1993 —2019 年全球平均海平面上升率为 3.2 毫米 / 年；1979 —2019 年北极海冰范围呈显著缩小趋势，其中 9 月海冰范围平均每十年减少 12.9%；2006 —2015 年全球山地冰川物质损失速率达（1230 ± 240）亿吨 / 年，物质亏损量较 1986 —2005 年增加了 30% 左右。

在全球气候变暖背景下，近百年来我国地表气温呈显著上升趋势，上升速率达每百年（1.56 ± 0.20）℃，明显高于全球陆地平均升温水平每百年 1.0 ℃。1951 —2019 年我国区域平均气温上升率约为每十年 0.24 ℃，北方增温率明显大于南方，冬、春季增暖趋势大于夏、秋季。1961 —2019 年我国平均年降水量存在较大的年际波动，东北地区、西北地区、西藏大部和东南地区部分年降水量呈现明显的增多趋势；自东北地区南部和华北部分地区至西南地区大部年降水量呈现减少趋势。

（三）人类活动是近百年气候变化的主要原因

引起气候系统变化的原因可分为自然因子和人为因子两大类。前者包括太阳活动的变化、火山活动以及气候系统内部变率等；后者包括人类燃烧化石燃料以及毁林引起的大气温室气体浓度的增加、大气中气溶胶浓度的变化、土地利用和陆面覆盖的变化等。

工业化以来由于煤、石油等化石能源大量使用而排放的二氧化碳，造成了大气二氧化碳浓度升高，二氧化碳等温室气体的温室效应导致了气候变暖，众多科学理论和模拟实验均验证了温室效应理论的正确性。只有考虑人类活动作用才能模拟再现近百年全球变暖的趋势，只有考虑人类活动对气候系统变化的影响才能解释大气、海洋、冰冻圈以及极端天气气候事件等方面的变化。更多的观测和研究也进一步证明，人类活动导致的温室气体排放是全球极端温度事件变化的主要原因，也可能是全球范围内陆地强降水加剧的主要原因。更多证据也揭示出人类活动对极端降水、干旱、热带气旋等变化存在影响。此外，在区域尺度上，土地利用和土地覆盖变化或气溶胶浓度变化等人类活动也会影响极端温度事件的变化，城市化则可能加剧城市地区的升温幅度。

（四）全球气候变化的紧迫性

气候变化广泛、深刻地影响着自然和人类社会经济可持续发展。在全球气候变化的背景下，全球范围极端天气气候事件频发。例如，

2021年6月末，美国西北部地区的气温达到了创纪录的三位数（华氏度），而西部地区已经遭受了严重的旱情和野火，900万人受到影响，数百人死亡，当地高温纪录提高了9华氏度。世界天气归因组织（WWA）的研究人员对这次高温事件作了研究分析，认为这可能是标志着气候危机升级的一个里程碑，一个在人类造成气候变化之前统计学上不可能出现的天气事件。又如，2021年7月17—20日，我国河南省出现持续性强降雨天气，此次强降雨过程具有持续时间长、累积雨量大、强降雨范围广、强降雨时段集中和具有极端性五个特点，最大小时雨量达201.9毫米，突破了我国大陆最大小时雨量的纪录（我国台湾澎湖1974年7月6日最大小时雨量214.8毫米）。三天降水量617.1毫米，接近以往多年平均年降水量640.8毫米。根据初步分析，小时降雨、日降雨的概率、重现期都是千年一遇的情况。这次郑州特大暴雨造成51人死亡，约10万人转移避险，经济损失巨大。

我国是全球气候变化的敏感区和影响显著区，20世纪50年代以来，我国升温明显高于全球平均水平。我国极端天气气候事件发生的频率越来越高，极端高温事件、洪水、城市内涝、台风、干旱等均有增加，造成的经济损失也在增多。极端天气气候灾害对我国所造成的直接经济损失由2000年之前的平均每年1208亿元增加到2000年之后的平均每年2908亿元，增加了1.4倍。气候变化导致我国水资源问题严峻，东部主要河流径流量有所减少，海河和黄河径流量减幅高达50%以上，北方水资源供需矛盾加剧。因水资源短缺，耕地受旱面积不断增加。气候变化已不同程度影响着我国生态系统的结构、功能和服务，气候变化叠加自然干扰和人类活动。它导致生物多样性减少，生态系统稳定性下降、脆弱性提高；农业生产不稳定性和成本提高，品质下降。此外，海平面上升加剧了海岸侵蚀、海水（咸潮）入侵和土壤盐渍化，台风—风暴增水叠加的高海平面对沿海城市发展造成了严重影响。极端天气气候事件对基础设施和重大工程运营同样产生了显著不利影响。

如果人类对自己排放的温室气体不加以管控的话，未来的地球将会持续变暖，这个变暖的过程将会影响地球的方方面面。科学家对未来气候预估的结果表明，到21世纪末全球的平均气温相比工业化前将上升约4 ℃，极地的升温可能会远大于这个幅度，9月北极可能会出现没有海冰的情况。4 ℃的增暖将导致海平面上升0.5—1米，并将会在接下来的几个世纪内带来几米的上升。大气中二氧化碳浓度的增加将导致海洋的酸化，到2100年4 °C或以上的增温相当于海洋酸性增加150%。海洋酸化、气候变暖、过度捕捞和栖息地破坏都将给海洋生物和生态系统带来不利影响。气候变化将提高干旱、森林山火等的发生风险，给水资源供给、农业生产等带来严重影响。未来全球干旱地区将变得更加干旱，湿润区将变得更湿润。极端干旱可能出现在亚马孙、美洲西部、地中海、非洲南部和澳大利亚南部地区。气候变化可能会导致未来许多地方的经济损失。部分物种的灭绝速度将会加快。

气候变化还和人类健康紧密相关，其影响方式至少有四种：第一是极端天气。气候变化导致全球各地出现更多的极端天气，更强烈的洪水、风暴、森林火灾，造成水体污染、房屋财产损失、基础设施的损坏，直接威胁人们的健康和生命。第二是空气污染。气候变化下森林火灾的增多加重局部地区空气污染，引发心脏、呼吸系统疾病以及过敏性反应。气候变化与城市雾霾之间存在复杂的联系，可能成为城市污染的帮凶。第三是传染疾病。气候变化导致的洪灾和风暴会增加传染病的流行，多年冻土融化，可能使古老病毒重见天日。第四是高温热浪。气候变化带来的酷暑，加上城市热岛效应，会导致脱水、中暑，对老人和儿童以及贫困人群的威胁尤其严重。

不仅如此，温室气体排放量的增长、气候变化影响的累积以及经济社会系统之间的复杂性关联，增加了气候系统性风险。气候系统性风险可能由某种直接风险触发，也可能由几种不同的风险并发而形成。由于各类风险之间的动态联系，中小程度的直接风险往往会发展成为规模较大的系统性风险。连锁反应是系统性风险的基本特征。系统性风险影响范围广、内部联系复杂，一旦发生并跨越临界点便很难逆转。

2018 年，《IPCC 全球升温 1.5 ℃特别报告》比较了全球增温 2 ℃和 1.5 ℃情景下的不同影响，根据评估报告的主要结论，要实现《巴黎协定》下的 2 ℃目标，要求全球在 2030 年比 2010 年减排 25%，在 2070 年左右实现碳中和。而实现 1.5 ℃目标，则要求全球在 2030 年比 2010 年减排 45%，在 2050 年左右实现碳中和。无论如何，全球碳排放都应在 2020 —2030 年尽早达峰。

三、发达国家碳达峰碳中和的主要经验和做法

大多数发达国家已经实现碳达峰，碳排放进入下降通道。根据 1750 —2019 年全球各国和地区二氧化碳排放数据，对高于世界银行高收入国家标准的国家和地区二氧化碳排放趋势进行分析可见：

截至 2019 年，全球共有 46 个国家和地区实现碳达峰，主要为发达国家，可分为自然达峰和气候政策驱动达峰两类。由 1990 年国际气候谈判拉开帷幕，在此之前达峰的属于自然达峰，如瑞典 1970 年，英国 1971 年，瑞士 1973 年，比利时、法国、德国、荷兰均为 1979 年。1992 年联合国环境与发展大会签署了《联合国气候变化框架公约》，1997 年通过的《京都议定书》首次为发达国家规定了定量减排目标，日趋严格的气候政策促进了发达国家碳达峰，如葡萄牙 2002 年，芬兰 2003 年，西班牙、意大利、奥地利、爱尔兰、美国 2005 年，希腊、挪威、克罗地亚、加拿大 2007 年，新西兰、冰岛、斯洛文尼亚 2008 年，日本 2013 年等。

发达国家碳达峰与工业化、城镇化进程密切相关。发达国家基本遵循了碳强度率先达峰，而后碳排放总量、人均碳排放几乎同时达峰的阶段轨迹。不同国家达峰时的人均 GDP 呈现较大的差异，但城镇化率均达到 70% 以上。工业化和城镇基础设施建设基本完成，人口集

聚促进了第三产业的蓬勃发展，产业结构逐渐转向技术密集为主导，为实现碳达峰创造了基本条件。

发达国家碳达峰的主要措施是产业结构升级、低碳燃料替代、能效技术进步、碳密集制造业转移等。例如，英国是第一个使用煤炭发电的国家，其煤炭消费在1956年达峰（2.44亿吨），此后英国积极以石油、天然气、核电等替代煤炭，煤炭消费量逐年下降，但用于发电的煤炭量仍在上升，直到20世纪70年代才达峰。

发达国家在能源转型中也遇到了一些风险和困难，处理不好就会引发社会矛盾甚至政治动荡。例如，2021年2月美国能源转型方面表现突出的得克萨斯州突遭遇极寒天气，造成大规模停电，超过400万人受灾，加剧社会撕裂。还是在美国，加利福尼亚州汽油价格为平均每加仑3.438美元，大大高于全美平均价格，电价比全美平均电价高出47%，引发了很多抗议活动和法律诉讼。欧盟的电价从2005年到2012年上涨了38%，天然气价格上涨了35%。2000年以来，德国的税收减免和可再生能源补贴总支出超过2430亿欧元。

2019年12月欧盟推出“绿色新政”——《欧洲绿色协议》，提出了欧盟2050年实现碳中和的目标和行动路线图。美国拜登总统上任以来，坚持其竞选时促进绿色低碳发展的主张，积极拨乱反正，消除特朗普政府的不利影响。比较发达国家碳中和行动方案可见：

碳中和的关键是能源转型，首先，明确弃煤时间表。2019年全球煤炭占比约27%。世界自然基金会（WWF）呼吁为了实现《巴黎协定》目标，各国应该立刻开始逐步弃煤进程，到2035年经济合作与发展组织（OECD）的发达国家应该完全弃煤，到2050年全世界所有国家应该完全摆脱煤电，不能幻想继续使用煤炭并依靠碳捕集、利用与封存（CCUS）技术解决碳排放问题。2017年由英国、加拿大等国共同发起成立的“助力淘汰煤炭联盟”（PPCA），目前有超过80个国家、地方政府和企业加入，并提出弃煤时间表，其全球影响力不可小觑。如美国拜登政府积极部署2035年前电力部门实现零碳排放、增加可再生能源产量、有限考虑清洁能源投资等行动，并撤销价值90亿美元的基斯顿输油管道发展计划。欧盟煤炭大国德国2020年批准退出燃煤发电的法案，原计划到2038年完全弃煤，但随着欧盟提出碳中和目标并提高2030年减排目标，德国正明显加速弃煤进程，自2016年以来已连续四年大幅度减少煤炭进口。

其次，大力推进交通、建筑部门的清洁化、电气化、智能化。发达国家基本完成工业化进程，交通和建筑部门大约各占总排放的三分之一，成为重要的排放源。欧洲早在2018年就提出了气候中和经济的长期战略愿景，提倡清洁互联的交通、智能网络基础设施、零排放建筑以及完全脱碳的能源供应，而后又在2019年《欧洲绿色协议》里再次强调发展清洁可负担和安全的能源、可持续与智能交通，实现高能效翻新建筑。英国政府出台了能源白皮书，除迈向零碳的电力系统之外，非常强调实现居民生活供暖的低碳替代技术方案，建立低碳产业集群，停售汽油和柴油汽车。

再次，积极研发和部署面向碳中和的新技术。碳中和必须依靠技术创新，也将带来新一轮技术革命。欧美非常重视引导公共和私营部门加大在关键技术领域的研发力度，如储能、可持续燃料、氢能以及碳捕集、利用和封存技术等。欧盟、日本提出部署氢能技术在能源供应、工业生产、交通等多个领域的系统深度应用。多国启动生物能源与碳捕集和封存（BECCS）、直接碳捕集（DAC）等负排放技术的研究。日本有意在2023年开始进行负排放技术的商业化探索。

最后，加强碳中和相关立法，不断完善气候政策体系。例如，英国于2019年6月通过《气候变化法案》修订案，成为全球首个以国内立法形式确立碳中和目标的国家。欧盟委员会2020年3月提交的《欧洲气候法》草案也以立法的形式明确了到2050年实现碳中和目标。欧盟试图更新碳排放交易体系（EU ETS），将建筑、海运纳入行业覆盖范围，并考虑取消化石能源补贴，对选定行业设定碳边界调整机制。英国脱欧后从2021年1月1日起启动本国碳排放交易体系

（UK ETS），排放上限将比欧盟体系降低 5%。2020 年 12 月 25 日，日本政府发布了“绿色增长战略”，试图通过税收优惠、绿色基金等手段，实现 2050 年 1.8 万亿美元的绿色 GDP 以及净零碳排放的目标。

四、我国提出碳达峰碳中和目标的战略意义

（一）我国提出碳达峰碳中和目标的战略考量

中央财经委员会第九次会议强调，我国力争 2030 年前实现碳达峰，2060 年前实现碳中和，是党中央经过深思熟虑作出的重大战略决策，事关中华民族永续发展和构建人类命运共同体。换言之，碳达峰、碳中和目标是为应对气候变化，但又不只是为了应对气候变化，是具有全局性、长期性、协同性的重要工作。

从国际层面看，碳达峰、碳中和是中国承担大国责任和总体外交的需要，气候变化是国际合作的重要领域，《巴黎协定》是国际气候合作的重要法律基础，是国际社会经过长期努力取得的成果，来之不易。我国提出碳达峰、碳中和目标，展现了作为负责任大国履行国际责任、推动构建人类命运共同体的责任担当，为落实《巴黎协定》、推进全球气候治理进程和疫情后绿色复苏注入了强大政治推动力。

从国内层面看，碳达峰、碳中和更是我国实现可持续发展的内在要求，是加强生态文明建设、实现美丽中国目标的重要抓手。推动碳达峰与碳中和坚定了我国走绿色低碳发展道路的决心，描绘了我国未来实现绿色低碳高质量发展的蓝图。党的十九大提出“两个一百年”奋斗目标，2021 年是中国共产党成立 100 周年，全面建成小康社会的第一个百年目标已经实现，在此基础上，到 21 世纪中叶的现代化进程分为两个阶段，即到 2035 年基本实现社会主义现代化，到 21 世纪中叶把我国建成富强民主文明和谐美丽的社会主义现代化强国。碳达峰、碳中和目标与现代化进程的两个阶段高度吻合。

要充分把握碳达峰、碳中和目标的全局性、长期性和协同性特点。实现碳达峰、碳中和目标是促进经济发展、社会繁荣和保护生态环境的最根本措施，可以促进绿色经济复苏，带动技术和产业升级，引领经济长期增长。深度减排可以进一步改善环境质量，推动绿色经济产业兴起和新技术竞争。碳中和将是现代化的标志和核心竞争力的体现，有利于提升我国的全球影响力。

（二）我国落实碳达峰碳中和目标面临的挑战和机遇

我国目前碳排放虽然比 2000 —2010 年的快速增长期增速放缓，但仍呈增长态势，尚未达峰。作为最大的发展中国家，我国要实现全球最高碳排放强度降幅，从碳达峰到碳中和只有短短 30 年时间，要以最快速度来实现这一目标，这是非常不容易的。

我国是世界最大的煤炭生产国和消费国。2019 年，我国煤炭产量占全球总产量超过 47%，而煤炭消费量在全球的占比更是高达 51.7%。2019 年全球煤炭产量最大的 50 家企业中中国企业占据 30 席。相比石油和天然气，煤炭是碳排放强度最高的化石能源品种，按单位热值的含碳量计算，煤炭大约是石油的 1.31 倍，是天然气的 1.72 倍。在碳达峰、碳中和目标下，由开发、利用、转化等各环节共同构成的煤炭产业链向绿色低碳转型，面临非常严峻的挑战。

同时也要看到，实现碳达峰、碳中和目标的过程，也将带来很多重要机遇。例如，可再生能源替代化石能源对于能源系统转型具有举足轻重的作用。碳达峰、碳中和目标意味着在今后较长时期，我国电力清洁化必须提速，以风电和光伏发电为主的新能源将迎来加速发展。“十三五”期间，我国新能源装机年均增长约 6000 万千瓦，增速为 32%，是全球增长最快的国家。截至 2019 年底，我国新能源装机容量达到 4.14 亿千瓦，占全部电力装机的 20.63%，其中风电 2.1 亿千瓦、光伏发电 2.04 亿千瓦，新能源发电量 6300 亿千瓦时，占全部发电量的 8.6%。2020 年虽然受到新冠肺炎疫情的影响，但全球可再生能源发电量较 2019 年增长近 7%，在全球发电总量中的占比已达 28%。根据国际能源局统计，2020 年我国风电新增并网装机容量高达 7167 万千瓦，新增光伏发电装机 4820 万千瓦，同比增长 60%。

高比例可再生能源带来电网的不稳定性，需要配合储能。目前，储能技术发展方兴未艾，技术及商业模式层出不穷，为未来展现了美好的前景。但是，储能的特点也决定了在应用对象、条件、安全、技术、商业模式等方面都存在系统性、综合性的问题，而这正体现出储能不可能脱离新能源发展的进程、电力系统的需求、经济社会的需求而独立发展。相信通过“十四五”规划的技术发展和政策完善，储能的态势会更加明朗，在促进低碳转型中发挥重要作用。

（三）我国碳达峰碳中和前景展望

习近平总书记曾在国际、国内不同场合强调碳达峰、碳中和工作的重要性，截至 2021 年 10 月 12 日，提到碳达峰、碳中和目标多达 28 次，并作出重要部署，足见对这项工作的重视。

2020 年 12 月 18 日召开的中央经济工作会议将碳达峰、碳中和工作纳入 2021 年八大重点工作任务。会议强调，要做好碳达峰、碳中和工作。我国二氧化碳排放力争 2030 年前达到峰值，力争 2060 年前实现碳中和。要抓紧制定 2030 年前碳排放达峰行动方案，支持有条件的地方率先达峰。要加快调整优化产业结构、能源结构，推动煤炭消费尽早达峰，大力发展新能源，加快建设全国用能权、碳排放权交易市场，完善能源消费双控制度。要继续打好污染防治攻坚战，实现减污降碳协同效应。要开展大规模国土绿化行动，提升生态系统碳汇能力。[①]

2021 年 3 月 15 日召开中央财经委员会第九次会议，会议强调，实现碳达峰、碳中和是一场广泛而深刻的经济社会系统性变革，要把

---

① 参见《中央经济工作会议在北京举行》，载于《人民日报》2020 年 12 月 19 日。

碳达峰、碳中和纳入生态文明建设整体布局，拿出抓铁有痕的劲头，如期实现2030年前碳达峰、2060年前碳中和的目标。我国力争2030年前实现碳达峰，2060年前实现碳中和，是党中央经过深思熟虑作出的重大战略决策，事关中华民族永续发展和构建人类命运共同体。要坚定不移贯彻新发展理念，坚持系统观念，处理好发展和减排、整体和局部、短期和中长期的关系，以经济社会发展全面绿色转型为引领，以能源绿色低碳发展为关键，加快形成节约资源和保护环境的产业结构、生产方式、生活方式、空间格局，坚定不移走生态优先、绿色低碳的高质量发展道路。实现碳达峰、碳中和是一场硬仗，也是对我们党治国理政能力的一场大考。①

2021年4月22日召开的领导人气候峰会上，国家主席习近平指出："中国将力争2030年前实现碳达峰、2060年前实现碳中和。这是中国基于推动构建人类命运共同体的责任担当和实现可持续发展的内在要求作出的重大战略决策。中国承诺实现从碳达峰到碳中和的时间，远远短于发达国家所用时间，需要中方付出艰苦努力。中国将碳达峰、碳中和纳入生态文明建设整体布局，正在制定碳达峰行动计划，广泛深入开展碳达峰行动，支持有条件的地方和重点行业、重点企业率先达峰。中国将严控煤电项目，'十四五'时期严控煤炭消费增长、'十五五'时期逐步减少。此外，中国已决定接受《〈蒙特利尔议定书〉基加利修正案》，加强非二氧化碳温室气体管控，还将启动全国碳市场上线交易。"②

2021年10月12日，国家主席习近平在《生物多样性公约》第十五次缔约方大会领导人峰会上发表主旨讲话并指出，为推动实现碳达峰、碳中和目标，中国将陆续发布重点领域和行业碳达峰实施方案和一系列支撑保障措施，构建起"1+N"政策体系。2021年10月24

① 参见《习近平主持召开中央财经委员会第九次会议强调 推动平台经济规范健康持续发展 把碳达峰碳中和纳入生态文明建设整体布局》，载于《人民日报》2021年3月16日。

② 参见习近平：《共同构建人与自然生命共同体——在"领导人气候峰会"上的讲话》，载于《人民日报》2021年4月23日。

日发布的《中共中央 国务院关于完整准确全面贯彻新发展理念做好碳达峰碳中和工作的意见》（简称《意见》）正是“1+N”中“1”，明确了后续工作的总体要求和主要目标，是指导碳达峰、碳中和工作最重要的顶层设计和纲领性文件。紧接着，国务院印发了《2030 年前碳达峰行动方案》，根据《意见》的要求部署了碳达峰的具体行动，预计后续各领域、各部门还将陆续出台更多具体政策和行动计划，共同构筑起实现碳达峰、碳中和目标完整的政策体系。从全球视角看，2020 年可谓是“碳中和元年”，各国在更新国家自主贡献目标的同时纷纷提出碳中和目标，全球开启了迈向碳中和目标的国际进程，对未来世界经济和国际秩序具有重要而深远的影响。中国作为大国绝不能踯躅不前，必须积极投入其中，并努力发挥引领者的作用。

第二章
碳达峰碳中和的实践路径

周宏春　周　春　李长征

实现2030年前碳达峰、2060年前碳中和目标（简称“双碳”目标），是我国中长期发展的重要政策导向。2021年10月，《中共中央　国务院关于完整准确全面贯彻新发展理念做好碳达峰碳中和工作的意见》发布，对“双碳”目标作出具体部署，这是我国一场广泛而深刻的经济社会系统性变革。根据党中央的要求，各级各地都在研究编制碳达峰行动方案，并纳入生态文明建设整体布局。要按照党中央部署，处理好发展与减排、全局与局部、长期和短期的关系，拿出抓铁有痕、踏石留印的劲头，如期实现“双碳”目标。

一、碳达峰碳中和是一场广泛而深刻的社会变革

碳中和是在某个范围、规定时期内通过多种途径抵消人为碳排放。有关研究发现，节能是成本最低的碳达峰、碳中和路径。从我国现实出发，不仅要加大工业、交通和建筑节能的力度，更要从大处着眼，细节着手，减少日常生活中的一切浪费行为，在生产生活中把一切可以用起来的能源都用起来，实现经济效益、社会效益和环境效益的有机统一。

一是以发展又减排的思路推动碳达峰、碳中和。总体上，西方国家走完了工业化和城市化进程，越过了碳排放峰值阶段，走上碳排放强度下降、能源清洁化程度提高、公众参与意识增强之路。我国的情况则不同。到 2035 年我国初步完成现代化，换言之，我国的工业化和城市化的历史任务尚未完成。因此，完成我国工业化和城市化的历史任务，能源资源消耗、污染物和二氧化碳排放仍将增加；我们既要充分认识碳中和目标实现的艰巨性，更要以发展的思路解决碳减排问题。

二是多做加法而不仅是减法。根据英国石油公司《BP 世界能源统计年鉴（2020）》数据，欧盟 2006 年能源消费和碳排放达峰，到 2019 年下降 22.4%，属于“双达峰”“双下降”类型。与欧盟国家不同，到 2019 年，我国能源消费、碳排放比 2006 年分别提高了 69.7% 和 47.2%，仍处在“双上升”的阶段①；到 2060 年前碳中和仅有 30 年

① 参见潘家华、庄贵阳、陈迎春：《减缓气候变化的经济分析》，气象出版社 2003 年版，第 119—150 页。

的行动时间。要在人均能耗水平低、行动时间短的情况下达峰，既要发展经济又要推动碳达峰、碳中和，做好加减法需要各级管理者的智慧。

三是处理好新增能力与淘汰落后的动态平衡。如不重视“淘汰”与“新增”的平衡，将出现能源安全隐患。“拉闸限电”已经传递出了信号：电力供应不能满足人民群众的用能需求。从国际经验看，跌入“中等收入陷阱”的国家和地区，都曾被发达国家的代言人要求整顿小企业、超前实施高标准的环境保护措施，导致这些国家和地区出现工人大量失业、收入差距扩大等问题。因此，要在增加可再生能源供应、保障能源安全的前提下逐步限制煤炭生产和消费，而不能“一刀切”式压煤减排，导致供不应求。

四是不能以昨天的眼光规划明天的能源发展。人口众多是我国的基本国情，全面把握人民日益增长的美好生活需要，不能因为碳达峰、碳中和让人民回到“农耕社会”。即使在发达国家也要求不影响“新来者”的发展，何况我国还有不少刚脱贫的农民群众，还要建设社会主义现代化强国。2019 年，我国人均能源消费仅 3.47 吨标准煤，与西方国家 6 吨以上相比并不高；但以煤为主的一次能源结构，导致我国人均二氧化碳排放与欧盟国家相近，面临的减排国际压力巨大。因此，需要发挥集中力量办大事的制度优势，加快研发绿色低碳技术，特别是颠覆性技术，另辟蹊径，探索一条符合国情的低碳发展之路。[①]

五是碳中和背景下的能源结构调整需要整合，价值需要重新塑造。应当准确评价不同能源类型的碳减排水平。例如，多晶硅、单晶硅等光伏发电材料生产要消耗大量能源，并非“零碳”能源；生物质是仅次于煤炭、石油、天然气的第四大能源，利用效率也要高于太阳能，如能得到充分利用，可替代能源消费中 17%~24% 的化石能源。北欧国家非常重视生物质能的高效利用，主要用于供热；其终端能源

① 参见周宏春等：《开拓创新努力实现我国碳达峰与碳中和目标》，载于《城市与环境研究》2021 年第 1 期。

消费中的17%来自可再生能源，值得我国借鉴。

二、推动全链条、全生命周期的能源革命

能源结构调整是实现碳达峰、碳中和的必然要求。实现碳达峰、碳中和，必须推动全方位、全链条、全生命周期的能源革命。要优化能源结构，构建清洁低碳安全高效的能源体系，在保障供应的前提下努力控制化石能源总量，推动煤炭消费尽早达峰；合理发展天然气，安全发展核电，大力发展水电、风电、太阳能、生物质能等非化石能源，增加绿色氢能供应，实施可再生能源替代行动，努力使用非化石能源以满足新增能源需求、替代存量化石能源消费量；改变能源转化方式，深化电力体制改革，构建以新能源为主体的新型电力系统，不断提高消费端电气化水平，实现能源管理数字化、智能化。

从能源发展规律看，人类最初利用生物质能，之后才用煤炭、石油、天然气，可再生能源使用时间不长，能源结构经历了从低碳到高碳再回归低碳的演变过程。一次能源结构正以油气为代表的化石能源为主导，转向以太阳能、风能为代表的清洁能源为主导，电能将成为主要消费品种。清洁能源要转化为电能，电能生产和消费主要来自清洁能源；化石能源要逐步退出能源生产和消费领域。电和热的生产主要依靠可再生能源而不是化石能源，实现“清洁替代”。消费领域主要依靠电能替代化石能源，实现“电能替代”，通过清洁替代和电能替代实现能源领域减碳目标。据政府间气候变化专门委员会（IPCC）评估报告，实现2 ℃温控目标，到2050年全球清洁能源占一次能源比重要达50%左右（44%~65%）；实现1.5 ℃温控目标，清洁能源占比要更高。①

① 参见巢清尘:《全球气候治理的学理依据与中国面临的挑战和机遇》，载于《阅江学刊》2020年第1期。

我国能源结构正处于变革阶段。中国工程院重大咨询项目“推动能源生产和消费革命战略研究”认为，中国能源革命在 2020 年到 2030 年为能源变革期，主要是落实清洁能源替代煤炭战略；2030 年到 2050 年为能源定型期，形成“需求合理化、开发绿色化、供应多元化、调配智能化、利用高效化”的新型能源体系。不论是煤炭还是石油、天然气，均面临不可再生、资源耗竭的问题。煤炭是一种生产力的物的要素，是多芳烃类物质，不能在我们需要的时候将其看作“乌金”，也不能因为某个外国组织认为是“肮脏的能源”就“谈煤色变”。对不同能源品种应以一个“尺度”来衡量。煤炭清洁与否与利用方式有关，用好了可以满足环保、能源安全等方面要求，也是能源安全的保障基础。①

中国应当也必须走一条不同于西方国家的能源结构升级路线，跨越油气，提高电的终端消费比重。从生产端看，要构建安全清洁、低碳高效、可持续的能源体系。在转化过程中，要实现㶲的利用最大化。在消费端，优先节能提效，优化电力源、网、荷、储、用关系，煤油气要控量增效，加快提升非化石能源占比，推动能源技术革命，促进能源与信息、数据深度融合。

基于煤炭的能源、化工、环保多联产是重要方向。2016 年 12 月，神华宁夏煤业集团 400 万吨 / 年煤炭间接液化项目打通全流程，产出合格油品，实现“由黑变白”、由重变轻的转变。习近平总书记对宁煤示范项目建成投产作了重要指示：这一重大项目建成投产，对我国增强能源自主保障能力、推动煤炭清洁高效利用、促进民族地区发展具有重大意义，是对能源安全高效清洁低碳发展方式的有益探索，是实施创新驱动发展战略的重要成果。②

煤炭清洁开采与利用，无论从理论、实践上，技术、经济上都相

① 参见周宏春、李长征、周春：《碳中和背景下能源发展战略的若干思考》，载于《中国煤炭》2021 年第 5 期。
② 参见《习近平对神华宁煤煤制油示范项目建成投产作出重要指示 强调加快推进能源生产和消费革命 增强我国能源自主保障能力》，载于《人民日报》2016 年 12 月 29 日。

当成熟。从碳中和的政策导向看，煤炭清洁利用潜力必须深挖，这也是保障国家能源安全的必然选择。煤炭行业要有“伤筋动骨”的举措，推动煤炭绿色转型发展，实现从煤炭勘察、开采、加工利用、废物处理等全生命周期绿色低碳转变，推动煤炭由单一燃料向“燃料+原料”转型，推进分级分质利用，实现煤炭行业向绿色化、大型化、规模化、集约化、低碳化和智能化发展。按照“绿色矿山”的标准建设矿山，重视安全和绿色开采；在保障安全前提下，把能采出来的煤炭开采出来，实现煤炭行业的更高质量、更高效率、更加公平、更可持续、更加安全的发展。

一些专家将“去煤化”、发展可再生能源作为碳达峰、碳中和的根本途径，这可能是现有技术经济条件下一种好的选择；而从另一个角度看，实现碳达峰、碳中和目标，受到冲击最大的必然是煤炭行业。当然，如果没有煤炭的生产和消费，很难言我国能源安全。一直以来，煤炭是我国主要的一次能源；2020 年，在我国一次能源结构中煤炭占比高达 56.8%，煤电占比约 72%。因此，从我国富煤少气贫油的能源资源禀赋出发，必须重视煤炭生产、转化方式变革，将发电排放的二氧化碳转化成有用的材料，实现煤炭消费的“近零排放”。要实现从煤炭燃料向原料转变，劳动密集型向技术密集型转变，污染型向绿色环保型转变，高危型行业向安全型行业转变。煤炭开采要推进煤矿掘进、采煤、运输等新技术的研发与应用，由“人力驱动”向“科技驱动”转型，从劳动密集型向技术密集型转变，从机械化向智能化转变，完成产业升级与产业链延伸。[①] 在保障生态安全上下功夫，从降低安全事故向职业安全健康转变，实现经济效益、社会效益和生态环境效益的有机统一。

将电、热和其他品种的能源（如氢能等）链接集成起来，通过电网互联来提高能源清洁化和电气化比例，进而改变未来的电力配置和

① 参见王安：《新发展格局下煤炭行业高质量发展系统性分析》，载于《中国煤炭》2020 年第 12 期。

消费格局。我国清洁能源资源丰富，但资源富集地区与使用负荷中心并不吻合。水电资源集中分布在西南地区，占全国总量的 67%；风能资源集中在“三北”地区，经济可开发量占全国的 90% 以上；西北地区的太阳能资源占全国的 80% 以上。然而，约 70% 的电力消费在东部沿海和中部省份，负荷地与资源富集地相距 1000 —4000 公里。只有通过电网互联才能大规模开发利用清洁能源，才能实现风光互补、区域互济、电力生产消费平衡，保障能源安全。

三、降低工业“过程”排放的碳，不断提高能源利用效率

我国的经济发展，解决了“有没有”的问题，开始向解决“好不好”的问题迈进。实现碳达峰、碳中和目标，要将提高能效放在优先位置，在工业、建筑、交通等领域持续推进减污降碳、提高能效活动，加快形成节约资源、保护环境、气候友好的产业结构、生产方式、生活方式、空间格局。

实现碳中和的技术路径包括四类：第一，节能提效是降碳的重要举措之一。2019 年，我国的能源强度是世界平均水平的 1.3 倍，远高于美、英、法、德、日等发达国家。在当前消费水平下，能耗降低 1%，能减少约 0.5 亿吨标准煤的消费，减排 1 亿多吨二氧化碳。要调整产业结构，抑制高耗能产业，发展高科技产业和现代服务业，推动“热泵 + 电加热”技术等取代用煤锅炉；要提升建筑节能标准，深化既有建筑节能低碳改造，优化建筑用能结构；交通领域要推进以电代油、以氢代油等，减轻交通运输的污染物排放；电力领域要发展智能电网（分布式）和电力设备节能优化改造，推动碳捕集、利用和封存技术（CCUS）应用。第二，传统能源清洁化。推进煤炭安全绿色开发利用、煤炭清洁高效利用，提高能源的转化效率。第三，发展新能源。

开展风电、光伏发电、干热岩开发等业务，布局全氢产业链，加快生物质能研究与应用、地热资源的规模开发。第四，提高自然生态系统碳汇水平，并开展碳捕集与封存的相关评价工作。

（一）重点提高主要行业领域的电气化水平

《中共中央 国务院关于完整准确全面贯彻新发展理念做好碳达峰碳中和工作的意见》为实现碳达峰、碳中和目标制定了“时间表”“路线图”，是我国推动高质量发展、加强生态文明建设、维护国家能源安全、构建人类命运共同体的重大举措。从实施的角度，要从以下几个方面予以重点考虑：

一是工业领域要推进绿色制造。工业是强国之本，为人们的衣食住行游提供产品。要推动产业结构优化升级，严控高耗能、高排放行业扩张，开展重点企业节能减排降碳行动，采用先进适用的节能环保低碳技术改造传统产业，淘汰浪费资源、污染环境的生产方式，发展绿色、智能制造与工业互联网，推动制造业向绿色低碳、脱碳方向发展，保证产业链、供应链安全。绿色低碳循环经济体系建设，要引导企业入园，开展绿色设计、绿色产品生产，提升工业园区绿色化水平。加强余热利用。随着科学技术的进步，低品位热能可以由电能直接提供，供热由余热利用、稳度对口、梯级利用或通过生物质制氢等方式实现，进而提高工业领域的电气化和低碳化水平。发展信息技术、生物技术、智能制造、高端装备、新能源等产业和产品，形成新业态、新模式。大力发展循环经济和低碳经济，变废为宝，实现产品的轻量化、去毒物、碳减排，走一条科技含量高、经济效益好、资源消耗低、环境污染少的新型工业化道路。

二是以推行清洁生产为抓手，开展全生命周期的资源环境气候管理。不仅要将减碳与节能环保、清洁能源等一起作为率先突破的重点措施，还要依法在“双超双有高耗能”行业实施强制性清洁生产审核。清洁生产于 1976 年在巴黎召开的“无废工艺和无废生产国际研讨会”上首次提出，本意是“消除污染源”。1989 年 5 月，联合国环境规划署提出“清洁生产”的概念，主要是通过排污审核[①]、工艺筛选、实施防治污染措施等技术和管理手段，使自然资源得到合理利用，实现企业经济效益最大化、对人类健康和环境的危害最小化。清洁生产的分析工具是全生命周期评价（LCA）。

三是要调整园区布局，优化园区产业结构。要加大绿色基础设施建设力度，提升园区管理服务水平、机制创新能力，进而促进园区产业集约化、功能化、规模化发展。改革开放以来，我国经济开发区、高新区、保税区、自贸区的实践探索，对各地乃至全国经济社会发展和国际合作交流起到了非常重要的作用。到 2019 年底，全国设立国家级开发区 628 个、省级开发区 2053 个、各级各类园区约 2.5 万家，形成了多类别、多层次的园区体系，成为我国经济发展综合实力最强、开放程度最高、发展最具活力的产业集聚载体和平台。[②]进入新发展阶段，高质量发展是我国经济社会发展的主题，各类园区项目建设应由“捡到篮子就是菜”向“系统集成优化提升”转变，园区招商引资由“拼政策”“比优惠”向“拼服务”“拼环境”转变，优化营商环境成为园区工作的重中之重。各园区要紧扣绿色低碳循环经济体系构建这个主题，因势利导，各显神通，形成集约发展的特色和优势。

四是开展地方、园区或企业的物质流和能量流分析，并拓展到“六链六流”。“六链”是产品链、产业链、供应链、知识链、价值链和创新链；“六流”指物质流、能量流、信息流、资金流、技术流和废物流。要从提升价值链的关键环节入手，考虑人流、物流、信息流、资金流等生产力要素，以需求为导向延伸产业链，提升价值链，逐步向价值链曲线的两端延伸（左端是专利、知识产权、企业标准等，右端是品牌和服务）。产业升级可以从进口替代入手，大力打造

---

① 英文是 audit，为避免与经济审计混淆，采用“审核”一词。
② 参见中商产业研究院：《2019 国家级开发区数量及分布情况分析（图）》，中商情报网 2019 年 6 月 18 日。

现代农业、文化旅游产业等类园区或特色小镇。地方政府应为企业提供系统培训服务与战略咨询服务，大力发展生产性服务业；企业不仅要关注销售数据和利润，更要积极主动融入国内循环为主体、国内国际循环相互促进的新发展格局之中。

五是以系统思路统筹园区减污降碳工作。产业园区要实现“三节三减”的协同共进。“三节”指节地、节能、节水；“三减”是减材（如汽车轻量化）、减污（减少污染物排放）、减碳（减少二氧化碳排放）。“三节三减”的本质是提高资源利用效率，减少污染物和二氧化碳等温室气体排放；途径包括企业进入产业园区（企业集群）、产业集聚，实现集约化发展。产业园区要更注重通过产业链招商进行补链，保障产业链、供应链安全。各类园区应尽可能围绕一条主线培育特色产业，在确保重点园区开发建设的同时，针对重复建设、布局趋同等问题，着力推动园区产业向专业化、集约化、规模化发展；对新入园企业和项目要合理引导，形成特色鲜明、上下游产业配套的企业集群。打造旗舰园区，积累可复制、可推广的经验，不断提升入园企业的品质和竞争力。

在“三节三减”工作中要具备系统性思维。根据中国工程院的研究，能源—环保—气候具有同源性特征，也就是污染物排放、温室气体排放均与能源利用有关。因此，需要特别重视能源的清洁、高效、可持续利用。一是㶲的利用最大化，这就要求在能源使用中做到温度对口、梯级利用。如在燃煤发电厂开展余热利用，减少冷却塔的蒸汽排放等，不仅可以最大限度地提高能源利用效率，还可以减少城市热岛效应。二是污染物治理一体化，如对火电厂的污染物治理尽可能一体化，即除尘、脱硫、脱硝、脱汞力求同时完成，这样不仅可以减少运营费用，也能避免在处理一种污染物时向大气排放另一种污染物（如脱硝产生的氨逃逸增加了雾霾形成概率，造成二次污染）。三是将二氧化碳变废为宝，如电厂排放的二氧化碳，通过收集、过滤净化等过程制成产品（可以达到食品级或工业纯级别）；二氧化碳的工业途径很多，如温室大棚、粮库、烤烟等生产过程都需要使用不同纯度的二氧化碳。将这些环节一环一环地紧密联系起来，可以产生一个新经济门类——碳循环经济。

（二）推进“十四五”产业绿色低碳发展的总体思路

“十四五”规划纲要明确了经济社会发展主要目标和2035年远景目标。产业绿色低碳发展要主动对表对标，坚持目标引领、问题导向、过程控制、绩效管理，完善举措，细化时间表、施工图，强化创新驱动、改革推动、融合带动，以更大力度推进制造强国建设，为全面建设社会主义现代化国家开好局、起好步提供有力支撑。

一是着力推进工业绿色化，构建绿色制造体系。工业绿色化是迈向“资源集约利用、污染物减排、环境影响降低、劳动生产率提高、可持续发展能力增强”的必然选择。可从产业布局、结构调整、全生命周期环境管理、技术促进和创新、激励约束机制等方面下力气，把绿色发展理念贯穿于工业经济全领域、工业生产全过程、企业管理各环节。持之以恒地抓好工业节能减排减碳，推进设计生态化、过程清洁化和废物资源化，显著提升产品节能环保低碳水平。大力发展绿色园区，按照生态理念、清洁生产要求、产业耦合链接方式，加强园区规划和产业布局、基础设施建设和运营管理，培育示范意义强、特色鲜明的“零”排放绿色低碳园区。在重点行业领域建设绿色工厂，实现厂房集约化、原料无害化、能源低碳化、环境宜居化，探索形成可复制推广的工厂绿色化模式。不断完善绿色采购标准和制度，综合考虑设计、采购、生产、包装、物流、销售、回收利用等环节，打造绿色、低碳供应链，践行生态环境保护、节能减排等企业社会责任，保障产业链、供应链安全。

二是持续推进产业结构优化升级。优化产业结构，是提高产业素质、推动高质量发展的内在要求。要坚持深化供给侧结构性改革主线，打好产业基础高级化和产业链现代化的攻坚战，增强制造业供给体系对国内需求的适配性，实施工业绿色低碳行动，严格控制重化工业新增产能规模，在巩固、增强、提升、畅通上下功夫。实施重大技术改造升级工程、质量提升行动，推广节能环保低碳技术与产品，实施关键核心技术和产品攻关工程，着力突破“卡脖子”技术，着重打好关键核心技术攻坚战，催生更多原创性、颠覆性技术，聚焦核心基础零部件、关键基础元器件、先进基础的制造工艺和装备、关键基础材料、工业软件，努力增品种、提品质、创品牌，提升产业整体水平。推动集成电路、5G、新能源、新材料、高端装备、新能源汽车、绿色环保等新兴战略性产业的发展壮大，打造一批具有国际竞争力的产业集群。健全优质企业梯度培育体系，大力培育专、精、特、新“小巨人”企业，制造业单项冠军企业和具有生态主导力、核心竞争力的产业链龙头企业。

三是加快提升产业创新能力。深入实施创新驱动发展战略，坚持把自立自强作为战略支撑，新一代信息技术、新材料技术、新能源技术等正在加快突破和快速发展，深刻改变着世界经济发展模式和国际产业分工格局。应当充分发挥我国超大规模市场优势和新型举国体制优势，聚焦集成电路、关键软件、关键新材料、重大装备以及工业互联网，着力增强核心竞争力，深入推进制造业协同创新体系建设，强化基础共性技术供给。大力发展超低排放、资源循环利用、传统能源清洁高效利用等绿色低碳技术，加速绿色制造发展，打造更多的绿色园区、绿色工厂、绿色供应链等示范工程。支持行业龙头企业联合科研院所、高等院校和中小企业组建创新联合体，加快构建以国家制造业创新中心为核心节点的制造业创新中心网络体系，打造绿色制造研发及推广应用基地和创新平台，加快创新成果应用和产业化，加快现有产业数字化转型。强化企业创新的主体地位，促进新技术产业化、规模化应用，持续增强产业链的韧性和弹性，确保不“掉链子”。

四是推动工业化、信息化和绿色化协同发展。做好工业节能、减排、降碳协同。落实能耗“双控”政策，严控重化工行业新增产能，坚决压缩粗钢产量，严控新上煤炭项目，完善产能信息预警发布机制。制定重点行业领域碳达峰行动方案和路线图，围绕碳达峰、碳中和目标制定汽车产业实施路线图，强化整车集成技术创新，推动电动化与网联化、智能化并行发展；制定配套法律法规、完善回收利用体系、发布贯彻相关标准，推动新能源汽车动力电池、太阳能板等的回收利用。加快推进新型基础设施节能降碳，合理布局，提升在建与新建设施运行能效；推动信息化技术与传统工业制造的融合，大力推进工业节水和水污染治理。大力推动黄河流域、京津冀缺水地区工业节水工作；加强工业节水管理；推动重点行业企业定期开展节水诊断、水平衡测试。持续推进资源综合利用和高效利用，继续推进资源综合利用基地建设工作，促进工业固体废物综合利用；推动电子电器、废塑料等再生资源回收利用；推动重点产业循环链接；大力发展再制造产业，加强再制造产品认证与推广应用，实现效率变革。

五是着力提升产业链、供应链自主可控能力。这是畅通国民经济循环、保障产业安全、打造未来发展新优势的必然要求。自主、完整并富有韧性和弹性的产业链、供应链，是经济平稳增长的重要保障。我国的产业类别最为完整，配套齐全，深度融入世界产业分工体系，不仅保证了我国经济平稳健康发展，也为世界经济增长和发展作出了很大贡献。要分行业做好战略设计和精准施策，突出现有产业集群功能，在产业优势领域精耕细作，挖掘产业链存量潜力，布局新兴产业链。把提升产业链、供应链的稳定性和竞争力放在突出重要的位置，实施制造业强链、补链行动和产业基础再造工程，加快补短板、锻长板，布局新兴产业链，着力增强产业链、供应链自主可控能力，塑造未来发展新优势，在激烈的国际市场竞争中牢牢把握住主动权。全面加大科技创新力度，从进口替代入手，推动产业结构升级、产品附加值和科技含量提升，构建自主可控、安全可靠的国内生产供应体系。

四、其他重要领域的碳达峰行动及其方向

碳中和要将“饭碗端在自己手上”。农业农村农民问题是关系国计民生之大事，乡村振兴战略的核心是要解决农民增收和农村环境问题，不仅给农业留下更多良田，增强农田固碳作用，也能给子孙后代留下天蓝、地绿、水净的美好家园。实施乡村振兴战略，发挥特色小镇、田园综合体等的协同效应。推广“种—养—加”“猪—果—沼”等农业循环经济发展模式；发展特色农产品，实施品牌战略，提升农产品质量和附加值。协同推进城乡设施建设，利用生态措施治理农村污水，不断提高农村污水、垃圾处理能力和管理水平。推动资金、技术、人才等生产要素进入农村，培育乡村振兴的“永久”带头人，形成以工带农、城乡融合发展格局。

建筑领域要提升节能标准，推进绿色城镇化，避免高碳“锁定”。城镇化是人的聚集过程、产业结构优化过程和消费品升级过程，应推动城乡建设由功能分区乱、“生命线”工程缺、建筑物使用寿命短，向功能分区合理、设施配套齐全、建筑物经久耐用转变，力求避免“千城一面”。要坚持以人为本，科学确定城镇开发边界和强度，合理布局生产生活空间，改变住宅以高层为主的状况。要加快建设绿色低碳基础设施，实现基于电气化、光伏建筑、柔性用电系统的建筑能源系统变革，充分利用余热资源与生物质能源，建设绿色低碳建筑，尊重自然规律，保护自然景观，实现生产空间集约高效。发展“光伏发电＋建筑物”一体化，改燃气灶为电炉灶，改供暖为电力采暖，提高电力消费比重，而电力将更多地来自新能源、可再生能源。发展绿色建筑，采用自然通风采光，实现生活空间宜居适度，推广低碳简约生活方式，鼓励使用节能节水环保型家电产品，以尽可能少的碳排放支撑居民福祉改善，将节能低碳体现在居民生活的每一个方面和细小环节。

构建绿色低碳交通运输体系。随着城镇化的推进和居民生活水平

的提高，未来我国交通能耗会增长。要推动运输方式和结构变革，加快形成绿色低碳运输方式。发展综合交通运输体系，大力发展清洁零排放汽车，充分发挥各种运输方式的比较优势和组合效率，加强不同交通方式衔接，加快发展绿色运输方式，扩大使用清洁绿色低碳动力汽车，在大中城市建设形成轨道交通、机动车、共享单车和行人相协调的道路体系，减少“潮汐式”拥堵现象，减少交通工具空驶率。推广新能源汽车，汽车、轨道交通、航空、航海等电气化水平将大幅提高。发展智慧物流，以尽可能少的能源消耗支撑人流、物流需求。鼓励低碳出行。

既要重视基于自然的解决方案，又不能赋予过多期望。生态系统碳汇是实现碳中和的重要途径。应当认识到，基于自然的解决方案短期内有较大的碳减排潜力，但中长期的减排潜力有限。虽然森林生态系统是我国固碳的主体，贡献约 80% 的固碳量，但作为正常循环生物碳的一部分，碳储存并没有永久性。例如，储存在树木中的碳可能因为森林火灾而再次释放出来。2019 年，我国全口径温室气体排放总量约为 140 亿吨；其中，化石能源排放约为 102 亿吨，森林碳汇每年净吸收二氧化碳约 12 亿吨，单纯靠生态系统的碳汇填补不了碳中和的巨大缺口。[①] 必须以能源结构调整、产业结构转型、能效提升、生活方式低碳化为主，大幅降低二氧化碳排放；负排放技术只能作为补充，以抵消部分需要发挥保障作用的煤电厂碳排放和远期难以减排的非二氧化碳温室气体排放。如果过于强调二氧化碳移除技术的应用，近期可能导致更多高排放技术的使用，缓解碳减排压力，从而为气候温升带来更大的不可预见性。

发挥循环经济在温室气体减排方面的巨大作用。2019 年底出台的《欧洲绿色协议》，欧盟委员会提出了绿色新政的行动路线图和可用的融资工具，涵盖所有经济领域，尤其是交通、能源、农业、建筑以

① 参见潘家华：《碳中和：不能走偏了》[数据引自国家林草局：《中国森林资源普查报告（2019 年）》]，中国碳中和 50 人论坛 2021 年 5 月 8 日。

及钢铁、水泥、信息和通信技术、纺织和化工等行业。艾伦·麦克阿瑟基金会发布的《循环经济：应对气候变化的另一半蓝图（2019年）》报告也指出，材料选择和土地利用至关重要；能效提升和可再生能源开发利用，只能解决55%的碳排放问题，剩下来的45%来自人们的日常生活，包括汽车、服装、食品和其他产品生产过程。[①]

五、倡导绿色低碳生活方式

碳中和对我国经济社会发展各方面将是一次重塑，将深刻改变每一个人的生活，绿色生活方式成为社会时尚；短期会出现阵痛，长期是转型过程。我们要坚定不移贯彻新发展理念，以能源绿色低碳发展为核心，坚定不移走生态优先、绿色低碳的高质量发展道路，加快形成节约资源和保护环境的产业结构、生产方式、生活方式、空间格局。

人们使用的能源已在不知不觉中发生了变化。太阳能热水器是太阳能热利用的一种形式，曾经见于广告，广泛用于农村。而今，太阳能不仅有热利用，光伏发电更是发展迅疾，早已"进城"并出现"光伏+建筑"一体化模式；农村也形成多种发展模式，如光伏板下养鸡种菜的"光伏+农业"模式，湖面安装光伏发电、湖里养鱼的"光伏+渔业"模式等。所有这些仅是可再生能源发电的一类，还有风能发电、生物质发电等。在碳中和目标下，我国要构建清洁低碳安全高效的能源体系。煤炭、油气等化石能源利用总量将受到控制，可再生能源发电将替代化石能源，形成以新能源为主体的新型电力系统。传统电力系统，煤电机组发电上网是可以调节的，而用电端是随机的；在新型电力系统中，太阳能、风能发电以及用电均是不可预见的，新型电力系统具有发电和用电"两端随机"特点，不仅会增加电网调节难

---

① 参见《〈循环经济：应对气候变化的另一半蓝图〉中文版正式发布》，中国低碳网2019年10月23日。

度，还存在发电和用电的时空不对应带来的用电保障隐患，必须有可控的基础能源加以保证。

要增进福祉，就要扩大消费，改善消费环境，让居民能消费、愿消费。受疫情影响，“宅经济”发展迅疾，“互联网 +”成为消费增长的重要渠道，线上消费迸发活力。要推进线上线下更广、更深融合，发展新业态新模式，为消费者提供更多便捷舒心的产品和服务。健全城乡流通体系，增加汽车、家电等大宗消费，发展健康、文化、旅游、体育等服务消费。加快电商、快递业进入农村，扩大县乡消费。围绕改善民生拓展需求，在合理引导消费、储蓄等方面进行有效的制度安排，包括促进就业、完善社保、优化收入分配结构、扩大中等收入群体；促进投资与消费的有效结合，以投资引导绿色消费，实现新时代更高水平供需平衡。

要改善民生、增进群众福祉，就是要提高公众的消费能力，并从提升群众收入以及降低商品制造与流通成本入手，就业是提高群众收入的根本途径。要做好高校毕业生、退役军人、农民工等重点群体就业工作。对不裁员、少裁员的企业，继续给予财税、金融等政策支持；对灵活就业人员给予社保补贴，推动放开在就业地参加社会保险的户籍限制。

公众参与助力达峰。推广绿色低碳简约生活方式，反对奢侈浪费，将节约体现在生活的每一个方面和细小环节。鼓励绿色出行，鼓励公众使用城铁、公共交通、共享单车等高效利用能源、少排放污染物、有益身体健康的出行方式，减少不必要出行。动员群众积极参与垃圾分类，重复利用购物袋，使用节能节水器具，营造绿色低碳生活新时尚，以尽可能少的能源消费满足生活水平和生活质量不断提高的需求，让节约资源保护环境成为广大人民群众的自觉行动。

六、促进碳达峰碳中和的对策建议

（一）统一认识，积极推动能源和经济社会低碳转型

净零排放是一个组织一年内所有温室气体（除二氧化碳外，还有甲烷、氟氯烃等）排放量与清除量达到平衡。气候中性则是一个组织的活动对气候系统不产生影响。碳中和可以通过植树造林等碳汇途径实现碳平衡；净零排放包括所有温室气体，也包括自然界循环的温室气体排放量；气候中性更要考虑其他地球物理效应，包括可能造成的地球物理效应对环境直接或潜在的影响。中国的“碳中和”更接近“净零排放”的概念，指全经济领域温室气体净排放为零。

我国实现碳达峰和碳中和目标，“需要一场自我革命”，绝不是一般意义的改变，而是一场全面的、深刻的、巨大的变革。届时的能源和社会经济转型力度是今天人们无法想象的。首先，要提高决策者、企业和公众对碳中和目标的认知水平。[①]要认识到，应对气候变化“不是别人要我们做，而是我们自己要做”。其次，要在政策导向和市场驱动的相向作用下，激发企业的主动性和积极性，使之积极投入新技术的研发之中。只有将所有意愿和力量都集成起来形成合力，转型才更有效。

（二）加强顶层设计，形成碳中和远景规划目标实现的长效机制

《中华人民共和国国民经济和社会发展第十四个五年规划和 2035 年远景目标纲要》明确指出，到 2035 年基本实现社会主义现代化，广泛形成绿色生产生活方式，碳排放达峰后稳中有降，生态环境根本

① 参见陈迎：《碳中和目标下的深刻社会经济转型：全球气候变化与中国行动方案——“十四五”规划期间中国气候治理（笔谈）》，载于《阅江学刊》2020 年第 6 期。

好转，美丽中国建设目标基本实现。

2030年前实现二氧化碳排放达峰、2060年前实现碳中和的目标，不仅要将目标指标分解形成自上而下的压力传导，还要通过激励机制设计把个人、家庭、行业组织和社会各界力量激发出来，形成自下而上和自上而下的双重力量，协同推动经济高质量发展与应对气候变化，协同推动生态环境治理与应对气候变化，健全治理体系，实现应对气候变化治理能力现代化。

发挥市场配置资源的决定性作用，以较低成本实现排放控制目标。碳市场可以突破时间和空间限制，使碳减排发生在边际成本最低的主体，既要充分利用碳交易等市场机制，做好碳中和、零碳等示范建设；又要发展公共财政资金的“种子”作用，促进低碳技术、零碳技术、负碳技术等的创新发展与推广应用；还要加大绿色金融对能源转型、产业升级、技术升级的支持力度，开展“一带一路”国际合作。充分发挥碳达峰、碳中和的引领和倒逼作用，以共同目标为导向，集成政府部门、研究人员、社会各界的力量。社区的减排是个人参与碳中和进程的关键环节，可鼓励社区制定低碳零碳规划，以削减排放总量、控制人均碳排放量为目标，注重提高零碳生活方式，提升个人对零碳生活的接受度。

（三）依靠创新驱动，提高能源低碳化智能化水平

能源转型需要技术进步的驱动。第一次能源转型是煤炭替代柴薪，开启了能源商品化时代。第二次能源转型是油气替代煤炭，使能源消费成本增加了3—4倍。由于技术进步和创新，非化石能源开发成本已远低于化石能源，成为廉价的能源。以光伏发电为例，随着技术进步和规模化利用，发电成本已降到低于燃煤发电成本的水平。

要推动绿色低碳技术实现重大突破，抓紧部署低碳前沿技术研究，加快推广应用减污降碳技术。积极研发成本低、效益高、减排效

果明显、安全可控、具有推广前景的低碳、零碳、负碳技术；大力发展规模化储能、智能电网、分布式可再生能源和氢能等深度脱碳技术；加快工业技术与新材料、先进制造、信息化、智能化等融合创新；发展和推广电动汽车、氢燃料汽车，探索汽车电池租赁模式；推广节能清洁降碳的用能设备，解决取暖中煤炭清洁利用技术难题。建立完善绿色低碳技术评估、交易体系和科技创新服务平台，利用云计算、人工智能等优化能源系统，推动电气化、智能化发展，发展电动汽车、高速铁路、智能家居等新型电气化设备和技术。

要集中力量实施核心技术产品“攻关”和自主创新产品“迭代”应用计划，解决“卡脖子”问题，实现核心关键技术的全面突破。要激发创新活力，显著提升技术创新和制度创新能力，在新基建、新技术、新材料、新装备、新产品、新业态上不断取得突破，实现产业形态高级化、标准化、绿色化、智慧化，产业链现代化水平明显提高。

加快突破绿色低碳关键核心技术。健全社会主义市场经济条件下的新型举国体制，围绕新科技革命和产业变革前沿领域，面向国家重大战略和需求，持续加强研发部署。可再生能源发展是碳中和的重点，风电、光伏、储能、电力电子等技术进步和规模化发展，成为能源行业碳中和的一个个突破口。要依靠技术进步加快太阳能的开发利用，带动产业升级。只要尊重自然规律和市场规律，科学施策，顺序合理，便可以实现“减碳承诺”。聚集人才、资本、技术和数据等创新要素，更多的低碳、零碳解决方案会源源不断展开，并同其他领域高新技术紧密结合，把能源技术及其关联产业培育成带动我国产业升级的新增长点。

技术进步可以缩短学习曲线。从竞争、争夺到学习、借鉴与合作，人类命运共同体的构建可以从能源低碳化、应对气候变化起步。绿色低碳科技研发，应按照习近平总书记的要求，坚持面向世界科技前沿、面向经济主战场、面向国家重大需求、面向人民生命健康。从现实出发，就要解决高碳能源低碳化利用途径、能源低碳技术路线图等全局性、战略性科技问题，以技术创新驱动我国走上绿色低碳的发展之路。二氧化碳捕集和封存技术（在二氧化碳排放后收集起来运输并储存到地下），不仅会增加发电成本和能耗（将增加三分之一能耗），储存到地下还存在泄漏等风险。因此，除少量试验外，不宜在地方行动方案中普遍推荐。

世界经济论坛和《科学美国人》杂志共同发布的最新报告《2020十大新兴技术》第二条是："一种新方法有望通过利用阳光将废二氧化碳转化为有用的化学物质来减少化石燃料的排放。"[①] 类似的颠覆性技术创新，为我国摆脱能源结构升级的老路创造了有利条件。

（四）深化绿色"一带一路"合作，共建绿色丝绸之路

进一步深化改革、扩大高水平开放，持续增强新发展活力。这是应对外部环境变化、激发产业发展动力活力的重要保障。工业发展成就的取得靠的是改革开放，落实"十四五"规划取得新进步，实施工业强国腾飞，仍然需要进一步深化改革开放。要聚焦制造业比重基本稳定，落实要素市场化改革举措，强化产业政策引导，增强制造业对资源要素的吸引力，推动改革和发展深度融合，进一步高效联动，进一步扩大对外开放，全面放开一般制造业，大幅放宽市场准入，更好利用国际国内两个市场、两种资源，形成具有更强创新力、更高附加值、更安全可控的产业链，培育产业参与国际合作和竞争新优势。吸引更多的机构和人才来华发展，鼓励有实力的国内企业提高国际化经营水平，深度融入国际产业链、价值链、供应链、创新链。经济全球化、产业链国际分工是不可逆的大趋势，共建"一带一路"，推动产业链的国际合作，推动国内国际双循环高效联动、相互促进。

实施更大范围、更宽领域、更深层次对外开放，推动进出口稳定

① 参见张佳欣：《2020 十大新兴技术揭晓！每一项都可能颠覆我们的生活》，载于《科技日报》2020 年 11 月 15 日。

发展，推动国际物流畅通，促进外贸外资稳中提质。加强对中小外贸企业信贷支持，扩大出口信用保险覆盖面，充分发挥事前风险防控、事后及时经济补偿的保障作用，深化贸易外汇收支便利化试点。积极参与全球经济治理体系改革。推动共建“一带一路”高质量发展，构建面向全球的高标准自由贸易区网络，为我国发展赢得更大的国际空间。

第三章
碳达峰碳中和的能源基础

庄贵阳　窦晓铭

现阶段，全球已经基本达成推动经济社会转型发展，告别资源依赖，走向碳中和的政治共识。中国的碳达峰、碳中和目标不仅仅是为了满足环境保护的需要，也与联合国可持续发展目标、2035年远景目标、第二个百年奋斗目标等衔接协同、相互呼应，符合经济社会发展范式转型的必然要求。中共中央政治局常委、国务院副总理韩正强调，在推进碳达峰、碳中和工作的过程中，“要尊重规律，坚持实事求是、一切从实际出发，科学把握工作节奏”。剖析碳达峰、碳中和的本质问题，厘清节能降碳的经济学逻辑，将使减排行动有的放矢、事半功倍。

一、以能源转型为核心的“双碳”目标

碳达峰、碳中和涉及经济社会全局性、系统性、整体性变革，各部门经由能源电力系统产生广泛而深刻的联系。中国工程院院士杜祥琬、舒印彪与中国科学院院士邹才能等专家学者指出，能源是经济社会发展的动力，是国民经济和社会发展的重要物质基础，也是二氧化碳减排主体，事关国家安全大局。能源转型是碳达峰、碳中和目标得以实现的重要抓手，同时也需要生产组织形式的变革。可以说，碳达峰、碳中和的深层次问题是能源问题，能源消费革命、能源生产革命、能源技术革命、能源体制革命和能源国际合作这“四个革命、一个合作”的进程与节能降碳成效密切相关。

（一）经济社会发展、能源消费与二氧化碳排放的关系

能源是经济社会发展的基础和动力，迄今为止社会生产模式的重大变革都与人类生产生活中主要使用的能源变更息息相关。距今约11000年前，钻木取火使山顶洞人从茹毛饮血走入“植物能源时代”；18世纪，工业革命对机器的发明和使用需要大量的煤提供动力，人类自此进入“煤炭时代”；随后技术进步使得石油和天然气被发现和固定，开辟了“石油时代”。现阶段，对风能、太阳能、水能等可再生能源的利用将逐步开启多元化的“新能源时代”，推动人类社会由工业文明走向生态文明。

经济社会的每一次进步都对能源供应的数量、稳定性和安全性提出更高要求。一方面，热值更高、供给更加稳定的能源供给支撑起了

机器大工业生产，社会生产力进步最终推动了社会生产方式的进步，不断满足人民美好生活需要；另一方面，随着城市化进程的不断加快，越来越多的人口居住在城市中，电气化使得能源终端消费和能源初始供应进一步分离。社会化分工提高了能源供应效率，为人类生产生活提供便利。能源变革与经济社会发展相互驱动，相辅相成。

现阶段，全球绝大多数国家仍以化石燃料为主要能源资源。化石燃料指由古代生物的化石沉积而来的碳氢化合物或衍生物，燃烧产生二氧化碳等温室气体，包括煤炭、石油和天然气三种一次能源。尽管天然气具有炼化过程相对简单、开采生产运输过程中产生的污染较低、热值较高的特点，但这一清洁能源只是碳排放水平较低，并非零排放。根据国际能源署（IEA）数据，2018 年全球二氧化碳的排放中，煤炭的燃烧和使用贡献了约 44% 的二氧化碳，石油贡献了 34%，天然气贡献了约 21%，其他能源排放量占比不到 1%。当煤炭、石油、天然气等化石能源在能源结构中占据了较高比例时，人类社会生产生活的各个环节都将产生能源消费和二氧化碳等温室气体排放。根据《BP 世界能源统计年鉴（2020）》，2019 年全球化石能源在一次能源中占比超过 80%（见表 3-1）。化石燃料和核能在全球电力生产结构中

表 3-1 2019 年一次能源的燃料占比和对增长的贡献

能源种类	能源消费（EJ①）	年度变化（EJ）	一次能源占比（%）	与 2018 年相比份额变化(%)
石油	193.0	1.6	33.1	−0.2
天然气	141.5	2.8	24.2	0.2
煤炭	157.9	−0.9	27.0	−0.5
可再生能源②	29.0	3.2	5.0	0.5
水能	37.6	0.3	6.4	−0.0
核能	24.9	0.8	4.3	0.1
总计	583.9	7.7	—	—

资料来源：《BP 世界能源统计年鉴（2020）》。

注：① EJ，表示热量单位，指 10^{18} 焦耳。

②可再生能源包括生物质能。

逐渐下降，但截至 2019 年，占比仍超过 70%（见表 3–2）。具体而言，煤炭在一次能源中的占比为 27%，石油是全球消费比重最高的化石燃料品种，占比为 33.1%，天然气占比为 24.2%。

表 3–2　2011 —2019 年全球电力生产结构

<table>
<tr><th colspan="2">年份</th><th>2011</th><th>2012</th><th>2013</th><th>2014</th><th>2015</th><th>2016</th><th>2017</th><th>2018</th><th>2019</th></tr>
<tr><td colspan="2">全球总发电量（TWh）</td><td>22126</td><td>22668</td><td>23322</td><td>23816</td><td>24176</td><td>24957</td><td>25677</td><td>26615</td><td>27005</td></tr>
<tr><td colspan="2">化石燃料和核能（%）</td><td>79.7</td><td>78.3</td><td>77.9</td><td>77.2</td><td>76.3</td><td>75.5</td><td>73.5</td><td>73.8</td><td>72.7</td></tr>
<tr><td colspan="2">水力发电（%）</td><td>15.3</td><td>16.5</td><td>16.4</td><td>16.6</td><td>16.6</td><td>16.6</td><td>16.4</td><td>15.8</td><td>15.9</td></tr>
<tr><td rowspan="6">可再生能源发电</td><td>风电场（%）</td><td rowspan="6">5.0</td><td rowspan="6">5.2</td><td>2.9</td><td>3.1</td><td>3.6</td><td>4.0</td><td>5.6</td><td>5.5</td><td>5.9</td></tr>
<tr><td>生物质发电（%）</td><td>1.8</td><td>1.8</td><td>2.0</td><td>2.0</td><td>2.2</td><td>2.2</td><td>2.2</td></tr>
<tr><td>光伏发电（%）</td><td>0.7</td><td>0.9</td><td>1.2</td><td>1.5</td><td>1.9</td><td>2.4</td><td>2.3</td></tr>
<tr><td>地热发电（%）</td><td rowspan="3">0.4</td><td rowspan="3">0.4</td><td rowspan="3">0.4</td><td rowspan="3">0.4</td><td rowspan="3">0.4</td><td rowspan="3">0.4</td><td rowspan="3">0.4</td></tr>
<tr><td>聚热发电（%）</td></tr>
<tr><td>海洋能发电(%)</td></tr>
<tr><td colspan="2">小计</td><td>20.3</td><td>21.7</td><td>22.1</td><td>22.8</td><td>23.7</td><td>24.5</td><td>26.5</td><td>26.2</td><td>27.3</td></tr>
</table>

资料来源：国际能源署：《2020 年全球电力市场报告》，中国电力网 2020 年 7 月。

那么，人类活动所产生的二氧化碳是如何计算的呢？遗憾的是，我国碳排放计量缺乏统一标准，尚未明确碳排放基数、口径、核算标准等问题，也缺少细化的化石燃料消费数据，还未定期发布官方的或权威的基础数据。这导致我国碳排放底数模糊，不符合气候治理可监测、可报告、可核查的原则。较为通用的核算思路，基于“碳排放量等于经济活动水平和各类排放因子的乘积”的思想，计算能源消费与二氧化碳排放之间的数量关系。根据《2006 年 IPCC 国家温室气体清单指南》，二氧化碳等温室气体的排放源主要包括能源、工业生产过程、农业、土地利用变化和林业及废弃物。在能源部分中，将化石燃料消费量、发热量和排放因子相乘，即可获得二氧化碳排放估计值。常见的二氧化碳测度公式及系数如下所示：

$$CO_2=\sum_{i=1}^{7}E_i\times NCV_i\times CEF_i$$

其中，CO_2 表示二氧化碳的估算值，i 表示化石燃料类别，E 表示化石燃料的消费量，NCV 表示平均低位发热量，CEF 表示碳排放系数。具体数值如表 3–3 所示。

表 3–3　IPCC 准则中的指标系数一览表

燃料类型	煤炭	天然气	焦炭	燃料油	汽油	煤油	柴油
NCV（KJ/kg）	20908	38931	28435	41816	43070	43070	42652
CEF（kg/TJ）	95333	56100	107000	77400	70000	71500	74100

资料来源：刘传明、孙喆、张谨：《中国碳排放权交易试点的碳减排政策效应研究》，载于《中国人口·资源与环境》2019 年第 11 期。

（二）气候变化、能源与国家安全的关系

碳达峰、碳中和的目的之一是降低碳排放总量，抑制以全球变暖为主要特征的气候变化问题。大气中二氧化碳浓度升高和其他因素共同导致了这一问题，并对自然生态系统和经济社会系统造成负面影响。能源作为经济社会系统的重要组成部分，与气候变化之间的影响关系是双向的。如图 3–1 所示，化石燃料燃烧导致二氧化碳等温室气体排放量增长，最终导致了气候变化问题，同时，气候变化问题影响能源产业增值链中的各个阶段。原料提取、原料运输、能源生产、能源传输、能源消费都受到气候风险的影响，且每一阶段的影响都将产生级联效应，迅速影响经济社会的安全与发展。

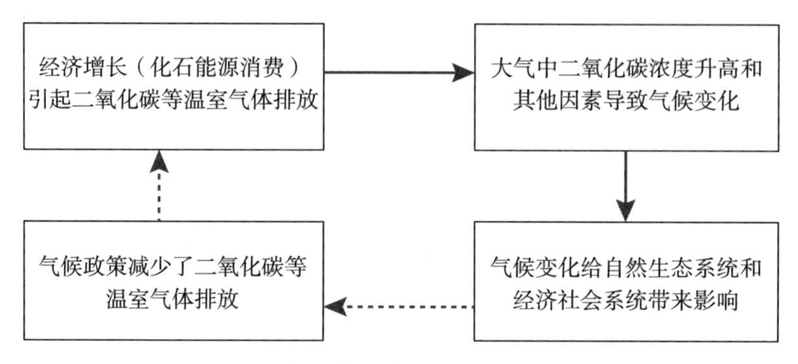

图 3-1 二氧化碳排放（减排）与气候变化的逻辑关系

资料来源：[美]威廉·诺德豪斯：《气候赌场》，梁小民译，东方出版中心 2019 年版。
注：虚线表示这种联系暂未存在。

1. 气候变化影响能源供给

在供给端，能源生产与能源传输过程最容易受到气候变化的影响，即使是能源基础设施的短期功能故障都会给全社会带来严重后果。

在能源生产方面，对于可再生能源而言，太阳能电池板、风电涡轮机等新能源的生产设备极易受到气候条件的限制。风速和风向影响风力发电，日照时数将制约太阳能资源开发和利用，河川径流的变化也会影响水电安全运营。对于常规能源而言，持续的升温导致热力发电产能效率下降。这很大程度上是由于硬煤发电、燃气发电以及核电等发电方式在能源生产过程中使用的冷却水主要来自河流，冷却质量与河水温度直接相关，而河水温度受气候变化的影响。2021 年 3 月，极端严寒天气袭击了美国中部和南部，数百万居民断电断暖，超 20 人因取暖用火或交通事故意外身亡。美国得克萨斯州受寒潮冲击，风电涡轮机受冻，天然气作为最主要的发电来源却遭受管道冻结。由于紧急预案不足，得州电网陷入混乱。[①]

① 参见田思奇：《得州大断电风能背锅，对美国电网改革有何启示？》，界面新闻 2021 年 2 月 18 日。

在能源传输过程中，高压电设施在飓风、洪水、雷暴等极端天气事件中极易受损，这将严重威胁能源网络的安全性与稳定性。在极端天气事件频发的背景下，暴露在地面上的配电设施极易受到物理损害。极端气温甚至会改变输电网络的部分物理属性，严重影响能源传输效率。

2. 气候变化影响能源需求

夏季和冬季气温的变化会分别影响人们对制冷和取暖设备的使用。消费者既可以调整其使用的能源种类，也可以调整特定种类的能源消费量。能源种类的选择与地区的能源需求类型高度相关，如在气温整体较高的地区，用户更需要电力驱动的空调，而缺少对燃气、燃油取暖设备进行投资的意愿。就不同能源种类的需求量而言，冬季变暖仅会少量地减少燃气、燃油的消费，但夏季变暖却会急剧地增加电力的消费。这意味着如果一年四季中气温升高的幅度相当，变暖将显著地增加对能源的总需求。

3. 能源问题影响国家安全

我国做出碳达峰、碳中和的最新气候承诺，不仅仅是为了应对气候变化问题，更多的是从经济社会长期健康发展的角度作出的战略规划。由于能源是国家的经济命脉，能源转型不仅决定着气候安全水平，其对能源安全的影响也在很大程度上影响着国家安全。

与传统认知存在出入的是，我国的能源资源并不富裕，石油、天然气等化石能源对外依存度高。2019 年，我国石油进口量居世界首位，对外依存度高达 72%；天然气对外依存度超过 40%。能源供给无法由本国完全掌控，给中国的能源安全带来诸多不确定性。在全球“去煤”趋势下，能源进口受地理、政治、经济格局的影响。我国迅速增长的能源消费量使西方国家宣扬“中国能源威胁论”，影响能源出口国与中国的能源合作，使中国处于能源供应中断的“恐惧心理”

中。[①] 除了可再生能源供给能由本国完全控制这一原因以外，能源供给来源、品种及方式的多样性是保障能源供给稳定、可持续的重要手段。为保障国家能源安全，建立由本国掌控的能源体系，发展可再生能源成为必然。

近年来，全球能源争夺焦点发生转移，逐渐由争夺能源资源过渡至争夺能源市场。未来世界能源格局的划分不再根据自然资源禀赋，而是由技术发展、应用以及推广水平决定的。能源技术的发展决定了能否在未来全球能源市场的争夺中抢占先机，打破以传统化石能源为核心的政治经济格局，重新分配世界经济的主导权。

（三）碳达峰碳中和的经济学逻辑与能源转型

“双碳”目标的实现过程是经济增长与二氧化碳排放从相对脱钩走向绝对脱钩的过程。我国选择以能源脱碳推进“双碳”目标不仅仅是由于化石能源的碳排放约占中国碳排放的 73%，也因为在中国的脱碳过程中，发展可再生能源相对而言成本更低。有三条相互关联、具有潜力的路径通往碳中和，分别是能源转型，碳捕集、利用和封存（CCUS）等负排放技术以及森林碳汇。但由于森林碳汇的数量有限，负排放技术的发展存在高度不确定性，能源转型是“双碳”目标能否实现以及以什么代价实现的决定性因素。

由新能源[②] 电力推动的能源电力系统低碳化有望使我国以相对较低的成本减少约 70% 的二氧化碳排放。其中，风电和光伏发电以约 2200 亿美元 / 年的成本推动最初 50% 的降碳计划。随后，清洁氢能有望推动 20% 的脱碳，但主要集中在工业和供暖领域。在此之后，我国进入高成本脱碳期间，在不计入自然碳汇和负排放技术、地球工程技术等的

---

① 参见郭扬、李金叶：《“社会人”假说下中国新能源替代化石能源的驱动机制研究》，载于《中国人口 · 资源与环境》2019 年第 11 期。

② 新能源又称非常规能源，指传统能源之外的各种形式的能源，包括太阳能、地热能、风能、海洋能、生物质能和第三代核能等。

情况下，实现 90% 脱碳的年成本可能高达约 1.8 亿美元。主要集中在工业领域的、无法实现脱碳的生产模式将依靠负排放技术、非工业流程相关的碳封存来实现，包括森林碳汇和直接空气碳捕集等。[①]

在如何实现碳中和的问题上，有些观点强调降低非二氧化碳温室气体排放、提升森林碳汇能力等。一方面，非二氧化碳温室气体体量小、在大气中留存时间短，只要严格控制增量，非二氧化碳温室气体在长期中产生的影响较小；另一方面，森林植物的主要功能不在于提供碳汇，而在于提供生物质。生物质能属于可再生能源，其燃烧释放的二氧化碳来自绿色植物通过光合作用固定的碳，仅仅相当于在较短周期内完成了一次碳循环。需要认清的一个现实是：森林对地球健康的确至关重要，但永远不会有足够的树木来抵消碳排放。由于光合作用需要特殊比例的二氧化碳、氮和磷，所以地球陆地生态系统的碳储存能力是有限的。这主要基于以下三个方面的原因。

第一，科学家们估计，地球的陆地生态系统最多有从大气中吸收 400 亿吨到 1000 亿吨碳的能力，但全球正在以每年 100 亿吨碳的速度向大气中排放二氧化碳，自然过程将难以跟上全球经济产生的温室气体的步伐。就中国而言，国家林业和草原局 2019 年出版的《中国森林资源普查报告》显示，我国全部的森林碳汇为 4.34 亿吨 / 年，如果换算成二氧化碳，也只有 12 亿吨，相比 140 亿吨的全口径温室气体排放而言杯水车薪。第二，新闻中常见的关于森林碳汇的数字往往指的是自然碳汇和人为活动增加的碳汇的总和，而不只是通过植树造林、森林管理等人为活动增加的吸收汇。因此，碳中和目标所关注的森林碳汇量，实际上可能是更小的一个数字。第三，不适当的植树造林不仅不会降低二氧化碳含量，还存在破坏当地生态系统的潜在风险。[②] 从长远来看，农业林业的绿色植物是气候中性碳，即它们既是碳汇，也是碳源。

---

① 参见高盛：《碳经济学——中国走向净零碳排放之路：清洁能源技术革新》，载于《证券研究报告》2021 年 1 月 20 日。

② 参见邦妮 · 华林：《永远不会有足够的树木抵消碳排放——森林固碳的悖论》，气候变化经济学微信公众号 2021 年 6 月 18 日。

我国的国家自主贡献目标也印证了以能源转型为主的“双碳”目标实现路径。“根据本国经济社会发展情况和减排意愿提出自主贡献目标，再依照全球盘点结果自愿调整贡献力度”的合作模式是《巴黎协定》确立的各个国家和地区2020年后应对气候变化的履约范式，也是各国和地区实现碳中和承诺的基础框架。我国两次提交的国家自主贡献目标，均对非化石能源占一次能源消费的比重有所要求，更新的国家自主贡献目标还进一步从生产端明确了非化石能源装机目标。这在一定程度上说明了能源转型对“双碳”目标的重要性及潜在贡献，也显示出中国碳达峰、碳中和的国际承诺与国家自主贡献的细化目标互为表里，逻辑一致。

（四）工业化国家碳达峰碳中和的启示

碳达峰往往在发达经济体中首先实现，呈现出较为统一的规律。从过往经验看，往往出现能源消费和二氧化碳排放“双达峰”“双下降”[①]的趋势，推动碳达峰的关键聚焦于能源，尤其是可再生能源消费比例。

1.德国立法推进可再生能源电力市场化

德国自20世纪70年代就开始出台能源计划，目前正在积极推进2050年实现碳中和目标。1990年后，德国的煤炭消费量逐年减少，到2019年已降至1990年的一半。可再生能源消费量自21世纪初以来大规模扩张，化石能源正逐渐从主体能源中淘汰。2019年，德国可再生能源发电量占其总发电量的46%，占比首次超过化石能源。

德国在以立法推进降碳、可再生能源开发和利用等方面积累了丰富的经验。1991年1月，德国颁布《电力供应法》，以贷款、补贴等财政优惠政策促进风能利用、太阳能电池等产业的发展。2000年3月，德国制定并颁布了《可再生能源法》，明确了固定上网电价为主

① 参见胡鞍钢：《中国实现2030年前碳达峰目标及主要途径》，载于《北京工业大学学报（社会科学版）》2021年第3期。

的可再生能源电力激励政策，并多次修订完善。可再生能源法的核心制度是上网电价制度，以固定电价、强制入网、全额收购等政策刺激可再生能源发展。在不断调整上网电价激励机制之余，控制可再生能源发电补贴、引入招标制度，全面推进可再生能源发电市场化。2020年德国公布《可再生能源法》修正案，进一步促进可再生能源进入电力市场。目前，德国正抓紧制定《煤炭退出法》，提出最晚于2038年关闭燃煤电厂，争取在2035年前完成退煤，并决定到2022年底前，分阶段关闭正在运行的17座核电站。[①]

2. 英国以市场力量助推“去煤”进程

2003年，英国政府首次提出发展“低碳经济”，可再生能源消费量之后出现大幅攀升，仅次于石油、天然气。英国决定到2025年全部淘汰煤电，并将碳中和写入法律。

与难以在短期内关闭燃煤电厂的德国不同，英国脱煤的成就除了依靠可再生能源，还在于提高电力调度弹性。1990—2019年，英国温室气体排放量下降90%，主要源于以下几个方面：40%归因于电力“去煤”，40%归因于工业清洁化，还有10%归因于规模更小、更清洁的化石燃料供应行业以及天然气输送管道泄漏下降。英国大部分减排都发生在电力部门，2020年煤炭仅占发电量的1.6%，全年中近一半的时间没有煤电供应；天然气发电量也下降了15%。与此同时，英国大幅扩大了风电场、太阳能园区和生物能源工厂的产能，并决定继续使用核电。2020年可再生能源发电量份额（43%）首次超过化石燃料发电量。

市场力量一直是英国能源转型的重要依托。英国引入新电力交易机制，逐步降低电力价格。碳市场是其减排工作推进的核心之一。英国不仅在2002—2006年试行世界首个国家碳排放市场交易体系，还引领了欧盟碳排放交易体系的建立。

① 参见张剑智、张泽怡、温源远：《德国推进气候治理的战略、目标及影响》，载于《环境保护》2021年第10期。

3. 美国依托产业、资源基础优化能源效率和消费结构

美国的减排成效可以简单归纳为以下两个方面：一是能源效率持续提升，即单位 GDP 能耗持续下降。这保证了能源消费下降的同时，经济保持稳定增长。二是能源结构持续优化。自 2016 年起天然气成为美国第一大发电用能源，发电用煤迅速下降，极大地推动了美国的碳达峰。2019 年，可再生能源首次超过煤炭成为第三大能源，是美国能源结构调整的标志性节点。值得注意的是，能源效率提升和消费结构的优化必然带来成本问题，需要健全的产业和资源基础来保障能源安全和经济安全。[①]

二、中国能源转型现状

能源是我国的主要碳排放源，占二氧化碳总排放的 88% 左右。其中，电力行业排放约占能源行业总排放的 41%。我国在很早之前便意识到能源在经济增长、环境保护中的重要作用，并一贯以法律等政令管控类政策引导能源发展方向。自我国正式提出以“单位 GDP 碳排放”为度量的能源目标，能源政策规划进一步聚焦到以应对气候变化为导向的节能减污降碳方向。

（一）以“节能减污降碳”为导向的能源规划演变

以 1979 年《中华人民共和国环境保护法（试行）》的颁布为标志，我国能源政策的重点任务由单纯保障能源供给安全发展到考虑环境约束。自 20 世纪 80 年代初以来，我国的能源政策侧重于减少大气污染和支持水电开发，而减少二氧化碳排放和支持风能、太阳能等可再生能源技术的政策工具大多从“十五”计划（2001 —2005 年）才开始实施

① 参见王能全：《碳达峰：美国的现状与启示》，载于《财经》2021 年第 5 期。

（见图 3-2）。随后，政策工具的强度和多样性都有了巨大的提升。

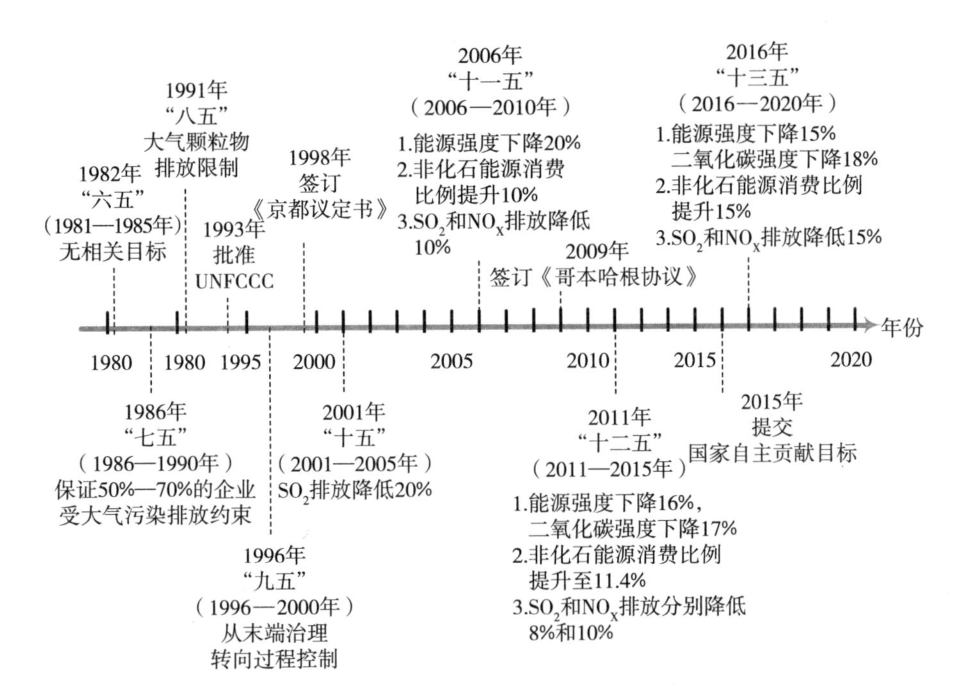

图 3-2　中国环境能源政策目标规划演变时间

资料来源：Lili Li, Araz Taeihagh."An in-depth analysis of the evolution of the policy mix for the sustainable energy transition in China from 1981 to 2020." *Applied Energy*, Volume 263, 2020.

以 2009 年我国正式提出单位 GDP 碳排放下降要求为标志，能源发展开始被逐步关进生态环境保护的笼子里，开始了能源环境和气候协同治理。受环境约束的中国能源政策主要包括以下三类相互联系又各有侧重的方向：一是在现有的以煤炭为主体的能源系统条件下减少二氧化碳等温室气体排放，二是促进可再生能源技术，三是控制大气等环境污染问题。① 该阶段对能源发展的政策要求是：既要满足社会

① Lili Li, Araz Taeihagh."An in-depth analysis of the evolution of the policy mix for the sustainable energy transition in China from 1981 to 2020." Applied Energy, Volume 263, 2020.

和经济发展对能源供应安全的需要，还要受到环境保护因素和应对气候变化因素的约束。[①]二氧化碳排放和大气污染“同根同源”，预计“十四五”期间大气雾霾治理和减污降碳将更加融合，而“十五五”期间将更多的是以碳治理带动大气污染防治等气候行动。现阶段，我国在前期工作的基础上，提出要构建清洁低碳安全高效的能源体系，控制化石能源总量，着力提高利用效能，实施可再生能源替代行动，深化电力体制改革，构建以可再生能源为主体的新型电力系统。但新能源、市场监管、电力安全监管方面暂无法律法规政策，存在规章及规范性文件约束力不足的潜在问题。

（二）中国化石能源控制成效及问题

经过对能源供给、消费、技术和体制机制的长期调整，尽管能源消费总量仍不断攀升，但增长幅度趋于平缓。最近 10 年间，我国单位 GDP 能耗水平从 0.86 吨标准煤 / 万元下降至 0.49 吨标准煤 / 万元，化石能源消费控制的主要矛盾仍集中在煤炭产业，而对石油、天然气的要求更多的是夯实资源供应基础。煤炭在能源消费结构中占比已从 2010 年的近 70% 下降到 2020 年的 56.8%（见表 3–4）。

表 3–4　中国能源消费发展概况

指标	单位	2010 年	2015 年	2020 年
能源消费总量	万吨标准煤	360648	434113	498000
单位 GDP 能耗	吨标准煤 / 万元	0.86	0.63	0.49
能源消费结构 其中：煤炭	%	69.2	64	56.8
石油	%	17.4	18.1	18.9
天然气	%	4	5.9	8.4
非化石能源	%	9.4	12	15

资料来源：《能源发展“十三五”规划》《中国统计年鉴 2020》。

① 参见李俊峰、李广：《中国能源、环境与气候变化问题回顾与展望》，载于《环境与可持续发展》2020 年第 5 期。

1. 化石能源控制成效

第一，能源生产总量得到控制。我国严格控制审批新建煤炭、煤电项目，“十三五”期间加快淘汰落后产能和不符合产业政策的产能。对于确需新建煤矿的，实行减量置换；停建、缓建、退出了一批煤矿产能和煤电项目，并对煤电机组进行改造。据统计，“十三五”期间累计关停落后煤电机组超过 3000 万千瓦。

第二，能源供给向大型煤炭基地、综合能源基地建设发展。“十二五”时期基本缓解了长期以来的保供压力。“十三五”时期着力化解和防范产能过剩，进一步优化能源开发布局。既合理控制能源资源富集地区大型能源基地开发规模，又合理布局天然气分布式能源项目、调峰电站、销售网络和服务设施。同时，加大热电联产机组、火电机组调峰灵活性改造力度，改善电力系统调峰性能。利用大型综合能源基地的组合优势，推进多能互补工程建设，大型现代化煤矿产能比重大幅上升。

第三，煤电已不是造成我国环境污染的主要因素。我国的能源电力部门正向电气化、低碳化、智能化转型。由于可再生能源电源波动性特征明显，也由于建筑、交通等重点用能部门电气化水平大比例提升，需求侧电力负荷特征发生较大变化，电力系统需要加装负排放技术的“绿色煤电”发挥灵活调节用电峰谷的作用。“十三五”期间全国 8.9 亿千瓦煤电机组达到超低排放，建成世界最大规模的超低排放清洁煤电供应体系。截至 2019 年底，86% 的煤电机组实现了超低排放，电力行业烟尘、二氧化硫、氮氧化物等主要大气污染物累计排放总量较 2015 年减少约 219 万吨。

第四，电力体制改革稳步推进，向着适应多能互补、微电网“互联网 +”智慧电源、数字化以及需求侧管理的方向改革。中国电力系统在现阶段兼具计划与市场特点，电力调度主要由省政府和省级调度机构遵循行政程序根据公平调度原则负责。电力市场鼓励交易可再生能源，特别是跨省跨区交易。核电和可再生能源发电在调度上优先级最高。通过实施标杆上网电价和“煤电联动”机制，风电、光伏发电受到补贴。

第五，在消费端促进煤炭消费减量、扩展天然气消费市场。京津冀鲁、长三角和珠三角等区域实施减煤量替代，其他重点区域实施等煤量替代。全面实施散煤综合治理，通过对民用散煤进行清洁能源替代、工业燃煤锅炉和窑炉改造提升等活动，散煤治理取得明显进展。同时，推进天然气价格改革，保障天然气的供给和应用。通过“管道独立、运销分离”等结构性改革措施，推进以“管住中间、放开两头”为主要思路，按照“先试点后推广”“先非居民后居民”“先增量后存量”“边理顺边放开”的天然气市场化改革。

2. 化石能源控制问题

一是煤电机组提前淘汰可能引发资产搁浅风险。为实现“双碳”目标，中国需要对燃煤电厂进行迅速的淘汰以达成深度减排。2020 年全国煤电机组平均年龄大约为 12 年，是全球平均运行年龄的一半。并且，大多数燃煤电厂是在过去 15 年中投产运行，与欧美国家的设施相比剩余更长的使用寿命。燃煤电厂的快速退役会引发投资收益变动以及资产搁浅的风险，对地区性投资和财政收入等经济指标可能产生不利影响。由于电厂投资很大比例来自银行等融资渠道，可能引发系统性金融风险。

二是对于煤电机组有序退出相关各方尚在博弈权衡中。根据对 2019 年现存煤电项目的财务成本核算，全国有近 70% 的煤电机组可能处于亏损状态。如果采取提前退役和降低发电小时数等方式逐步退出燃煤发电，煤电部门亏损状况将进一步加剧。煤电项目的行政审批权早已下放到省政府，许多地方为了拉动投资、刺激经济，在煤电行业亏损面高达 50% 的情形下，仍逆势上马一批煤电项目。各地推动煤电建设缺少统筹规划，投资方受利益驱动，使得煤电产能过剩问题仍未完全解决。

三是煤化工作为煤炭行业的市场前景不明朗。煤炭具有能源资源和物质资源双重属性，我国仅约 7% 煤炭用于煤化工，比例相对较低。

煤化工产品质量和成本的市场竞争力较弱，低端产品过剩，同质化竞争趋势日益突出。由于技术集成度和生产管理水平上的差距，现代煤化工产品成本偏高，企业运营的整体效能有待提高。在碳达峰、碳中和目标导向下，煤制油、甲醇等煤化工产品没有发展前途，以煤制油、煤制气代替石油和天然气也不切实际。煤化工项目投资、耗煤、耗水量大，初级产品多而下游产品开发不足，产业竞争力不强。

四是煤炭行业发展趋势逆转引发社会就业压力。控制煤炭生产和消费不可避免地导致劳动力需求下降。同时，我国煤炭行业大型化、规模化趋势意味着机械化水平提高，其导致的就业损失远大于淘汰落后产能任务本身造成的就业减少水平。据估计，为实现碳达峰、碳中和目标，煤炭就业规模在 21 世纪中叶将进一步缩减至不足 300 万人，面临的失业压力将长期持续存在。我国煤炭的“黄金时代”吸纳了过剩的劳动力，煤炭生产鲜明的地区特征使煤炭资源型地区受到的社会就业压力更明显。由于煤炭资源型地区资金、技术水平不足，发展新兴产业难度较大，也由于剩余较多的是技能单一、竞争力较弱的职工，转岗安置的困难程度较大。

五是全球碳减排目标下煤电项目发展面临国际舆论压力。联合国秘书长古特雷斯表示，逐步在电力行业中淘汰煤炭是实现碳中和最重要的一步。这意味着到 2030 年全球发电领域的煤炭用量必须比 2010 年下降 80%。煤电项目目前仍难摆脱碳排放高的诟病，2020 年中国的煤电装机总量达到 10.8 亿千瓦，超过所有其他国家煤电装机量总和。无论是国内建设还是海外投资的煤电项目，都引起了国际社会的关注甚至质疑。作为应对气候变化的全球领导者，我国的减排努力与国际社会的预期还有差距，对外宣讲中国政策还需努力。

（三）中国可再生能源发展现状及潜在问题

经过改革开放 40 多年的发展，我国可再生能源经历了从无到有，从落后到赶超的过程。可再生能源也由传统化石能源的替代能源、补充能源发展为未来满足能源需求增量的主流能源。研究表明，发展可再生能源对我国实现2030年前碳排放达峰目标的贡献接近30%[①]，并为我国能源转型作出积极贡献。

1. 可再生能源发展现状

第一，我国正处于煤电风光多种能源并举的多元化发展阶段，可再生能源占一次能源比例及消费比例稳步提升。2019年煤炭消费占能源消费总量比重为57.7%，可再生能源消费占比15.3%，提前完成到2020年非化石能源消费比重达到15%左右的目标。可再生能源发电装机、发电量稳步增长。“十三五”以来，可再生能源装机年均增长率约为12%，新增装机年度占比均超过50%。截至2019年底，我国可再生能源发电总装机量约占全球的30%。水电、风电、光伏发电、生物质发电装机总量均居世界首位。可再生能源（风电和光伏）的渗透率为8.6%，蒙东地区的可再生能源渗透比例超过世界可再生能源发展先驱国家的水平。可再生能源供热广泛应用。截至2019年底，太阳能热水器集热面积累计达5亿平方米，浅层和中深层地热能供暖面积超过11亿平方米。

第二，以风能、太阳能为代表的新能源成为主流，常规水电和抽水蓄能稳步可持续发展。2019年，全国平均风电利用率达96%，光伏发电利用率达98%，主要流域水能利用率达96%，均已达到国际领先水平。一方面，“十三五”以来，新能源发展迅速，年度新增装机在可再生能源中占比均超过80%，截至2019年底，在可再生能源总装机中占比55.2%。全国光伏发电累计装机20430万千瓦，新增光伏发电装机3011万千瓦，同比下降31.6%。其中集中式光伏新增装机有下降趋势，而分布式光伏新增装机同比增长41.3%。2020年，我国光伏发电、风电成本首次低于燃煤电站，进一步为可再生能源替煤增加动力。另一

① 参见白泉：《建设“碳中和”的现代化强国，始终要把节能增效放在突出位置》，载于《中国能源》2021年第1期。

方面，常规水电在可再生能源发展过程中发挥基石作用。水电站提供清洁电量，提高电力系统灵活性、促进可再生能源消纳，在脱贫攻坚中发挥重要作用。抽水蓄能参与削峰填谷，降低系统火电调峰幅度，与风、光、核电联合协调运行，保障电力系统安全和稳定性。

第三，我国作为可再生能源第一大国，在投资、技术创新、产业落地等方面拥有一定经验。2010—2019年，我国投资总额达到2.6万亿美元，连续7年成为全球可再生能源的最大投资国。可再生能源领域的专利数位、可再生能源装机和发电量居全球第一，装备水平显著提升，关键零部件基本实现国产化。2019年多晶硅、光伏电池和光伏组件的产量分别约占全球总产量份额的67%、79%和71%。截至2019年底，我国已建成和在建32项特高压工程，已投入运营和正在建设的特高压线路长度达3.8万千米。构建了具有国际先进水平的完整产业链。可再生能源相关产业作为战略性新兴产业，已经成为新疆、内蒙古、甘肃等风、光资源大省的支柱性产业。①

2. 可再生能源发展潜在问题

可再生能源发展过程中面临的技术、制度、经济问题受到产学研共同关注。“弃风”“弃光”现象频发是可再生能源诸多问题的表象，内在原因在于消纳能力有限。可再生能源发电的技术瓶颈和体制机制等结构性问题对我国电网安全稳定与经济成本的压力在一些学者之间已基本形成共识。

第一，技术关隘。在可再生能源大比例上网的情况下，保障电网安全稳定运行需要解决供电、调峰、储能、电网建设四个方面的技术问题。供电方面，可再生能源发电和电力电子技术已经发展到一定阶段，技术较难突破且研究热度不高。调峰方面，由于太阳能、风能、潮汐能和生物质能等可再生能源具有明显的间歇性、随机性和波动

① 参见庄贵阳、窦晓铭：《新发展格局下碳排放达峰的政策内涵与实现路径》，载于《新疆师范大学学报（哲学社会科学版）》2021年第6期。

性，接入电网时存在较大峰谷差，需要多能互补以提高供电稳定性，甚至在必要时接入一定比例的传统化石能源电力。发展储能技术也是解决调峰问题的方式之一。储能方面，电力目前没有有效的储能技术，导致需求弹性较小。正在发展的储能技术包括供热蓄能、电磁储能、化学储能等方式。[①] 其中，可再生能源供热不仅是一种储能方式，热力负荷借助储热设施平滑处理能实现削峰填谷的作用，还是一种理想的供热期燃煤替代技术。当前电网建设滞后于电源建设，可再生能源发电的间歇性、随机性和波动性导致其直接并入大电网会直接影响电力供应质量和系统安全运行。现阶段，电网建设与可再生能源发电的间歇性、随机性和波动性特征不相适应，这也造成分布式发电项目并网存在障碍。此外，省际联网线路相对较少、电网负荷水平较低、输送通道功率不足也对对外输送能力造成负面影响。[②] 除了上述问题，电动汽车电池、光伏转化率和风电机组寿命延长等技术亟待突破，新兴的电解水制氢技术也面临着氢能储存、运输和加注等系列难题。

第二，消纳问题将长期存在。除技术、制度问题导致电力系统灵活性不足外，经济成本高也是导致可再生能源消纳困难的重要原因。

调峰、储能、电网建设技术是一个综合性的问题，对可再生能源发电的预测精度、调峰预案欠缺，对生产侧、输电侧、储能侧和消费侧的灵活性建设不足，都将影响电力系统调节能力。

可再生能源电力消纳面临体制机制障碍，电力系统结构性问题尤为突出。第一，各省（自治区、直辖市）目前均已实现电力自足，甚至出现产能过剩的情况，挤压了对可再生能源电力的市场需求。第二，电网建设与可再生能源发展不适配。一方面，可再生能源发展超出预期，但抽水蓄能、燃气发电、储能电站等灵活性电源的发展明显不足，远低于规划水平；另一方面，电网调度模式和经济政策与可再

---

① 参见曹宝文、陈更力：《基于专利信息的新能源微电网技术发展分析》，载于《科技管理研究》2018 年第 15 期。

② 参见田茂君、薛惠锋：《甘肃省新能源发展问题及对策》，载于《甘肃社会科学》2016 年第 6 期。

生能源发电不配套，分布式项目发电上网尤其困难。第三，各市场主体间和跨省跨区交易机制不完善。我国可再生能源资源与负荷中心呈逆向分布。由于购电成本高、本地煤电对 GDP 的拉动作用和供电安全性，以及电网协调困难等原因，跨省跨区消纳对于电力受端地区而言并非最佳选择。

由于能源价格体系不完善，可再生能源不具备价格优势。根据外部性理论，由于传统化石能源的负外部性并未反应在价格中，传统化石能源价格普遍偏低且有持续走低趋势。同时，可再生能源的边际社会收益也未体现在价格中，长期来看不利于资源的优化配置。根据“能源三元悖论”，能源清洁绿色、能源供给安全稳定和能源价格三个条件只能得其二。能源安全是中国发展的底线，碳达峰目标又为能源发展加上清洁低碳的约束性红线。未来随着可再生能源高比例装机上网，电力价格将呈现上升趋势。在传统化石能源电力仍作为替代品的情况下，将给可再生能源发电消纳造成阻碍。

三、“双碳”目标下能源转型方向

碳达峰、碳中和是艰巨而紧迫的任务，能源脱碳在“双碳”目标的实现过程中发挥着基础性关键作用。能源、经济、社会、环境是相互关联、相互影响的系统，为实现“双碳”目标，能源部门在快速低碳转型的同时，也需要保证受影响群体及周边社区的福利水平，实现公正转型。

（一）低碳转型

我国的碳达峰是在发展经济的同时，驱动二氧化碳排放达峰并进入下行区间。我国的碳中和是实现工业化、城镇化，居民生活水平大幅提升后的温室气体净零排放。高比例发展可再生能源是优化能源结构，促进能源部门低碳转型，如期实现“双碳”目标的根本对策。

1989 年，日本教授茅阳一在 IPCC 的一次研讨会上提出通过一种简单的数学公式将经济、政策和人口等因子与人类活动产生的二氧化碳联系起来，可以发现不同因素对碳排放的影响力差异。经过进一步修正后，可以认为二氧化碳排放量等于 GDP、单位能源碳排放强度和单位 GDP 能源消费强度的连乘积。这意味着，除了对能源消费总量的直接控制，以可再生能源对传统化石能源的替代来控制单位 GDP 能源消费强度、以促进技术创新的方式控制单位能源碳排放强度将在二氧化碳减排过程中发挥重要作用。《中共中央 国务院关于完整准确全面贯彻新发展理念做好碳达峰碳中和工作的意见》明确提出加快构建清洁低碳安全高效能源体系，强化能源消费强度和总量双控，大幅提升能源利用效率，严格控制化石能源消费，积极发展非化石能源，深化能源体制机制改革。《2030 年前碳达峰行动方案》也将“能源绿色低碳转型行动”列为“碳达峰十大行动”之一。

碳达峰、碳中和关注上述能源调整方向。由于在可预测的未来一段时间内，我国能源消费总量仍处于上升趋势，行业能效提升的空间也将不断收窄，发展以可再生能源为主体的能源系统和碳捕集、利用和封存（CCUS）等负排放技术大规模应用是实现碳达峰的关键。[①] 从长期来看，以可再生能源为主体的能源电力系统将放松对能源消费总量限制，而负排放技术、太阳工程技术等将抵消剩余的温室气体排放。

现阶段，煤炭仍为中国的主体能源，即在煤炭能源消费结构中占比较高。同时，煤炭也是中国的主体电源。主体能源、主体电源从煤炭到可再生能源的变更是能源结构优化的关键，需要从供给侧和需求侧同时发力。变更的重点在于提升能源电力系统灵活性，要求能源规划、布局围绕可再生能源展开，最终形成以可再生能源为主、天然气等非可再生能源与可再生能源发展相适应的能源系统（见图 3-3）。

① 参见何建坤、滕飞、齐晔：《新气候经济学的研究任务和方向探讨》，载于《中国人口·资源与环境》2014 年第 8 期。

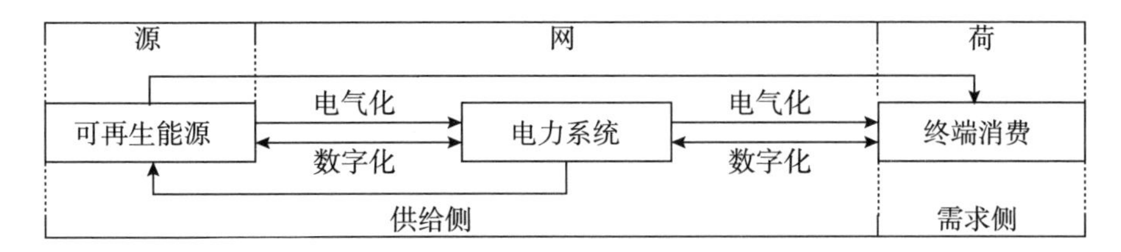

图 3–3　碳达峰、碳中和目标下的脱碳路径

资料来源：庄贵阳、窦晓铭：《新发展格局下碳排放达峰的政策内涵与实现路径》，载于《新疆师范大学学报（哲学社会科学版）》第 43 卷第 1 期。

在供给侧建立以可再生能源为主体的能源系统，促进煤电有计划退出。一是转变传统化石能源角色和利用方式。将火电由发电主力军转变为承担负荷曲线基底部分负荷、调峰和储能需求的调节、补充能源。同时，为了走向碳中和，要将火力发电与负排放技术充分结合，用负排放技术抵消对传统化石能源消费造成的二氧化碳排放。并在规划过程中由负排放技术的计划应用、处理规模倒推未来能够消费传统化石能源的预期规模。[①] 二是发展可再生能源电力和核电制氢，逐步提升氢能在终端部门的利用水平。具体而言，业界提出了利用可再生能源电力制取“绿氢”，并用“液态阳光”的思路解决“绿氢”的存储，即用二氧化碳和氢反应生产甲醇。进一步的是，氢气和氧气燃烧组成氢氧发电机组，在供能的同时再次实现了资源到电力的循环。这一过程实现了由可再生能源作为“资源—电力—储能—供能”的形式转换，不仅有效解决可再生能源的消纳问题，也可以提升可再生能源利用水平。三是通过技术和体制机制创新，促进可再生能源从西部地区向全国跨省跨区输送，实现更大范围、更大规模的“空间转移”。

同时，可再生能源市场需求的快速释放将对供给侧产生正向激励。需求侧变革的核心是通过电气化满足终端能源消费需求，即国民

① 参见项目综合报告编写组：《〈中国长期低碳发展战略与转型路径研究〉综合报告》，载于《中国人口·资源与环境》2020 年第 11 期。

经济各部门和人民生活广泛使用电力，以电力替代终端能源消费中对传统化石能源的直接利用。由于可再生能源发电极其依赖气候条件，具有间歇性、随机性和波动性的特点。能源电力系统的电气化之路需要以储能技术、数字化技术为基础，通过需求侧管理实现能源的“时间转移”。电力系统连接起供需两端，决定着“源、网、荷”的调度水平。未来需要通过技术创新和体制机制改革，将可再生能源电力供给和需求在电力系统中实时匹配的同时，扩大区域电网规模，促进能源的“空间转移”。

为推动能源脱碳，需要保证电力行业保持可再生能源发电量年均增速 10% 的水平，严格控制煤炭消费量反弹。到“十四五”末非化石能源占比达 20% 以上，电力、石油率先达峰，“十五五”期间将能源消费总量控制在 55 亿吨标准煤以下。工业、建筑、交通等部门经由电力系统建立起内在而广泛的经济联系，终端能源消费决定着二氧化碳排放水平。各部门需“从严从紧从实”制定约束指标，控制高耗能、高排放项目上马。随着我国工业化进入中后期，城镇化将取代工业化成为我国能源需求和二氧化碳排放增长的主要驱动力。建筑和交通的能源消费占比随之上升，但工业仍是最大的碳排放部门。① 三者均涉及钢铁、水泥等多个高耗能、高排放行业，它们在“十四五”期间二氧化碳排放由达峰转向下行区间将为我国“双碳”目标的实现创造有利条件。

我国 2030 年前实现碳达峰、2060 年前实现碳中和的承诺为低碳转型施加了时间约束。欧盟作为全球应对气候变化问题的引领者，其碳排放峰值水平为 45 亿吨二氧化碳，并承诺在 2050 年实现碳中和。中国预测峰值水平将达到 106 亿吨左右，计划在 2030 年前实现碳达峰、2060 年前实现碳中和。这意味着我国的峰值水平约为欧盟的 2.4 倍，但从碳达峰到碳中和之间的时间仅为欧盟的二分之一。我国面临

① 参见刘强、陈怡、滕飞等：《中国深度脱碳路径及政策分析》，载于《中国人口 · 资源与环境》2017 年第 9 期。

着比工业化国家时间更紧张、幅度更大的减排要求，进而对能源部门提出了快速转型的要求。

（二）公正转型

“谁是能源转型的受益者？”“谁是能源转型的受害者？”“能源转型是如何对受影响者和社区产生影响的？”以及“为什么能源转型会产生此类影响？”寻找此类问题的答案，将“双碳”目标下的能源转型，进一步指向了能源转型的利害分配问题。

碳达峰、碳中和约束下能源转型的核心是建设以可再生能源为主体的能源电力系统，要求煤炭消费总量控制并有序退出，必然带来失业等转型“阵痛”。在经济下行、社会分化的趋势下，能源转型关注受影响群体和社区的社会福利问题。也就是说，不应仅仅关注经济增长、环境保护和气候治理等问题本身，还应关注上述问题在社会中带来的负面影响。在能源转型问题上，政府方面目前的关注点更多地集中于能源技术，社会则更多地聚焦在经济方面，关注能源价格、能源可得性与就业。由于能源转型的经济社会成本分配不均匀，失业等问题将主要集中于煤炭行业和煤炭资源富集地区，使区域间发展能力更加不平衡。而且，能源转型也将明显影响传统能源供应链上的行业，如建筑、水泥、钢铁、矿产开采和机械等能源密集型行业。当高碳行业面临投资减少甚至撤资时，产品需求、市场价格都呈现下降趋势，考虑连锁反应后的就业损失可能比直接影响高出 3 倍左右。①

从就业总量上而言，可再生能源等新兴行业能够弥补部分就业损失。由于可再生能源基础设施领域的资本密集度和劳动力密集度要高于传统化石燃料能源开发，可再生能源行业的人力资本投资、创业投资等不仅产生创造就业的直接效应、来自上下游厂商的间接效应，还存在就业者经济活动对整个国民经济的引致效应，在比较乐观的预估

① 参见任继球：《我国钢铁和煤炭去产能对就业的影响——基于投入产出表的实证分析》，载于《宏观经济研究》2017 年第 10 期。

情况下，发展新兴行业新创造的就业数量甚至可能高于能源转型导致的社会就业损失数量。

然而，从就业结构上而言，能源结构调整对就业存在负面影响。由于化石能源价格下降、公众对气候治理认识提升、电力需求增长缓慢、环保法规日趋严格等，化石能源开采及相关化工行业，高耗能的火电、钢铁、水泥等行业逐步“关停并转”，行业中的工作岗位数量下降。从中长期来看，燃煤电厂的最终淘汰意味着煤炭等行业中的大部分工人需要重新寻找工作。同时，新兴行业对劳动的技术含量要求较高，与煤炭等行业的低技能劳动力不匹配。工人转岗再培训需要时间、资金和人力成本。劳动力市场上的供需结构不匹配将造成结构性失业问题。不同行业和不同时期内对就业水平的影响和作用时间也各不相同。

在气候、环境目标为经济发展施加减排、资源可持续利用、环境保护等约束，要求低碳转型之后，公正转型又为其施加公平、正义的约束。在能源转型的过程中，不仅需要关注新创就业的数量和质量，也应关注就业结构，帮助受影响群体适应能源转型过程，促进其再培训、再就业。可以借鉴《欧洲绿色协议》的经验，设立公正转型基金，对于面临冲击的煤炭行业从业人员，建立全方位的公正转型政策体系。对于陷入困境的煤炭企业，应以市场机制为主，政府援助为辅；对于受影响的主要煤产地，应加大政策扶持助其培育新的替代产业，比如，建立完善的安置政策体系，建立遣散资金，保证从业人员的收入水平和社会福利，为其提供针对性的再培训、再教育计划或创业辅导等，防范社会不稳定因素的产生。

第四章 碳达峰碳中和的投资需求

张 莹

2008 年国际金融危机之后，各国都在积极寻找新的经济发展动力和需求。“双碳”目标客观上要求重构能源系统，推动能源供应体系脱碳化，实现终端能源消费电气化；为了抵消必须发生的碳排放，还需要积极通过碳捕集与封存、植树造林等多种方式移除碳排放。“双碳”目标已经被纳入我国生态文明建设整体布局，相关规划和具体工作方案已经全面铺开，实现“双碳”目标带来的投资需求将成为未来经济增长的重要支撑点和提高我国产业投资层级与改善投资体系的动力引擎。通过实现“双碳”目标有助于我国经济向高质量发展方向转型，改善经济结构的不均衡，缓解经济环境的不协调，激发经济增长的新动能，并培育出一批在全球具有引领力的高质量企业。

一、“双碳”目标带来的投资机遇

我国要实现从碳达峰到碳中和的飞跃，时间紧、任务重，但“双碳”目标的实现将使我国经济社会建设达到一个崭新的高度。为确保“双碳”目标顺利实现，我国的经济结构需进行重大而快速的变革。从产业上看，绿色产业布局和建设会承担更多的责任，蕴含着巨大的产业投资机遇。从行业上看，高耗能行业的低碳、绿色转型，低碳行业的深度发力、持久支撑，以及新能源行业的崛起蓬勃，都将从各方面为经济体创造新的技术投资、市场投资和资金投资机遇。

（一）“双碳”目标对供给侧的影响

我国的碳排放主要集中在发电与供热行业、制造业、建筑业以及交通部门。“双碳”目标将倒逼这些行业提升生产效率，推动整体产业结构向清洁、绿色、低碳方向转型。

对于传统行业而言，“双碳”目标将推动高耗能行业出台更加严格的环保和碳排放标准，提高煤炭、石油以及钢铁、煤化工等能源生产行业和高耗能行业的成本曲线，进一步巩固供给侧结构性改革的成果，并挤出行业内产能落后、生产标准较低的中小企业。这同时会给领先能耗水平和清洁化生产的行业龙头公司带来新的发展机遇，也会给传统行业带来更多的技术改造投资机会，非化石能源新增投资以及低碳新技术的新增投资，其影响会逐渐延伸至工业、建筑和交通等诸多行业。

对于能源供给端，“双碳”目标将直接加速以风能、太阳能为代表的清洁能源发电产业链的发展，并为储能和特高压建设等相关产业带来新的发展空间。此外，还将对上游的原材料和设备制造业，如新能源设备制造所需的有色金属（铜、镍、铝、锂等）、新能源材料，以及下游的新能源汽车产业链带来新的发展空间。

推行绿色低碳建筑以实现建筑领域低碳或净零碳排放也是实现“双碳”目标的重要保障之一，因此未来绿色建筑的比例还将不断提高。建筑行业整体工业化程度较低，传统生产方式仍占据主导地位，在建筑材料的生产、运输及现场施工过程中实现碳减排仍有相当的空间。此外，我国既有建筑规模在全球范围居于首位，针对既有建筑高耗能、高排放的现状，改造升级也具有广大的市场前景和投资需求。

（二）“双碳”目标对需求侧的影响

实现“双碳”目标除了重构产业链和经济结构之外，也会对经济的需求侧产生显著影响。

从行业角度，“双碳”目标会促使传统高排放行业（如纺织印染、石化、钢铁、水泥等）加快低碳转型，客观上将推动新一轮生产技术和生产设备的更新改造，以全面降低制造业碳排放水平，由此会带来大量低碳技术研发和低碳设备制造的需求。我国制造业体系虽然完善，但各行业发展水平参差不齐，未来尚有较大新增投资空间。为了能长久适应“双碳”目标，各行业的新增投资会进一步提升对低碳技术和低碳设备的需求。此外，一些焦点行业会成为经济增长的重要支撑，如随着新能源汽车行业的基础设施建设在全国范围铺开，新能源产业会积聚扩张，同时带动充电桩等相关产业的有色金属需求同步发展；光伏、风电等清洁电能消耗和建设投入比重也会加大，一方面引致能源供给结构适应性调整，另一方面激发光伏和风电上下游行业需求增长。

另外，我国正着力构建“以国内大循环为主，国内国际双循环相互促进的新发展格局”，“双碳”目标建设与双循环建设无疑均是我国未来发展的侧重点，未来二者将相辅相成、共同发力。首先，从国内大循环角度来看，扩大内需是建设新发展格局的战略基点，而扩大内需最关键的在于全面促进消费。“双碳”目标有利于改善传统消费，如汽车、家电消费；有利于培育新型消费，如智能消费、网络消费；有利于优化消费环境，如生态旅游。其次，从融入国际大循环角度分析，未来国际市场竞争焦点将聚焦在低碳、清洁的技术、产品和服务领域，加快实现“双碳”目标，促使中国的相关行业和企业在国际竞争中抢先占据高地。“双碳”目标和国际大循环的建设有利于我国经济由粗放型向集约型过渡，二者的契合点在科技创新。我国科技创新的潜在需求非常大，大量关键核心技术亟待攻破，在“双碳”目标和国际大循环的相互促进下，也将孕育可观的科技投资需求。

（三）“双碳”目标的资金需求

中国人民银行行长易纲在中国发展高层论坛圆桌会议上指出，“对于实现碳达峰和碳中和的资金需求，各方面有不少测算，规模级别都是百万亿人民币”。[①]“双碳”投资的资金需求非常庞大，参考2018年供给侧结构性改革对制造业投资造成的影响，“双碳”目标每年可能至少产生5500亿元的设备更新需求，绿色建筑仅建设规模可能就超过4万亿元，绿色交通投资需求预估20万亿元，可再生能源、能效、零碳技术和储能技术等领域也需要投资大约70万亿元。从行业角度，风电、光伏等清洁发电和轨道交通等清洁交通行业投资建设所需资金量庞大，在市场前景良好的背景下会更受资本的青睐。多家机构针对实现温控和碳中和目标的投资需求进行了测算，具体结果如表4-1所示。

---

① 参见《央行行长易纲：用好正常货币政策空间 推动绿色金融发展》，人民网2021年3月22日。

表 4-1　中国实现温控和碳中和目标所需的投资需求测算结果

研究机构	情景假设	时间区间（年）	总投资规模（万亿元）	年投资规模（万亿元）2021—2030 年、2031—2060 年
清华大学气候变化与可持续发展研究院	2℃情景	2021—2050	127.24	4.2
	1.5℃情景	2021—2050	174.38	5.8
中国投资协会国家发展和改革委员会价格检测中心	碳中和	2021—2050	70	2.3
	碳中和	2021—2060	139	3.1 —3.6、3.4 —3.6
央行 / 中金研究院	碳中和	2021—2060	139	2.2、3.9

资料来源：根据各研究机构预测结果整理。

（四）“双碳”目标投资带来的综合收益

为保障实现“双碳”目标，需要进行广泛而高质量的投资，随着系列“双碳”目标支持政策落地，各行业、各地区投资建设会逐渐展开，巨大的投资会给经济、社会、环境等领域带来综合性收益。

1. 经济效益

传统的经济效益主要考量的是投资项目的资本回报，但为实现“双碳”目标而进行的各项投资，出发点并不是追求高额的资本回报，而是实现社会、经济、环境的可持续发展。不过这并不意味着众多投资项目不考虑或是无法获得相应的资本回报，实现“双碳”目标终究要以市场机制为主导手段推进。“双碳”目标建设投入的大量资本会带来可观的回报，原因在于“双碳”目标背景下的投资多为新兴行业和战略性投资，低碳、新能源产业未来发展潜力十足。同时，投资结构改善引起经济可持续地良性螺旋向上发展，碳减排投资造成的“挤出效应”成本会逐渐被缩小，经济效益总体水平均会有所提升。

2. 社会效益

“双碳”目标投资的社会收益会体现在诸多领域，如推动广大社会形成低碳共识。居民切实践行低碳理念有助于改变生活方式，适度节制消费，避免浪费；节水节电，注重环保；追求健康，崇尚自然。另外，“双碳”目标投资的前中后期，从建设到维护、监测，能为经济体创造数万绿色、低碳的就业岗位。再如，在地方国企改革方面，存在一些高耗能高污染的僵尸企业和夕阳企业，出于保就业等因素考虑，占据了地方政府的大量财政，在“双碳”目标标准下，它们将被强制淘汰，从而释放地方财政，改善地区发展的不均衡现状。

3. 环境效益

为保障实现“双碳”目标，最根本的投资是改善生态环境，缓和甚至扭转因人类工业化进程导致的自然均衡关系失衡，进而竭力避免气候变暖等灾难性后果。除此之外，这些投资还会带来其他领域生态环境改善的协同效应，如空气、水、土地等人类生存的必要条件会在“双碳”目标建设背景下得以改进，并直接表现为居民生活水平得到提高，资源利用更加高效，经济增长更加可持续。

二、碳达峰碳中和新增投资需求重点领域

《中华人民共和国国民经济和社会发展第十四个五年规划和2035年远景目标纲要》在第十一篇中重点提到“落实2030年应对气候变化国家自主贡献目标，制定2030年前碳排放达峰行动方案。完善能源消费总量和强度双控制度，重点控制化石能源消费。实施以碳强度控制为主、碳排放总量控制为辅的制度，支持有条件的地方和重点行业、重点企业率先达到碳排放峰值”。[①] 这是国家首次将2030年前实现碳达峰、2060年前实现碳中和的目标写进五年规划。

---

① 参见《中华人民共和国国民经济和社会发展第十四个五年规划和2035年远景目标纲要》，载于《人民日报》2021年3月13日。

做好碳达峰、碳中和工作是践行“两山”理念、推动绿色循环发展的重要抓手，面对实现“双碳”目标带来的时代机遇，抢先布局产业新赛道，持续优化产业结构、投资方向，将有利于探索以最少碳排放实现更高质量发展的新模式。其中，在国民经济大规模向低碳、零碳转型过程中，许多领域需要大量绿色、低碳的新增投资。支持并推动有助于实现碳达峰、碳中和目标的重点产业快速发展是对我国治国理政能力的一场考验，各级党委和政府要增强抓好低碳、绿色发展的能力，了解重点产业，用具有长期战略的眼光去引导资金投入清洁能源和其他有助于实现低碳转型的关键领域。

（一）促进能源结构重构

1. 光伏发电和设备制造

2021 年是“十四五”规划的开局之年，也是我国光伏发电进入平价上网的关键之年。受碳达峰、碳中和目标的影响，以及相关政策和平价上网趋势的推动，“十四五”期间我国光伏发电将迎来市场化建设高峰，预计国内年均新增光伏装机容量在 70 —90 吉瓦，有望进一步加速我国能源转型。根据国际能源署（IEA）2019 年发布的《世界能源展望报告》，在三种情形（目前政策延续、实施已经承诺的政策、实现可持续发展所需要的政策力度）下，2040 年我国光伏发电占比将分别提升至 11.2%、13.2%、23.4%。可以预见，未来 10 年我国光伏装机量将有大幅提升，光伏发展的空间和潜力较大。

从 2015 年开始，我国光伏电站年度投融资需求不少于 1500 亿元人民币。根据新能源联盟团队估计，截至 2020 年 6 月底，全球光伏装机在 660 吉瓦，光伏国际投资额 7000 亿美元。其中，中国光伏装机 216 吉瓦，占全球比重的 32.73%；中国光伏投资额 2200 亿美元，占全球比重的 31.43%。2020 年至 2021 年 2 月底，我国光伏领域公布的扩张项目总量已超 130 个，总投资额已超过 5000 亿元；仅 2021 年前两个月时间，就有 18 家光伏企业公布了 25 个新增重大光伏项目，总投资额达 1200 亿元，总投资规模较去年同期增长了约 60% 以上，项目涵盖多晶硅料、硅片、电池片、组件、光伏玻璃、封装材料及电池设备等光伏核心领域。

2. 风力发电和相关设备制造

2019 年，我国风电累计装机容量全球占比超过 32%，连续 10 年居世界第一；新增装机容量全球占比接近 48%，连续 11 年位列世界首位。海上风电建设尤其瞩目，全球风能理事会（GWEC）的报告称，中国仍然是海上风电新装机容量的领跑者，2019 年新增装机容量超过 2.3 吉瓦，英国和德国分别以 1.8 吉瓦和 1.1 吉瓦排在第二位和第三位。截至 2019 年底，风电累计并网量突破 2.1 亿千瓦，为我国能源结构调整、经济转型升级和应对环境气候变化作出了巨大贡献。2020 北京国际风能大会上，全球 400 余家风能企业代表联合发布了《风能北京宣言》，提出在“十四五”期间需保证风电年均新增装机 5000 万千瓦以上，促进中国风电行业实现持续稳步而快速的发展。

2015 —2019 年，受风电标杆电价下调影响，风电市场出现抢装潮，新增装机规模增长明显。数据显示，2019 年全国风电累计装机容量 21005 万千瓦，同比增长 14%；新增装机容量 2678.5 万千瓦，同比增长 26.7%。2020 年 1 —8 月新增并网风电装机 1004 万千瓦，累计装机容量 22009 万千瓦。在风电投资额方面，2013 —2019 年电源工程投资完成额波动幅度较大，2013 —2015 年，投资额由 650 亿元上升至 1200 亿元；2015 —2018 年由于风电成本下降，导致电源工程投资完成额下滑，但是在 2019 年又大幅增长。数据显示，2019 年风电电源工程投资完成额为 1171 亿元，同比增长 81.3%；2020 年 1 —8 月达到 1329 亿元，同比增长 145.4%。国家发展和改革委员会能源研究所发布的《中国风电发展路线图 2050》阐述了风电发展的战略布局，并预测 2050 年风电开发当年投资可达 4276 亿元，累计投资可达

12 万亿元。

3. 特高压电网建设

特高压输电有输送容量大、距离远、效率高和损耗低等技术优势。具体来看，以特高压直流线路为例，输电功率是现有 500 千伏直流输电的 5 倍到 6 倍、送电距离的 2 —3 倍。与传统输电技术相比，特高压输电损耗可降低 45%，单位容量线路走廊宽度减小 30%，单位容量造价降低 28%，可以更安全、更高效、更环保地进行输送。我国自然资源分布不均，水电相关产业密集于川滇藏等西南地区，风电和光伏相关产业密集于西北地区，煤炭相关产业密集于山西、内蒙古、新疆等北部地区，而用电侧主要分布在东南沿海，如江苏、广东、山东、浙江等经济发达但土地资源较为稀缺的地区。客观条件的限制与特高压技术的攻关及应用，最终形成了西电东送、北电南送的电网格局，通过特高压建设，我国的电网连成“一张网”，特高压电网成为输送能源的大动脉。

我国特高压建设可划分为四个阶段：第一阶段，2006 —2008 年的试验探索，试点示范工程逐步推进；第二阶段，2011 —2013 年发展小高峰，承担坚强智能电网的重要任务；第三阶段，2014 —2016 年发展高峰，顺应《大气污染防治行动计划》要求；第四阶段，2018 年至今，清洁能源输送需求，拉动基建投资。2018 年，中国核准并开工了 5 条特高压重点工程，投资建设规模达 658 亿元；2019 年，中国核准并开工两条特高压重点工程，投资建设规模为 553 亿元；2020 年，国家电网表示全年特高压建设项目的投资规模将达 1811 亿元，可带动社会投资 3600 亿元，整体规模近 5411 亿元。“十四五”期间，特高压产业继续成为投资热区。2021 年 6 月 21 日，国家电网公司雅中—江西 ±800 千伏特高压直流工程投运，这是“十四五”期间国家电网公司建成投运的第一个特高压直流输电工程。目前，国家电网已累计建成“13 交 13 直”的特高压工程，在运在建特高压工程线路长达4.1万公里，变电（换流）容量超过4.4亿千伏安（千瓦），累计送电超过1.8万亿千瓦时，国家电网公司经营区跨区跨省输电能力超过2.6亿千瓦，特高压大电网在构建以新能源为主体的新型电力系统、促进能源转型与低碳发展中发挥着日益重要的作用。赛迪顾问股份有限公司发布的《"新基建"之特高压产业发展及投资机会白皮书》预计，到2022年，我国将完成安徽芜湖、山西晋中等10余个特高压变电站扩建工程，预计开展"五交五直"共10条新规划特高压线路工程的核准和建设，带动产业链上下游相关配套环节的总投资规模达4140亿元。到2025年，我国将有超过30条新建特高压线路工程相继迎来核准，带动社会资本进入产业链上、下游市场整体规模可达5870亿元。

（二）促进节能节材，实现能效提升

1. 绿色低碳技术变革

碳中和上升为重大国家战略，具有重要的战略意义。对外，碳减排是对抗气候变暖的全球一致行动，事关国家能源安全和大国博弈，一方面，全球能源革命一触即发，引发了一场激烈的清洁能源竞赛，水电、光伏、风电等清洁能源成为竞争的主战场，零排放技术攻关和标准制定是重中之重；另一方面，碳中和已成为贸易摩擦和大国博弈的主要领域，部分发达国家已在讨论研究对未实施碳减排国家的进口产品征收"碳关税"，增加贸易壁垒。甚至有国家将碳中和作为全球能源市场、产业投资新的准入标准，借此提高国际贸易和投资门槛。对内，碳中和是后疫情时代重要的经济增长点，也是我国转型升级和绿色发展的必经之路。碳中和推进绿色低碳技术创新，一方面可以倒逼低效产能的升级换代和落后产能的淘汰；另一方面，通过数字化、电气化、绿色化带动传统行业的优化升级，向绿色发展转型，有助于推动发展方式和发展范式的根本变化，降低成本、提高规模效益，重塑全球产业链，为产业转型和经济升级增添动力。

根据主要国家实现碳中和的路线图，技术变革主要有三大方向：其一，数字化。借助 5G 、工业互联网、人工智能、云计算等技术，培育新业态，通过数字化改造，实现减排增效，推进电力、工业、交通运输和建筑等碳排放部门的新发展。其二，电气化。要对传统发电企业进行技术改造，加快发展新能源汽车、建材与建筑用能、建筑光伏一体化等绿色用能模式，推动电能替代，提升电气化水平。其三，绿色化。通过发展新能源电池、充电桩、氢能、生物质燃料、碳捕集利用与封存等，调整能源结构，提升能源利用效率，形成循环经济产业链，实现低碳经济。国家发展和改革委员会、科学技术部《关于构建市场导向的绿色技术创新体系的指导意见》称，研究制定绿色技术创新企业认定标准规范，开展绿色技术创新企业认定。开展绿色技术创新“十百千”行动，培育 10 个年产值超过 500 亿元的绿色技术创新龙头企业，支持 100 家企业创建国家绿色企业技术中心，认定 1000 家绿色技术创新企业。积极支持“十百千”企业承担国家和地方部署的重点绿色技术创新项目。加大对企业绿色技术创新的支持力度，财政资金支持的非基础性绿色技术研发项目、市场导向明确的绿色技术创新项目都必须要有企业参与，国家重大科技专项、国家重点研发计划支持的绿色技术研发项目由企业牵头承担的比例不少于 55%。

2. 节能服务

各制造业的产业升级和产品设计的节能导向属于“双碳”目标下的“碳应用”环节。测算表明，节能首先对我国实现 2030 年前碳排放达峰目标的贡献在 70% 以上；其次发展可再生能源和核电贡献接近 30%。节能是 2050 年前能源系统实现二氧化碳大规模减排的最主要途径。节能服务产业是为企业和项目在节能减排等方面提供服务和支持的产业。节能服务公司又称为“合同能源管理公司（EMC 公司）”。2018 年，我国节能服务项目投资对应形成年节能能力 3930 万吨标准煤，形成年减排二氧化碳能力 10651 万吨。2019 年，我国合同能源管理项目投资对应形成年节能能力 3801 万吨标准煤，形成年减排二氧化碳 10300 万吨。预计到 2025 年，我国节能服务产业节能能力将超过 5727 万吨标准煤。

近几年，我国节能服务产业利好政策频发，我国对节能服务产业的重视程度不断加深，并给予充分的财政支持。2019 年我国节能环保支出 7444 亿元，同比增长 18.2%，2020 年我国节能环保支出 6317 亿元，受新冠肺炎疫情影响较 2019 年下降 14.1%。同时，节能服务产业的产值不断增加。中国节能协会节能服务产业委员会（EMCA）数据显示，2019 年，我国节能服务产业总产值达到 5222 亿元，同比增长 9.4%。从长远来看，随着节能服务产业规模不断扩大，预计到 2025 年，全国节能服务产业总产值将达 8080 亿元。

合同能源管理项目由提供节能服务的公司出资，产生节能效益后节能服务公司才能与客户分享节能收益、回收现金流，因此节能服务公司前期对资金的需求较大。2007 年以来，央行、银监会、证监会等多次发布政策支持节能环保企业融资，绿色信贷、绿色基金、绿色保险、绿色信托、绿色政府与社会资本合作（PPP）、绿色租赁等融资方式不断涌现。2019 年，合同能源管理项目投资额为 1141.1 亿元，同比下降 2.3%，为 2011 年以来首次下降，主要是由于供给侧改革政策和取消 PPP 项目以奖代补政策的叠加所致。前瞻产业研究院预计未来节能服务行业合同能源管理（EMC）投资额仍将保持正增长，到 2025 年达到约 1392 亿元。据测算，“十四五”期间，全社会节能投资需求超过 2 万亿元。预计到“十四五”末期，节能服务产业总产值超过 1 万亿元，带动就业人数 100 万人以上，年新增节能与提高能效投资 1500 亿元以上。同时，技术和服务创新能力进一步提高，产业结构进一步优化，企业竞争力明显提升。

（三）加快新能源终端利用对于高碳排放方式的替代

1. 新能源汽车

我国高度重视新能源汽车的发展，已把新能源汽车列为战略性新兴产业之一。

2020 年 10 月，由工业和信息化部、中国汽车工程学会编制的《节能与新能源汽车技术路线图 2.0》正式发布。首先，路线图指出，新能源汽车的车型包括纯电动汽车（BEV）、插电式混合动力汽车（PHEV）和氢气燃料电池汽车；其次，对不同的车型，路线图也做出了预测，对于纯电动汽车（BEV）和插电式混合动力汽车（PHEV），2025 年、2030 年与 2035 年两类车型年销量占汽车总销量有望分别达到 15%~25%、30%~40% 与 50%~60%。对于氢气燃料电池车，2025 年运行车辆或达到 10 万辆，到 2035 年保有量有望达到 100 万辆左右，均将实现跨越式增长。

据不完全统计，2015 —2020 年，6 年间有 202 个新能源汽车整车生产项目落地，项目总投资额超过 1.2 万亿元，总产能规划达到 3000 万辆。工信部数据显示，目前，国内新能源汽车全产业链投资累计超过了 2 万亿元，日益成为发展的新动能。新能源汽车成交量连续 5 年位居全球第一，累计推广量超过了 480 万辆（约占汽车总保有量的 1.7%），占全球的一半以上。最近几年，新能源汽车领域深受资本市场青睐，企业工商信息查询平台企查查数据显示，2011 —2020 年，新能源汽车品牌投融资项目共 897 个，披露投融资金额 3841.1 亿元。其中，2016 —2018 年投融资项目持续三年超过 160 个，2017 年是最多的一年，达 185 个。2020 年投融资项目共 89 个，披露的融资金额近 1292.1 亿元，实现了近 10 年来首次突破千亿元的记录。

2. 新能源供热

供热是人们生活、生产活动的基本能源需求，占全球终端能源消耗的50%左右。目前，在政府绿色理念和多项国家政策的推动下，新能源供热得到了快速发展。新能源供热主要包括地热能供热、生物质供热、太阳能热利用、清洁电力供热等方式，其中清洁电力供热属于间接热能利用，其余的属于直接热能利用。根据中国城镇供热协会召开的第三届中国供热学术年会（2020），截至2019年底，北方供热热源结构中，新能源供暖仅为3%，蕴含巨大发展潜力。据估计，我国新能源供热潜力可达30多亿吨标准煤。根据国土资源部的调查结果，全国336个地级以上城市的浅层地热能年可采资源量相当于7亿吨标准煤和19亿吨标准煤。林业残渣、能源作物、生活垃圾、有机废弃物等生物质资源年供热潜力相当于4.6亿吨标准煤，其中农作物秸秆等农林废弃物的年利用潜力相当于4亿吨标准煤。

北京国发智慧能源技术研究院、绿能智库预测，地热产业进一步规模化发展，或将直接拉动投资4000亿元，并带动地热全产业链总投资超1万亿元；至2035年，将带动地热全产业链总投资高达5万亿元。2020年，生物质能产业新增投资约1960亿元，其中生物质成型燃料供热产业新增投资约180亿元。国家能源局统计，截至2019年底，电网改造已投入970亿元支持清洁供热。

（四）对上游有色金属原材料需求的扩大

新能源领域的技术突破与盈利改善，使得能源行业发生巨变，对煤炭、石油、天然气的依赖逐渐降低。传统能源行业属于资源密集型行业，高度依赖资源禀赋；新能源行业是技术密集型与知识密集型产业，高度依赖制造业发展水平与技术水平，将为上游新能源设备制造所需的有色金属铜、铝、锂、镍等带来新的发展空间。

1. 铜

从国家分布看，世界铜资源主要集中在智利、秘鲁、美国、中国，2019年前五大矿山铜的供给国分别为智利（28%）、秘鲁（12%）、中国（8%）、刚果（7%）、美国（6%），这五个国家的全球占比合计超过 60%。整体来看，铜资源分布较为集中，智利、秘鲁占比较大。

在实现“双碳”目标的背景下，非化石能源电力及交通运输的新能源转型使得铜需求大增，带动了铜产业链发展，电力（涉及风力发电、光伏、储能）和交通运输（涉及新能源汽车及充电桩）的行业占比为 40% 和 10% 左右。中国光伏行业协会预测，“十四五”期间，国内年均光伏新增装机规模一般预计是 7000 万千瓦，乐观预计是 9000 万千瓦。在 2020 北京国际风能大会暨展览会上，400 多家风电企业史上首次发起联合宣言，致力于提升年均新增风电装机 5000 万千瓦以上。2025 年后，我国风电年均新增装机容量应不低于 6000 万千瓦，到 2030 年至少达到 8 亿千瓦。国家铜业协会发布的研究数据显示，可再生能源系统中的平均用铜量超过传统发电系统的 8 —12 倍，其中风力发电机组每兆瓦用铜量约为 6 吨，太阳能光伏发电每兆瓦使用约 4 吨铜。按照上述对风电、光伏装机量测算，预计 2021 —2025 年风电耗铜 150 万吨，光伏耗铜 112 万吨，每年风电和光伏总耗铜量为 52.4 万吨，2026 —2030 年风电耗铜 180 万吨，光伏耗铜 112 万吨，每年风电和光伏总耗铜量为 58.4 万吨。交通运输领域，新能源汽车用铜量远远大于传统燃油汽车，据测算，2021 —2025 年新能源汽车的年均耗铜量为 29 万吨，2025 年，整体上新能源车与配套充电桩的耗铜量达到 55.75 万吨。在巨大的市场需求推动下，我国铜矿项目陆续落地，2020 年，江西铜业股份有限公司武山铜矿三期扩建工程报批总投资 21.2 亿元，是江西省 2020 年第一批重点建设项目。

2. 铝

铝土矿生产比较分散，排名前五位的国家分别是澳大利亚、几内亚、中国、巴西和印度。其中，2019 年我国生产 6840 万吨，占全世界铝土矿总生产量的 19.3%。铝冶炼厂生产国主要包括中国、俄罗斯、印度、加拿大、澳大利亚、美国等国家，铝生产主要集中在中国，2020 年全球产铝 6520 万吨，其中我国生产 3700 万吨，占世界铝总生产量的 56.7%。我国精炼铝、再生铝生产量均位居世界第一，分别占全球总生产量的 54.5% 和 41.4%。

“双碳”目标推动的交通运输、光伏、风电领域需求以及建筑业的环保要求将推动铝需求提升。首先，铝在空气中的稳定性和回收价值高、污染小的特点，使铝在环保要求下被越来越多地应用于建筑业，特别是在铝合金门窗、铝塑管、装饰板、铝板幕墙等方面。其次，铝合金的使用可使新能源汽车、高铁、飞机车身或机身轻量化，是交通运输部门提升单位能耗运输里程的重要金属材料。再次，光伏、风电电站对电缆的需求量极大，铝合金电缆具有造价低性能优的特点，需求量逐渐增加。据测算，未来 5 年，我国国内光伏板块预计年均新增铝消费量将达到 198.9 万吨，全球将达到 613.3 万吨；未来 5 年，国内新能源汽车的铝需求量将增长至 143 万吨，全球对铝需求量增长至 1465.7 万吨。未来 10 年，我国对铝的需求量将增长至 420 万吨，全球对铝需求增长至 5420.2 万吨。铝需求增加使得铝行业企业投资增加，我国有色金属龙头中国铝业在“铝土矿王国”——非洲几内亚开展项目投资，通过所属全资子公司中铝香港投资建设几内亚博法（Boffa）铝土矿项目，总投资约 7.06 亿美元。

3. 锂

全球锂资源总量丰富，分布集中，主要分布在南美洲、中国和澳大利亚。据美国地质勘探局（USGS）数据，2017 年全球锂资源储量约为 1350 万吨（金属锂），主要集中在智利（750 万吨，占比 48%）、中国（350 万吨，21%）和澳大利亚（270 万吨，占比 17%）、阿根廷（200 万吨，占比 13%），其他锂资源较丰富的国家包括美国、巴西、葡萄牙、津巴布韦。

在“双碳”目标不断推进的过程中，碳酸锂作为锂离子电池的正极必需材料随着新能源汽车的普及需求迅速增加。据英国咨询企业罗斯基尔（Roskill）公司预计，2030年全球锂离子电池产品线的产能增长量将超87.5亿瓦时，到2030年，我国锂离子电池产能有望达到全球总产能的60%。根据中国电子信息产业发展研究院（CCID）数据，2019年锂矿的大部分下游应用主要体现在锂离子电池行业，涉及的主要产品包括电动汽车、手机、便携式电脑、储能、其他消费电子产品等，分别占锂电池产品总量的46.7%、10.2%、9.6%、5.1%和20.2%。海通国际预计，到2025年，动力电池用锂量将由2020年的13.29万元碳酸锂当量提升至66.89万吨碳酸锂当量；储能对碳酸锂需求量为18.4万吨；全球电动自行车对碳酸锂需求量将达到33.7万吨；消费电子领域对锂的需求量或将从2020年的9.5万吨碳酸锂增长至12.8万吨碳酸锂；全球碳酸锂需求量将达到150万吨，较2020年复合增长率为27.4%。锂市场需求大幅增加必然催生锂项目投资建设，2018年，我国国内锂业巨头天齐锂业启动2万吨电池级碳酸锂建设项目，预计投资逾14亿元。

4. 镍

从国家和地区分布看，镍矿的供应集中度较高，2019年前五大矿山镍供给国和地区分别为印度尼西亚（35%）、菲律宾（13%）、俄罗斯（9%）、新喀里多尼亚（8%）、加拿大（7%），这五个国家和地区的全球占比合计超过70%。我国镍矿资源主要分布在西北、西南和东北的19个省份，甘肃储量最多（62%），其次是新疆（11.6%）、云南（8.9%）、吉林（4.4%）、湖北（3.4%）和四川（3.3%）等。

镍的下游消费领域主要集中在不锈钢、镍合金、电池、电镀等领域，其中不锈钢对镍的消费需求最大，国内占比在85%，全球占比在69%。“双碳”目标提出之后，新能源汽车及电池储能方面的应用使镍需求量大增，在我国镍矿下游需求分布中占比8%，主要来源于新能源汽车产业链中的三元电池对硫酸镍的需求。新能源汽车补贴政策新标准对续航里程、电池性能、能耗水平有了更高的要求，鼓励厂商研发生产能量密度更高的电池以及更轻量化的车身，这使得电池厂商对于高镍三元材料十分感兴趣，高镍三元材料产量的持续增长，使得硫酸镍的产能急剧扩张。据数据显示，2025 年全球电动汽车市场份额有望达到 8%~20%，到 2030 年有望达到 17%~38%。2030 年全球电动汽车销售量有望超过 2000 万辆，电动汽车对镍的需求也将大幅增长，2030 年用镍需求保守估计有望超过 89 万吨，激进估计有望达到 170 万吨镍需求，镍需求占比有望从目前的 3% 提高到 37%。面对巨大的镍市场需求，2021 年 5 月，华友钴业表示，将与电动汽车电池制造商亿纬锂能（EVE Energy）及其他公司合作，共同在印度尼西亚进行一项价值 20.8 亿美元的镍钴项目。

三、保障“双碳”目标实现的投融资机制

（一）投资需求面临的资金缺口

目前来看，我国在实现“双碳”目标所需的投资上存在很大的缺口，各方面有不少测算，规模级别达百万亿元。如中国国际金融股份有限公司估计，为实现我国碳中和目标所需的总投资需求约为 139 万亿元。国家发展和改革委员会的相关研究显示，目前我国为实现碳达峰、碳中和目标每年的资金供给只有 5265 亿元，与 2030 年实现碳达峰每年的资金需求 3.1 万亿—3.6 万亿元相比，当前的资金供给严重不足，每年资金缺口超过 2.5 万亿元。

当前，日益严峻的环境问题要求各国政府注重可持续发展，碳中和作为应对气候变化的关键目标被列入各经济体的绿色复苏计划中。碳中和目标实现对直接相关的能源结构转型提出较高要求，能源结构转型与非化石能源需求的急剧上升，造成了较大的投融资需求，同时也提高了污染性产业结构、传统能源结构的环境污染治理成本。“双碳”目标的提出为我国下一阶段的能源转型和绿色低碳发展指明了方

向，同时倒逼我国快速进行绿色低碳发展转型，这为我国实现绿色可持续发展带来巨大机遇，但资金投入不足成为制约绿色低碳发展的现实关键问题。解决“双碳”目标的资金缺口问题，离不开适宜的投融资机制。

（二）“双碳”目标的投融资机制

实现绿色低碳发展，早日完成“双碳”目标，离不开保障“双碳”目标实现的创新投融资机制。一方面，我国对低碳转型发展存在巨大需求，需要大量的资金投入；另一方面，我国存在大量的社会资金，需要寻找投资出路。因此，解决实现“双碳”目标投融资问题的根本出路是设计一个良好的机制，吸引社会资金的大量进入，并提高资金的使用效率。面临保障实现“双碳”目标所需的巨大投资需求，政府资金只能覆盖很小一部分，而传统金融机构的资金配置聚焦“双碳”目标，也需要进一步引导规划，巨大的资金缺口问题更应靠市场资金弥补。这就需要建立、完善“双碳”目标的投融资政策体系，引导和激励金融体系以市场化的方式支持“双碳”目标投融资活动。

1.“双碳”目标的多元投融资主体

创新“双碳”目标实现的投融资机制，其目标是形成一个多元、绿色、市场化的投融资模式，从而为实现“双碳”目标的投资提供足够的市场激励，为低碳发展提供足够的资金支持。其中，多元是指应包含多样化的投融资主体、设计多样化的投融资模式和提供多样化的绿色金融产品。多样化的投融资主体包括政府（各级政府和政府相关部门）、投资机构（银行、证券公司和保险公司等）、投资机构（投资基金公司、资产管理公司、融资租赁公司等）、中介机构（评估机构、技术交易所、检测机构等）、企业（排污和治污企业）等。要适当降低相关金融领域的准入门槛，鼓励非银行性金融机构以及其他社会主体积极参与保障实现“双碳”目标的投融资方式发展，不断扩大绿色金融市场的参与主体。现阶段，要实现促进“双碳”目标的健康发展，需要厘清并平衡好政府、市场和社会三者的关系。政府需要完善政策激励机制，有效引导金融资本投向保障“双碳”目标实现的关键产业，又要引入市场化机制，构建多层次、多元化的金融市场，同时还要发动全社会力量广泛参与，让社会参与成为政府引导和市场运作之外的有力补充。目前，“双碳”目标投融资机制的实现既不能过多依赖政府行政力量的强制推动，也不能完全依靠市场机制的自发调节，更无法寄厚望于社会力量的自觉参与。实现“双碳”目标投融资机制健康发展，需要厘清并平衡好政府、市场和社会三者的关系。基于政府、市场、社会在投融资体系中角色定位及功能作用的不同，积极构建“政府引导、市场运作、社会参与”的投融资长效机制。

2.“双碳”目标的创新投融资方式

绿色金融又被称为环境融资或可持续性金融，主要研究绿色经济资金融通问题，是经济可持续发展与金融问题的有机结合。而保障“双碳”目标实现的投融资活动，应更集中关注为全球控制温室气体排放提供金融支持，二者既有区别又有联系。目前，我国碳交易市场仍在不断完善探索之中，保障“双碳”目标实现的投融资途径较大程度上仍需要依赖传统绿色金融机制和方式。整体而言，保障实现“双碳”目标的金融机制仍处于发展探索阶段，存在政府引导机制不健全、市场运作体系不成熟、社会参与程度普遍不高等一系列问题，而这一切问题归根结底是机制问题。良好的保障实现“双碳”目标的投融资机制的核心是处理好政府和市场的关系，主要任务包括投融资机制创新和金融产品创新两大方面。

为应对气候变化，进行低碳转型发展，需强化金融支持，以政府投资政策为引导推动开展“双碳”目标投融资试点工作。需要做好风险评估工作，完善环境信息披露制度，建立绿色低碳项目的投资风险补偿制度，以保险和担保等方式分散金融风险。完善激励机制，明确目标及实施路径，开展金融服务创新，完善产品体系，包括绿色贷款、绿色股权、绿色债券、绿色保险、绿色基金等金融工具，设立碳减排支持工具，引导金融机构为绿色低碳项目提供长期限、低成本资金，鼓励开发性、政策性金融机构按照市场化、法治化原则，为碳达峰行动提供长期稳定融资支持。拓展绿色债券市场的深度和广度，支持符合条件的绿色企业上市融资、挂牌融资和再融资。研究设立国家低碳转型基金，支持传统产业和资源富集地区绿色转型。鼓励社会资本以市场化方式设立绿色低碳产业投资基金，加强人才培养和科技创新，以科技和金融创新为"双碳"目标实现提供可持续投融资路径。加快建立全国性碳排放权交易市场，是减少温室气体排放、推动绿色低碳转型和技术创新的重要制度创新，也是落实减排承诺和实现"双碳"目标的重要路径。

我国是碳排放大国，包括钢铁、电力、水泥、交通等行业在内的重点排放单位和企业众多，在资本市场发展的大环境下，我国碳市场建设势在必行，应加快碳交易市场建设与全国性碳市场开放的步伐。国际碳市场经验也表明，碳现货市场、碳期货及其衍生品市场共同构成了完整的碳市场体系，在应对气候变化、促进低碳经济发展方面发挥着积极的作用。统筹推进碳市场建设和碳金融创新，在初期碳配额现货交易基础上，进一步发挥金融在碳市场建设中的支持作用，有序发展碳配额抵质押融资、碳期货、碳远期、碳资产证券化等创新金融产品，不断丰富完善交易品种和服务模式，提高碳价格发现能力和形成效率，强化碳市场在减排和绿色金融资源配置中的作用，有效平衡绿色低碳投资中激励、跨期和风险管理的关系。推动绿色低碳技术投资研发，探索开展金融支持零碳园区、零碳建筑、企业碳账户建设等产品创新，开发基于碳足迹的金融产品；加大基于碳中和目标的债务融资工具和债券融资，重点支持符合标准的绿色低碳项目。加快研究设立碳减排支持工具，激励金融部门加大对减排效应显著的绿色低碳项目支持；建立全国统一的碳达峰、碳中和技术交易中心，加快新技术研发应用。

通过抵押担保模式推动绿色信贷产品的创新，不断完善商业银行的绿色信贷机制，不断加大碳交易和碳金融市场的发展力度；着力推广强制性碳排放责任保险制度，尽快建立以碳排放目标为主体、多类创新险种并存的绿色低碳保险体系，加快“双碳”目标投融资服务的创新步伐，构建平衡发展的碳金融市场体系。

3. 保障“双碳”目标实现的投融资机制策略选择

以投融资机制创新推动“双碳”目标实现过程中，部分国家政府进行了积极探索，虽然形式各有不同，但措施大体可概括为：制定助力“双碳”目标实现的法律法规、成立政府引导基金、对绿色低碳产业进行税收优惠及税收补贴、完善融资渠道、改善信息传输和保障体系等。政府搭建适宜绿色低碳经济发展的体系框架，制定完善有助于实现“双碳”目标的投融资机制，引导金融资本向绿色低碳领域流入。

（1）加强顶层设计，健全法律法规和标准体系。“双碳”目标的实现可成为推动全球绿色经济复苏和可持续发展的重要引擎，无论是工业生产还是居民生活，都要通过生产方式、生活方式的绿色低碳化转型，协同推进低碳经济发展，实现碳排放最小化。实现碳达峰和碳中和目标，核心是推动能源低碳转型。“十四五”规划纲要体现了加快绿色低碳转型的方向，能源、建筑、交通、制造业、农业、金融行业都需要实行更加明确的低碳化战略。建议完善“双碳”投融资与绿色低碳技术的政策与实践的协调机制，为金融支持“双碳”目标实现构建多层次服务体系，提供激励和有保障的运行机制。

2021 年初，全国金融标准化技术委员会编制《金融机构环境信息披露指南（试行）》，规范和强化金融机构开展环境信息披露。这一系列完善绿色金融市场的机制为“双碳”目标投融资机制打下基础。但目前绿色金融标准体系与碳中和目标有待衔接，政策的约束与激励机制尚未完全匹配，中央顶层设计和地方区域试点、区域金融改革和宏观政策大局之间的关系有待进一步深化。

以创新投融资机制实现碳达峰、碳中和目标，一是要立足我国基本国情，借鉴国外先进经验，秉承可持续发展的理念，遵循绿色金融发展的客观规律，从国家战略高度加强完善“双碳”目标投融资机制的顶层设计和统筹规划。二是要建立健全“双碳”目标金融支持法律法规体系。在已有的相关金融业法律中嵌入“低碳”元素，强化金融机构的低碳意识、法律意识；同时鼓励地方政府根据地方发展、资源环境等情况，制定有针对性的、可操作的、适用性强的碳中和发展地方法规。三是完善“双碳”目标投融资标准体系。“双碳”目标投融资标准是识别低碳经济活动、引导资金准确投向“双碳”目标项目的基础。

与此同时，中国应积极借助 G20 等平台，日益深化绿色金融国际交流与合作，推动绿色金融市场、碳金融市场标准与国际接轨，与国际上创新低碳发展路径的国家共同推动绿色分类标准的国际趋同。持续深化绿色金融国际合作，共同推动信息披露、低碳排放标准等重点事项，大力引进国际先进的低碳技术，讲好中国故事。加快完善“双碳”目标投融资标准体系和激励约束机制，以碳中和目标为约束条件，适时修订完善绿色金融、碳金融标准体系，切实做实“绿色 + 低碳”基底，包括绿色项目、低碳项目评价标准、绿色债券和气候债券评估认证标准等，构建完善绿色低碳项目库。

（2）加强政策激励，完善“双碳”目标投融资绩效评价体系。一是利用注入的政府公共资金撬动更多社会资本，形成对绿色低碳产业的政策性金融支持；成立政策性银行及低碳转型发展引导基金，通过专业化管理和市场化运作，以“政府领投、社会跟投”的方式盘活社会资本。二是要建立健全“双碳”目标投融资担保机制，注意加强与一般性担保机构合作，同时尽快建立专业化的“双碳”目标投融资担保机构；建议政府设立低碳项目风险补偿基金，以风险共担的方式来支持低碳担保机构的运作。三是要健全财税扶持体系，灵活运用财税、金融等政策工具，引导财政资金用于对“双碳”目标投融资有效供给的激励上，以确保财政资金使用效率的最大化和实现社会环境经济效益的最大化。

持续完善金融机构“双碳”目标投融资绩效评价体系，拓展评价结果应用，建立更加有效的金融激励机制，引导金融资源向有助于实现“双碳”目标的项目倾斜。鼓励地方政府结合区域特点、产业分布、碳排放情况、区位和技术等方面对“双碳”目标的实施方案和路线图进行统筹规划，出台系列强化低碳、零碳转型的政策，激励大额减排。建立地方政府、金融机构、企业之间的协调机制，利用政策激励和政府资金有效吸引社会资本参与绿色低碳城市建设，调动资金向绿色低碳领域进入，加强绿色金融供给，强化金融资本在产业结构绿色转型过程中的作用。要充分调动地方政府和地方金融机构开展绿色金融、碳金融的积极性，给予必要的政策指导和财政支持，加大绿色金融、气候性融资等地方试点的力度，尽快创造一批可复制、可推广的地方绿色金融发展经验。

（3）完善信息沟通机制，强化监管考核制度和信息披露制度。一是要建立金融机构、金融监管机构、环保部门、财税部门、中介机构等部门间的信息互通机制和长效联动机制，实现金融信息和企业环保信息在不同部门之间的传递畅通和资源共享；二是对标碳中和目标要求，分步建立包含碳排放和碳足迹信息的强制性环境信息披露制度，引导推动责任投资理念；三是统一披露标准，完善信息管理系统，提升信息采集精度，推动金融机构和企业信息共享。

增加碳减排的优惠贷款投放，完善金融机构“绿色 + 低碳”金融业绩评价体系。建议金融机构对于高碳行业资产的风险敞口、主要资产和投资的碳足迹进行披露，强化对气候变化相关金融风险的审慎管理。积极利用金融科技力量，环境、社会和公司治理（ESG）投资，提升环境信息披露和碳核算效率，更精准地发现并有效防范金融风险。

第五章
碳达峰碳中和的科技创新

丛建辉　李　锐　孙盼婷

实现碳达峰碳中和，不仅是一场能源革命，也是一场技术革命。截至目前，我国经济发展与碳排放之间尚未完全脱钩，处理好发展与减排的关系，其关键点就在于通过科技创新降低技术成本、形成新的产业、创造新发展动能。据国际能源署（IEA）2021 年 5 月发布的报告，全球实现净零排放所需的技术有一半目前还处于示范或雏形阶段，这对科技创新提出了紧迫性需求。中国 21 世纪议程管理中心的研究也显示，保持我国当前政策、标准和投资水平不变，现有技术水平与碳中和目标差距巨大，加速进行技术创新是实现碳中和的重要保障。

一、碳达峰碳中和技术研发将掀起新一轮全球科技竞争

碳达峰、碳中和将引起经济社会环境的系统性重大变革，重塑全球能源地缘政治和宏观经济发展格局，从根本上影响世界各国的能源安全、产业布局、投资方向、价值链地位、贸易结构、金融稳定性和就业潜力，其意义不亚于三次工业革命。过去 20 年，世界各国已经围绕太阳能、风能、新能源汽车等科技领域进行了激烈竞争，在全球围绕《巴黎协定》目标协同推进碳中和的背景下，碳达峰、碳中和技术研发势必将掀起新一轮全球科技竞争，这将决定着不同国家在未来世界版图中的角色和地位。

目前，世界上许多国家正加大力度部署碳达峰、碳中和科技创新战略，如韩国发布“碳中和技术创新推进战略”、日本出台“革新环境技术创新战略”以及欧盟颁布《欧洲绿色协议》、美国拜登政府推出“清洁能源革命和环境正义计划”等，这些战略均明确了各国重点领域、重点部门的技术研发需求以及需要攻克的关键核心技术，抢占碳中和技术制高点的技术战略竞争态势已经形成。面对这一形势，为顺利实现国家碳减排自主贡献目标，我国也开始部署推进碳中和科技创新工作。习近平总书记在中央财经委员会第九次会议上指出：“要推动绿色低碳技术实现重大突破，抓紧部署低碳前沿技术研究，加快推广应用减污降碳技术，建立完善绿色低碳技术评估、交易体系和科

技创新服务平台。”[1] 习近平总书记的重要指示，为我国在碳达峰、碳中和征程中加速绿色低碳技术的研发、推广和使用明确了方向。2021年10月24日，《中共中央 国务院关于完整准确全面贯彻新发展理念做好碳达峰碳中和工作的意见》发布，指出要加强绿色低碳重大科技攻关和推广应用，制定科技支撑碳达峰、碳中和行动方案，为我国绿色低碳技术创新发展提供了进一步的政策保障。

二、碳达峰碳中和技术是覆盖低碳、零碳、负碳技术的系统性技术体系

支撑碳达峰、碳中和的技术一般称为气候友好型技术或应对气候变化技术，其并不是单一技术，而是由一系列技术组成的系统性技术体系。根据不同的标准，碳达峰、碳中和技术有多种分类方法，当前采用最多的划分方法是按照技术减少碳排放的程度，将其分为低碳技术、零碳技术和负碳技术。

（一）低碳技术

低碳技术是指以促进结构优化、节能减排、能效提升为目标，能够实现二氧化碳等温室气体排放大幅减少的一类技术。此类技术是目前碳达峰、碳中和的主体技术，广泛分布于各个领域。例如，能源领域的超超临界发电等电力系统深度脱碳技术、工业领域的工业余热深度利用技术、建筑领域的绿色建材技术等。低碳技术又可按减碳的产业链位置分为源头减碳技术（如低碳工业原料、低碳建筑材料、多能互补耦合等）、过程减碳技术（低碳工业流程再造、重点领域效率

① 参见《习近平主持召开中央财经委员会第九次会议强调 推动平台经济规范健康持续发展 把碳达峰碳中和纳入生态文明建设整体布局》，载于《人民日报》2021年3月16日。

提升等）和末端减碳技术（减污降碳协同、非二氧化碳温室气体减排等）。

（二）零碳技术

零碳技术是以零碳排放为特征的一类技术，也是近年来关注度最高、发展速度最快、成本降低最为显著的技术类别。零碳技术主要分为两类，即零碳能源系统技术（主要包括生物质能、风能、太阳能、核能、氢能等能源技术以及碳捕集和封存技术）和钢铁、化工、建材、石化、有色等重点行业的零碳工艺流程再造技术。在更为严谨的评价体系中，判断某项技术是否属于零碳技术，不仅只看该技术的直接碳排放，还要看其间接碳排放或者全生命周期的碳排放。

从世界范围来看，零碳技术的发展非常迅速但仍然面临一些需要解决的问题。风电和光伏发电是非常成熟的可再生能源发电技术，近年来装机规模迅速扩大，成本大幅下降。从就业影响看，风电和光伏发电发展可带来大量直接和间接的就业机会；此外，由于替代了部分煤电等传统化石能源，风电和光伏发电在减少局地污染排放、改善人群健康方面效益显著。目前仍面临大规模并网稳定性等技术层面的障碍以及跨区域输电、基础设施建设等问题，未来高比例可再生能源电网、特高压输电等能源互联网技术以及储能技术将是零碳技术体系的重要组成部分。生物质能源具有易获得、灵活性等优势，精心设计的生物能源系统有巨大的潜力提供可持续燃料以减少二氧化碳排放。但生物质能的经济成本较高，在目前相对成熟的供电技术中，生物质能的发电成本最高（超过 0.6 元 / 千瓦时），甚至高于核电。生物质能发电技术大规模应用，还受土地利用和水资源因素的制约。核能的开发利用为各国低碳发展提供了一条可选路径，在碳捕集和封存（CCS）技术尚未广泛覆盖和效率提高的情况下，核技术是有望实现零碳排放的为数不多的替代技术。核能在技术成熟性、经济性等方面具有很大的优势，但同时也面临来自供应链、经济性、安全性、政治因素、社会接受程度等多方面的挑战。氢能技术有较好的减排和就业推动作用，交通、工业、建筑和氢能发电等成为氢能快速发展的主要行业，但目前尚未成熟，价值链高度复杂。低碳氢的生产要求可再生能源发电供能以及更低成本的电解槽发展，在储运方面，未来的技术发展趋势尚不明显，且需要大量基础设施配合氢能利用。

（三）负碳技术

负碳技术是指能够吸收二氧化碳等温室气体，从而使得大气中温室气体存量减少、浓度下降，相当于产生了“负”排放的一类技术。负碳技术的主要技术类别是二氧化碳移除（CDR）技术，它是一类通过技术手段将已经排放到大气中的二氧化碳从大气中移除并将其重新带回地质储层和陆地生态系统的技术。负碳技术主要包括生物质能碳捕集和封存、造林和再造林、土壤碳固存和生物炭、增强风化和海洋碱化、直接空气二氧化碳捕集和封存（DACCS）、海洋施肥技术，各类技术的具体情况如表 5-1 所示。当前关于负碳技术的讨论较多且存在较大争论。一方面，绝大多数研究表明，实现碳中和目标离不开负碳技术，且要求负碳技术应用的时间更早、应用规模更高，依靠负排放技术，可以在不完全淘汰化石能源的情况下，实现零排放，进而降低社会急剧转型的代价；另一方面，负碳技术发展也面临一些不确定性。例如，BECCS 技术需要以生物质作为原材料，种植生物质将消耗大量的土地和水资源。在 CDR 技术中除造林和再造林技术外，其他 CDR 技术目前尚不成熟且较为昂贵，并且可能存在较大的技术风险和生态环境风险。

除此之外，通过影响太阳辐射为地球“直接降温”的太阳辐射管理技术（SRM）也已经引起科学家的关注，但其技术成熟度更低，整体研究还相对薄弱，没有大规模实验的验证，关于其发展前景和实施效果的争论较大。

表 5-1　主要负碳技术

技术类型	技术描述
生物质能碳捕集和封存（BECCS）	生物质生长过程时作为碳汇，作为能源使用时结合 CCS 技术，拦截二氧化碳释放到大气中，定向储存地底
造林和再造林（AR）	在没有长时间森林覆盖的土地上种植树木
土壤碳固存和生物炭	提高土壤中的有机和无机碳含量，将大气中的二氧化碳固存在土壤碳库，包括物理固碳和生物固碳
增强风化和海洋碱化	风化是指通过基于二氧化碳自然消耗的物理和化学进程分解岩石的自然过程，并转化为固体或溶解的碱性碳酸氢盐或碳酸盐；海洋碱化通过增加区域局部的海洋碱力，以增加海洋的二氧化碳吸收和缓冲能力
直接空气二氧化碳捕集和储存（DACCS）	通过化学过程捕集环境空气中的二氧化碳并在地质构造中储存
海洋施肥	将营养素添加到海洋中，增加生物量，导致碳固定随后在深海或海底沉积物中进行封存的技术

数字技术、人工智能、互联网、区块链、量子科技等技术作为现代社会的基础技术，正在与经济社会各个领域进行深度融合，这也为碳达峰、碳中和技术发展带来了新的机遇和挑战。技术融合能够通过对生产过程管理、监控、信息传递以及优化资源配置和节约成本等方式，提升气候友好型技术的减排潜力和减排效果，甚至诞生颠覆性技术而从根本上改变全球气候治理格局。目前，此类技术融合仍处于早期阶段，但新技术、新产业、新模式层出不穷，在未来具有极大的发展空间。

三、碳达峰碳中和技术创新政策体系初步形成

随着国内对低碳经济认识的不断深化，特别是党的十八大把“生

态文明”提升到重要战略高度，并确立“绿色低碳循环”为生态文明建设的重心后，政府各有关部门相继出台了一系列低碳技术发展促进政策。这些政策综合运用了立法、行政、市场、信息等各种工具，涉及技术研发、技术示范、技术推广和产业化等技术发展的各个阶段，包括了减碳技术、零碳技术、负碳技术等低碳技术的各个领域，覆盖了钢铁、水泥、建筑、交通等重点行业，初步形成了较为完备的低碳技术发展政策体系。

自“十二五”以来，国家围绕低碳发展目标推出的政策措施主要包括 6 个方面。一是密集发布各类行政规划，引导低碳技术发展方向。除了在《国家应对气候变化规划（2014 —2020 年）》《关于构建市场导向的绿色技术创新体系的指导意见》《中共中央 国务院关于完整准确全面贯彻新发展理念做好碳达峰碳中和工作的意见》《2030 年前碳达峰行动方案》等综合性规划中将“强化科技支撑”提升到重要地位外，还出台了《“十二五”国家碳捕集、利用与封存科技发展专项规划》《“十三五”应对气候变化科技创新专项规划》等具体领域的专项规划。二是通过出台法律法规，支持减碳技术发展。如出台《中华人民共和国节约能源法》《中华人民共和国可再生能源法》《中华人民共和国清洁生产促进法》《中华人民共和国循环经济促进法》等，使得气候友好型技术创新成果的研发与应用具备了法制保障。三是重视市场机制作用的发挥，搭建市场交易平台激励低碳技术发展。2011 年起北京、天津、深圳、上海、湖北、重庆试点碳市场运行，2017 年全国性统一碳市场启动，2021 年 7 月全国碳市场启动线上交易，加上已经在运行的排污权交易市场、用能权交易市场、可再生能源绿色电力证书等市场，其目的均在通过市场手段激励低碳技术的应用。四是不断加大财税金融政策支持力度。除持续性增加财政投入以推动低碳技术的基础研究外，还制定了《节能产品政府采购实施意见》《关于环境标志产品政府采购实施的意见》《国务院办公厅关于建立政府强制采购节能产品制度的通知》等，形成了低碳产品强制采购和优先采购的绿色采购制度。另外，《关于构建绿色金融体系的指导意见》《绿色信贷指引》《绿色信贷实施情况关键评价指标》逐步建立了绿色金融、绿色信贷支持低碳技术发展的金融制度框架体系。五是完善知识产权制度，优化低碳技术专利审查机制。在《发明专利申请优先审查管理办法》《专利优先审查管理办法》等知识产权管理办法中，规定绿色专利申请的审查要优先于其他专利审查，且明确了绿色低碳技术优先审查的专利范围。六是持续性发布低碳技术信息，搭建技术交流平台。国家有关部委公布了 2 批《节能减排与低碳技术成果转化推广清单》、3 批《国家重点推广的低碳技术目录》、6 批《国家重点节能技术推广目录》，面向社会大力推广低碳技术，努力降低市场在低碳技术选择方面的不对称性，探索成熟的低碳技术推广模式。发布《国务院办公厅关于建立统一的绿色产品标准、认证、标识体系的意见》，降低消费者在绿色低碳技术信息获取方面的难度，引导低碳消费。除此之外，成立绿色技术银行等作为绿色技术信息平台、转移转化平台和金融平台，旨在加快绿色低碳科技成果的转移转化和产业化。

四、碳达峰碳中和技术发展成效与挑战并存

党的十八大以来，通过系列科技规划的部署和实施，我国气候友好型技术创新体系建设工作取得长足进展。一是主要减排技术的大规模应用，助推国家减排目标提前实现。2005 年以来能效提升、可再生能源等主要减排技术的应用累积实现二氧化碳减排 42 亿—50 亿吨，对我国 45% 碳强度下降目标的贡献率高达 48%~67%，促进这一目标于 2018 年底提前两年实现，同时产生了良好的环境治理协同效益。二是关键适应技术研发取得重大突破，有效保障了国计民生。“天—地—空”全球变化观（监）测网、预测预警体系和数据集研发成功并投入使用，

大幅度提高了我国天气预报、防灾减灾水平和应急管理能力。气候变化风险评估技术的应用保障了南水北调、三峡水利工程、青藏铁路、能源化工基地等国家重大工程的安全稳定。三是部分先进技术产业化水平提升，带来了显著的经济社会效益。如我国超超临界机组技术水平、发展速度、装机容量和机组数量均已跃居世界首位，对优化火电行业结构、全面提高燃煤发电效率、减少污染物排放作出重大贡献。超低能耗绿色建筑技术应用于北京冬奥会场馆建设，“绿色奥运”理念得以充分体现。以可再生能源技术为主导的新能源汽车产量年均增速 87.5%，销量已占全球 50% 以上，持续改变着全球汽车产业格局。以数字化与电网融合技术为支撑的全国智能电网市场规模将近 800 亿元，装备体系初具国际竞争力，推动能源生产和消费革命深入进行。

与发达国家相比，碳达峰、碳中和技术发展同样面临挑战。首先，技术水平与国际先进水平具有一定差距。我国气候技术自主创新能力较弱，整体研究水平与发达国家差距明显，其中约有 10% 的技术方向处于国际领跑地位，35% 处于并跑，55% 处于跟跑地位，总体技术差距约 15 年。并且关键性技术难以从发达国家引进或引进质量不高，受发达国家技术转移意愿、市场竞争等因素限制较大，部分关键核心技术有被发达国家“卡脖子”的风险。其次，技术整体转化率水平不高。一是应对气候变化技术供给和需求未能有效对接，尽管每年产生的省部级以上科技成果 3 万多项，专利数量庞大，但仅 36% 左右的技术进入产业化阶段，其中能够大面积推广并产生规模效益的仅占 10%~15%（发达国家约为 40%）。二是技术研发成本和转化应用成本普遍过高，除了技术本身的转让和使用成本，企业还需要额外付出生产设备、人员、场地等成本。三是市场机制在技术推广与转化应用方面发挥的作用还相对有限，促进应对气候变化技术创新的全国碳市场建设尚处于试点和起步阶段。四是全国性技术中介组织发育不足，低碳技术产品认可认证机制不够规范，影响到技术转化效率。

五、典型技术的发展路径给予未来碳中和科技创新重要启示

目前，许多支撑碳达峰、碳中和的技术成本仍然较高或成熟度不足，但也有一些技术经过一段时期的快速发展成本大幅度下降，具备了大规模推广应用的条件。典型技术的发展路径，可以对未来碳中和科技创新路线以有益启示。

太阳能、风能技术作为重要的零碳技术，其技术发展及产业化过程备受关注。在技术发展初期，太阳能风能的成本远高于火电，但两项技术发展速度极快，自 2010 年以来太阳能光伏发电、陆上风电和海上风电的成本分别下降了 82%、39% 和 29%，当前其度电成本已经接近火电，平价上网即将实现。推动成本降低的因素包括明确的政策鼓励、充分的市场竞争、大量的社会投资等。2015 —2019 年，风电、光伏装机容量显著增长，风电从 130 吉瓦增加到 210 吉瓦，装机容量占全球总容量的三分之一；光伏从 42 吉瓦增加到 210 吉瓦，光伏容量占全球总容量的四分之一。值得一提的是，在 2020 年新冠肺炎疫情暴发后，风、光等可再生能源发电仍然保持正增长，也是唯一保持投资正增长的能源。未来随着技术进步，光伏发电成本有望再下降 30%。作为全球最大的可再生能源投资者，我国在这一领域无论是技术，还是产业化发展都已是全球领先水平。

氢能作为能源转型的重要方式，近几年发展较为迅速。尽管暂时氢能技术成熟度不足、成本高昂，仍处于产业发展初期，但随着可再生能源或核能制氢技术成熟、氢燃料电池核心技术不断取得突破、充电和运输等相关基础设施完善，氢能产业链将步入快速发展轨道。"绿氢"制取成本预计将在 10 年内下降 60%，在 2030 年左右将"灰氢"挤出市场。在未来 10 —20 年，氢能的重要性将越来越大，并广

泛应用于钢铁、建筑、交通运输等行业，作为原材料和供热能源协助碳减排工业领域脱碳。

CCUS 技术对能源转型具有重要影响，将能够实现化石燃料的持续使用和减缓化石燃料退出速度，缓解因化石燃料退出所造成的社会影响。过去 10 年来，CCUS 技术的应用迅速扩大，到 2020 年，全球二氧化碳捕集能力已经达到 4000 万吨（要实现《巴黎协定》的目标，可能需要全球碳捕集能力达到每年 10 亿吨）。目前，我国 CCUS 项目处于示范阶段，2021 年 7 月 5 日我国首个百万吨级 CCUS 项目——“齐鲁石化—胜利油田 CCUS 项目”开始建设，按该项目参数计算，建成后可每年减排二氧化碳 100 万吨，相当于植树近 900 万棵、近 60 万辆经济型轿车停开一年。研究表明，我国未来有 10 多亿吨碳排放量要依靠 CCUS 技术来实现中和，需加强“CCUS+ 新能源”“CCUS+ 氢能”“CCUS+ 生物质能”等前沿和储备性技术攻关，可有力推进化石能源洁净化、洁净能源规模化、生产过程低碳化。

典型碳达峰、碳中和技术的发展路径带来重要启示。一是坚决拥抱碳中和技术时代。尽管技术发展的过程可能有一定曲折，但在全球碳中和目标明确后，碳中和技术取代高碳技术已经是历史的必然。二是坚信科技创新定会取得重大突破支撑碳中和目标实现。国家政策支持和市场充分竞争将会使技术成本大幅度下降，多数技术在发展初期看起来难以全面推广，但在明确的政策引导和需求驱动下，研发力量的加强和市场投资的涌入将会使技术成本不断下降、消除“绿色溢价”，这也是技术发展本身所具有的“学习曲线”规律。三是坚定我国通过努力能够形成碳中和技术领先优势的信心。我国具有其他国家不可比拟的集中力量办大事等政治制度优势以及超大规模市场等市场优势，能够集中突破“卡脖子”技术，并形成在一批重大关键核心技术方面的领先优势和市场竞争力。四是坚持鼓励、支持本地区碳中和技术发展，通过政策宣讲、信息提供等多种方式，为本地区碳中和技术发展创造条件、贡献力量。

六、未来碳达峰碳中和科技创新的主要方向

科技创新对实现碳达峰、碳中和目标的作用在学者之间已经形成共识。对我国而言，需要根据本国国情制定好碳达峰、碳中和科技创新路线图，给出市场明确的政策信号，其关键点在于以下几个方面。

一是加强对战略性技术的前瞻性研究、分类推进与部署。在相对成熟的零碳电力、零碳非电能源、零碳工业流程重塑、低碳技术集成、CCUS 技术及碳汇技术方面加速布局。风电、光伏发电宜在防范生态风险的基础上，继续大范围、高比例推广应用。生物质能源的成本需要进一步大幅下降，且需要更为合适的地理空间进行布局。在 CCUS 技术尚未广泛覆盖和效率有待提高的情况下，核能技术是有望实现零碳排放的为数不多的替代技术，是否扩大发展规模需要进一步研判。氢能技术除了成本问题外，其制取方式、储运方式、基础设施配套模式等需要强化研究。智能电网、储能技术和减污降碳协同、非二氧化碳减排技术亟待取得重大发展与突破。二氧化碳移除等负排放技术有待进一步系统考量其综合成本效益与风险，灵活选择发展时机和发展规模，在可行范围内研究、示范与推广应用。

二是创新化石能源利用技术。化石能源的“去与留”是碳中和领域关注和争论的焦点。对经济发展严重依赖化石能源、经济转型尚未完成的资源型地区而言，快速“去煤”等碳达峰碳中和发展路径可能会带来资产搁浅、沉没成本较高、失业率增高等转型风险。探索化石能源新的利用方式、利用途径（如增加化石燃料作为原料的比重），将其有效衔接到整体碳达峰、碳中和技术体系和生产体系中，可以在继续发挥化石能源贡献基础上，降低技术快速转换带来的社会转型成本。

三是引导颠覆性技术创新。构建有利于颠覆性技术创新的体制机制，鼓励跨学科、跨领域交流，推动互联网、大数据、人工智能、

第五代移动通信（5G）等新兴技术与绿色低碳产业深度融合。有研究认为数字技术在能源、制造业、交通等领域的利用，有助于减少15%~37%的全球碳排放。技术融合、技术的跨产业链耦合极易产生颠覆性技术，在提高人们生活质量的同时降低碳排放成本、大幅降低碳排放。

四是立足科技自立自强，打赢关键核心技术攻坚战。面对碳中和技术领域的竞争态势，建立对碳达峰、碳中和关键核心技术的识别、追踪机制，通过综合性评估体系研判全球技术发展方向，提高未来技术发展的预见性，在重要领域抢先布局、赢得先机。此外，加强对关键核心技术国有化程度、供应链安全等的定期研判。需要认识到，一些产业链广、关联度高的技术，我国仅在部分领域、部分环节具有竞争优势，尚未形成整个技术的全产业链布局。对于这类技术，需要防范被其他国家“卡脖子”的风险，做好建链、强链、延链、补链工作，努力将技术发展自主权掌握在自己手中，保障供应链安全稳定。

七、碳达峰碳中和技术的推广体系

技术推广是最大限度发挥技术效能的保障。就气候变化现有技术而言，我国不同区域存在着一定的技术差距，现有技术的跨区域推广预计将会形成巨大的减碳潜力。截至目前，我国已经构建了多主体、常态化协同进行应对气候变化技术推广的工作体系，且产生了显著的技术推广效益。

编制技术清单是促进技术国内转移扩散的主要方式。国家发展和改革委员会、科学技术部、工业和信息化部、交通运输部等政府部门编制了一系列应对气候变化相关的推广技术清单，如《国家重点节能技术推广目录（2008—2013）》《国家重点节能低碳技术推广目录（2014—2017）》《绿色技术推广目录（2020年）》《交通运输行业重点节能低碳技术推广目录》等，致力于推广应用气候友好技术。技术清单包含的技术一般为兼具减排潜力和经济性、示范效益好、与行业长期技术发展趋势相符的推广技术。以《国家重点节能低碳技术推广目录》（2017年版）“节能部分”为例，入选的微电网储能应用技术、光伏直驱变频技术、竹林固碳减排技术等260项技术可形成的总碳减排潜力约为6.03亿吨。

绿色金融、气候投融资项目标准、碳市场是助推气候技术推广的重要激励机制。目前，我国已有60余家机构将金融科技手段应用到绿色金融场景中，如借助绿色金融信息平台，实现与企业优质绿色项目对接，对一些采用可再生能源技术在内的绿色低碳技术项目进行优先融资。浙江、江西、广东、贵州、甘肃和新疆等省（自治区）明确将使用清洁能源、绿色交通、绿色建筑等气候友好型技术作为绿色金融项目运营、绿色基金投资、绿色信贷的先决条件，以引导投资进入碳中和技术领域。2021年7月，全国统一碳市场的在线交易预示着全球最大规模的碳市场启动运行，通过碳市场机制的建立，赋予碳排放以价格，引导市场资金主动投入节能降碳技术中以获取碳市场收益，这将进一步提升碳中和技术推广的覆盖面与推广效率。

技术国际转移合作机制是碳中和技术推广的重要渠道。碳中和技术合作是我国强化国际合作、构建人类命运共同体的重要渠道。作为全球气候治理的积极参与者和贡献者，我国全方位参与国际气候技术转移体系，已初步建立了一套较为全面的技术国际合作机制。一是积极参与公约下技术、资金等机制的活动，如有中国专家担任了技术执行委员会（TEC）委员，11家国内机构成为气候技术中心与网络（CTCN）技术支撑单位以及由中国人担任了以提升发展中国家低碳和适应气候变化技术能力为目的的CTCN咨询委员会主席等。另外，在全球环境基金（GEF）支持下清华大学等科研机构完成了国内气候技术需求评估工作。二是通过参与中国清洁发展机制基金（CDM）项目、合资公司、合作研发、人才交流等多种渠道，接受了部分来自发达国家的技术转移，如截至2017年中国境内注册并实施的CDM项目有 3807 个，接近全球一半，其中在可再生能源、能效、温室气体等领域约 30% 的项目带来了一定的技术转移。三是不断推动向发展中国家的气候技术转移，建立技术双边合作关系。在南南合作框架下，通过分享发展经验、传授专业技术知识、开展多方面援助、编制《南南科技合作应对气候变化适用技术手册》以及鼓励企业提供技术许可、技术出售、对外投资和技术服务等方式，推进向发展中国家的技术转移。四是培育各类技术转移平台。设立了“中国气候变化南南合作基金”、亚投行、金砖银行、丝路基金等资金机制，成立了绿色技术银行、“一带一路”环境技术转移中心、“中阿技术转移中心”等专注于技术国际转移的机构和专业化中介组织等。

科技创新是碳达峰、碳中和的第一动力，是保障同时实现碳达峰、碳中和与经济社会发展目标，兼顾“鱼与熊掌”的关键所在。全球碳达峰、碳中和科技竞争态势已经展开且日趋激烈。面向碳中和目标，我国正在加速构建市场导向的绿色低碳技术创新体系，推动低碳前沿技术研发、产业化推广和国际技术合作与转移，以抢占技术制高点、建设碳中和技术强国。处于技术政策制定、技术信息提供、技术宣传与推广最前沿的党员干部，将在这一碳中和科技创新浪潮中发挥独特且关键的作用。

第六章
碳达峰碳中和下的消费变革

薄　凡

消费是国民经济运行的基本环节之一，2020 年我国最终消费支出占 GDP 比重高达 54.3%，消费俨然成为我国经济增长的主要拉动力量。与此同时，源自“衣食住行游购娱”生活消费领域的能源消耗和碳排放也在逐步增加。因此，控制消费侧碳排放也是碳达峰、碳中和进程中的关键一环。低碳消费，通过引导个人或家庭等微观主体主动选择低碳产品和服务、培养节约意识、循环利用资源，直接降低最终消费环节的碳排放，间接促进企业变革生产方式、提供更多低碳优质的产品，从而为落实减碳目标和提高公众生活品质找到一条共赢、可行的路径。

一、把握全球低碳消费变革趋势

消费是满足需要的行为，包括生产消费和生活消费。碳达峰碳中和是一项系统工程，不仅需要产业结构调整、技术改进等生产方式的变革，也需要出行、居住等生活方式的变革。当前我国针对生产侧减碳的政策较多，而在消费侧减碳的引导和约束相对薄弱，因此，本章低碳消费特指生活消费领域的碳排放问题。

（一）低碳消费变革已成为全球共识

消费是生产的最终目的，虽然全世界的碳排放主要集中于生产领域，但归根结底要靠消费端落实节能减碳，推动经济发展方式的整体转型。据能源基金会研究表明，发达国家居民消费产生的碳排放占碳排放总量的比例高达 60%~80%，我国居民碳排放水平与 1970 年瑞士的水平接近，但与英国、美国等发达国家尚存较大差距。[①]《BP 世界能源展望（2019）》更是强调，随着印度、中国和其他亚洲地区生活水平的提高，到 2040 年建筑和交通部门将分别占全球能耗的 29% 和 21%。因此，公众真正认可并践行低碳消费，越来越成为国际社会的共识。

家庭能源消费是能源消费的终端环节。居民生活中的炊事、取

---

① 参见贾峰：《中国消费方式转型和低碳社会建设的对策与途径研究技术报告》，生态环境部宣传教育中心 2020 年 7 月。

暖、照明、交通等活动都涉及能源消耗，在各项产品和服务的开发、生产、流通、使用和回收全生命周期过程中均会排放二氧化碳。根据国际能源署（IEA）测算，来自家庭消费领域的碳排放占比逐年增加，且增速正逐渐超过工业领域。国家电网《全球能源分析与展望（2020）》报告经预测提出，1980—2050年，在全球加快低碳转型进程的情景下，终端能源需求部门中工业、商业能耗需求占比略有下降，而与居民生活息息相关的建筑与交通领域的能耗需求逐渐提升。

从20世纪70年代起，能源需求侧管理就逐渐引起全球范围的关注。能源需求侧管理指的是能源部门（主要是电力部门）作为供给侧，采取财税等激励政策，鼓励需求侧（即用户方）利用各种有效的节能技术，改变能源需求方式，在保证能源服务水平的前提下，有效地降低能源消费量和负荷水平，减少一次能源消耗。能源需求侧管理主张的能源节约、清洁能源替代、能效提高正是低碳消费的关键手段，此外低碳消费还包括废弃物回收循环利用、碳汇交易等其他行为。

碳达峰、碳中和下的消费变革聚焦于降低消费需求侧的能源消耗和碳排放，以及由此引致的低碳生活方式，可以概括为“低碳消费”。低碳消费直接或间接降低二氧化碳排放。一方面，消费者在消费品的购买、使用和处置过程中充分评估二氧化碳排放量，以最低的碳排放作为决定消费行为的依据，主动选择低碳产品、低碳出行、节约资源能源，直接减少消费环节的碳排放；另一方面，消费者对低碳产品和服务的需求，引导原材料开发利用、生产加工、运输、储存和回收等环节严格遵守低碳准则，从而以低碳消费需求拉动低碳生产，促进经济整体转型。

（二）中国以低碳消费促进经济转型

我国拥有庞大的人口规模和巨大的消费能力，推动低碳消费是我国落实减碳任务的主要依托，也是创新消费模式、激发内需潜力、提高居民生活品质的重要途径。

我国居民生活领域的能源需求量持续上升。目前，我国近70%的能源消费集中在工业，源于居民生活领域的能耗占比约为11%，主要集中在工业品、建筑和交通运输等领域。从终端需求活动导致的碳排放占比情况来看，我国35%的碳排放源自家庭能源消费。特别是随着城镇化快速推进，由家庭消费引起的碳排放规模将继续增长，控制消费端碳排放的重要性不言而喻。同时，一些不合理的生活方式也会加剧能源资源紧张，需要通过政策引导、产品开发、市场培育等手段创造更好的条件，帮助消费者将低碳意识转化为行为。

我国消费减碳的潜力巨大。据《大型城市居民消费低碳潜力分析》（2020年）测算，在1000万人以上人口的我国大型城市里，若在衣食住行上选择使用低碳产品或服务，个人消费年均减排潜力将超过1吨，约占中国人均碳排放的七分之一。同时，随着我国消费者的消费心理越来越成熟，越来越多消费者开始关注企业和产品的可持续发展信息，更愿意选择绿色低碳产品，这将有助于撬动企业进行绿色生产，履行企业环境责任，实现生产方式和生活方式的绿色转型。

二、深入认识低碳消费

低碳消费以消费环节的能源消耗和碳排放控制为核心内容。国际上应用更广泛的概念是绿色消费，类似的还有可持续消费、生态消费、环保消费、节约型消费等，这些概念侧重点不一，均指向保护和发展的平衡。

（一）低碳消费的概念辨析

1. 绿色消费

绿色消费是指在满足人类需求的同时，尽量减少个体行为对生态环境负面影响的一种消费模式。正因绿色消费的含义宽泛，通常低碳消费被认为是绿色消费的“子概念”。

从规范消费行为的角度界定绿色消费，英国1987年出版的《绿色消费者指南》中对“绿色消费”给出定性标准：一系列应避免的商品消费范围，包括避免使用危害到消费者和他人健康、造成大量资源消耗、过度包装、出自稀有动物或自然资源、含有对动物残酷或不必要的剥夺、对其他国家尤其是发展中国家产生不利影响的商品。2016年，我国发布《关于促进绿色消费的指导意见的通知》，同样对消费者行为作出规定：以节约资源和保护环境为特征的消费行为，主要表现为崇尚勤俭节约，减少损失浪费，选择高效、环保的产品和服务，降低消费过程中的资源消耗和污染排放。

从产品和服务全生命周期视角来看，绿色消费涵盖绿色产品、物资回收、提高能效、保护环境，基本特征可概括为节约资源减少污染（reduce）、绿色生活环保选购（reevaluate）、重复使用多次利用（reuse）、分类回收循环再生（recycle）、保护自然万物共存（rescue）。

2. 可持续消费

可持续消费遵循持续性、公平性和共同性等基本原则，强调消费方式、产品的生产满足节约环保等要求。1994年联合国环境规划署（UNEP）在内罗比发表《可持续消费的政策因素》报告将“可持续消费”正式界定为“提供服务以及相关的产品以满足人类的基本需求，提高生活质量，同时使自然资源和有毒材料的使用量最少，使服务或产品的生命周期中所产生的废物和污染物最少，从而不危及后代的需求”。2002年，世界可持续发展峰会（WSSD）通过了《约翰内斯堡执行计划》，呼吁全球行动起来，并拟定了一个10年计划框架，号召各个国家和地区加快向可持续消费与生产模式转变。国内学者参照可持续发展的定义，把可持续消费定义为既能满足当代人消费发展需要而又不对后代人满足其消费发展需要的能力构成危害的消费。[①]

3. 生态消费

生态消费主要强调消费行为不以破坏生态系统功能和服务为前提。消费既符合人类物质生产的发展水平，又符合生态环境的承受能力；既能满足人的基本需求，又不对生态环境造成危害。消费模式和内容符合生态系统运行的要求，是有利于环境保护和消费者健康的一种自觉调控、规模适度的消费模式。

4. 低碳消费

我国制定的《低碳产品认证管理暂行办法》将“低碳产品”界定为与同类产品或相同功能的产品相比，碳排放量值符合相关低碳产品评价标准或者技术规范要求的产品。低碳消费以低碳产品（包括无形服务）的购买、使用、回收中的低能耗、低污染、低排放为标准。广义的低碳消费包括低碳生产消费和低碳生活消费，低碳生产消费强调降低一切社会经济活动中的能源消耗和碳排放，包括企业的能耗和产品消费。[②]狭义的低碳消费单指生活消费，即形成低碳生活方式，通过低碳产品和消费方式的选择满足个人生活需要的行为和过程。鉴于当前我国缺乏低碳生活消费的系统性推进政策，这里将低碳消费界定为低碳生活消费。

短期来看，建筑、交通、家电消费是当前能耗和碳排放量最多的领域，构成了各国低碳消费实践的重点。但长期来看，全球低碳消费还要与节约、循环、绿色消费方式相结合，全面渗透到衣食住行用等生活消费的各个领域，全方位削减消费过程中的碳排放量。

---

① 参见庄贵阳：《低碳消费的概念辨识及政策框架》，载于《人民论坛 · 学术前沿》2019 年第 2 期。
② 参见刘文龙、吉蓉蓉：《低碳意识和低碳生活方式对低碳消费意愿的影响》，载于《生态经济》2019 年第 8 期。

（二）低碳消费的特征

低碳消费内容丰富。按照国家统计局的定义，居民生活消费包括食物、衣着、生活用品及服务、医疗保健、交通和通信、教育文化娱乐服务、居住以及杂项商品与服务八大类。相应地，低碳消费代表上述各类消费均实现低碳化，[①]可分为选择低碳出行方式、选择低碳衣服、选择低碳食物、节约能源和其他使用低碳产品的行为。2008 年的“世界环境日”，联合国环境规划署围绕个人培育低碳生活方式提出 7 项建议，包括节电、节水、选择轨道交通方式等，号召公众从日常点滴做起，落实节能减排。

低碳消费最终需通过公众的低碳消费行为来体现。按过程可分为两类：购买购置行为，包括购买节能家电和绿色产品、住宅节能投资等；购买购置后行为，包括对已经购买的能耗设备、设施的用能量和用能效率实施主动管理以及对物品或资源的重复使用、减量化使用、回收再利用和再循环等。

低碳消费是一个相对概念和渐进式过程。但应看到，低碳消费的实现程度的高低与经济社会所处的发展阶段、社会消费文化、生活方式和技术水平等因素有关，各地消费因时、因地而异，低碳标准也应适时动态调整。

低碳消费最终指向高品质生活目标。在满足居民生活质量提升需求的基础上，努力削减高碳消费和奢侈消费，并使之逐步过渡到低碳消费，通过低碳消费获得更高层次的消费体验及更大的经济、社会、环境效益，最终实现生活质量提升和碳排放下降的双赢局面。

（三）低碳消费行为的影响因素

消费反映的是消费者的需求主观效用，与普通消费相比，低碳消

---

① 参见李向前、王正早、毛显强：《城镇居民低碳消费行为影响因素量化分析——以北京市为例》，载于《生态经济》2019 年第 12 期。

费行为涉及的金钱、能源、时间等成本更高。消费者在做出最终行动之前，会合理地评估自己支持和反对低碳消费的理由。低碳消费行为既受到经济发展水平、居民收入状况、产品价格、成本效益等经济因素影响，还受到社会环境、个体责任意识、环境态度、环境问题认知、消费政策等非经济因素的影响，这些因素构成了消费行为者的内在或外在驱动力。政府财税激励、监督惩罚措施构成了促进低碳消费行为的外在动力。而消费者对低碳的认知、低碳消费态度、低碳责任意识等心理因素，构成了促进低碳消费行为的内在动力。因此，规范消费者行为既需要通过外在激励约束机制，又需要加强低碳消费宣传教育，使消费者形成内在低碳消费认知，弥合消费者低碳消费意愿和实际行为的差距，保证低碳消费的真正落地。

三、低碳消费实践——衣食住行用

低碳消费活动围绕市民衣、食、住、行、用等生活的多方面展开，覆盖家庭、商家、校园、办公楼、企事业单位等。

（一）低碳衣着食物

与人们生活密切相关的服装或食物，从原料的生产、加工、储存、运输、消费到处理全过程均会带来碳排放，倡导低碳服装和低碳饮食同样要从公众改变消费行为做起。选择回收材料制成的服装，以棉麻等天然织物代替更高碳排放的聚酯织物，实行旧衣物回收再利用，提高服装利用率，以及衣物清洗时节水节电，都是降低服装总消耗量的可行方法。部分服装生产厂商推出“碳标签”，推动服装生产工序低碳化，引导消费者了解低碳服装的环保功能。

2019 年，联合国政府间气候变化专门委员会（IPCC）发布的《气候变化与土地特别报告》评估显示，大量农业氮肥施用和水资源的消耗等因素，造成粮食系统对全球温室气体排放的贡献达21%~37%；而全球粮食损失与浪费造成的温室气体排放量可达全球人为温室气体排放总量的8%~10%，每年造成的经济损失约1万亿美元。[①] 因此，从需求端倡导低碳饮食习惯、发展低碳餐饮、缩短食物供应链十分必要，例如在烹饪中使用节能低碳设备、拒绝使用一次性餐具、节约点餐适度消费、推广应用无纸化电子菜谱等。减少食物浪费也是避免污染、降低碳排放的另一个重要手段，除了节约适度消费外，还可以通过冷冻、干燥或腌制来保存食物以及餐厨垃圾堆肥实现循环利用。另外，相比于蔬菜和水果，肉类和乳制品食物由于其生长或喂养需求而排放的温室气体更多，因此膳食平衡、素食消费也成为健康生活的一种新潮流。伦敦开辟了100多块公用绿化种植区域，出租给居民用于蔬菜、瓜果等园艺活动，被称为“社区公园”，当地以财政支持、培训志愿者和其他活动鼓励市民参与该项目。通过社区公园种植形式，居民不仅实现了果蔬自给自足，还在动手种植的亲环境行为中，逐渐提高环境保护意识，改善饮食选择和购物习惯。

（二）低碳建筑

低碳建筑不仅涉及居民住宅，还包括办公、学校、商场等公共建筑在日常采暖、散热、照明等方面能耗和排放的控制，国际上相关概念有低能耗建筑、近零能耗建筑、零能耗建筑、产能型建筑等。此外，还有在建筑的不同位置布置绿化，扩大绿色面积，实现建筑固碳，改善人们的生活环境。德国通过被动房超低能耗建筑技术体系和提升可再生能源使用比例来实现建筑节能减排。被动房即不主动采用采暖设备而靠建筑保温隔热结构、太阳能利用、带有余热回收的新风装置等技术达到室内适宜温度。尽管被动房的成本增量为建筑造价的5%~8%，但综合考虑节约能源的效果，被动房不仅在经济效益上基

---

① 参见许吟隆、赵运成、翟盘茂:《IPCC 特别报告 SRCCL 关于气候变化与粮食安全的新认知与启示》，载于《气候变化研究进展》2020年第1期。

本持平，且能获得更好的环境效益和居住体验。为了鼓励被动技术的应用，德国复兴银行专门为被动房提供低息贷款，多个联邦州还推行专项区域财务资助。产能型建筑是建筑节能发展的最终目标，尽可能多利用太阳能光伏，在满足自身用能同时将单体建筑打造为发电源，可供统一并网使用。我国重庆市于 2012 年发布了国内第一部低碳建筑相关标准——《低碳建筑评价标准》，将低碳建筑标准覆盖规划、设计、施工、运营、拆除、回收利用整个建筑生命周期，通过减少碳源和增加碳汇实现建筑碳排放性能优化。我国在 2019 年出台的《近零能耗建筑技术标准》中分别规定了“超低能耗建筑”“近零能耗建筑技术”“零能耗建筑”的标准，建筑节能标准逐渐提高，在改善建筑业态和居民生活品质的同时，将带来新的市场投资机遇。

（三）低碳交通

世界各国常见的低碳交通方式可分为两类：一种是交通运输结构和出行方式的变革，包括促进铁路、水路等多式联运发展，以公共交通体系代替私家车出行，以自行车、步行等慢行交通方式代替机动车出行，减少飞机等高碳出行方式。[①] 新加坡通过拥车证和电子公路收费系统等措施严格控制私家车总量，购买新车的人必须在注册车辆之前以竞标方式获得拥车证，拥车证有效期 10 年，配额数量由政府根据车辆总数、报废数量和每年固定增加额度等确定，市中心各条道路入口设有闸门，进入市中心的车辆在不同时段收取相应费用，以此提高汽车使用成本，保证道路畅通，减少机动车尾气排放。另一种是运输工具装备及配套基础设施的低碳转型，包括天然气、生物燃料、氢燃料等清洁能源替代传统汽油，推广新能源汽车、无轨电车等电动交通设备，以及信息化手段支撑下的智慧物流、智慧交通体系，提高运输效率、降低交通能耗。日本东京都政府在汽车动力革新方面大力推动

① 参见王靖添、马晓明:《低碳交通研究进展与启示》，载于《生态经济》2021 年第 5 期。

纯电动汽车、燃料电池汽车、生物质能源的应用，针对市区范围的公共汽车引入生物柴油；在居民出行方式上，建设密集的公共交通网络连接起各大城市，80% 以上的居民选择轨道交通通勤方式，同时推行生态驾驶管理系统，引导驾驶员培养良好的驾驶习惯，杜绝突然加速与减速行为、飙车与发动机长时间空转现象，提高燃油使用效率。

（四）节能家电设备

节能家庭设备包括节能空调、冰箱、照明灯具等家用电器以及木、竹、草制家具等制造品。消费者在选取节能家电设备产品时，会综合考虑其基本性能、成本效益、低碳环保效益、使用便利度和外观设计等因素，实现节能产品对高耗能产品的替代。为了激励消费者选择节能家电，政府通常提供相应的节能补贴，降低节能产品购买成本。日本在 2009 —2011 年实行了绿色家电“生态积分”返还制度，为购买指定节能家电的消费者返还生态积分，不同种类和能效水平产品补贴标准不一，消费者可凭积分换购商品或服务。能效认证标签制度是规范节能低碳产品生产标准、引导消费者有效识别并选择节能低碳产品的另一种重要手段。1992 年，美国能源部和环境署共同推出一项名为“能源之星”的计划，针对消费性电子产品实行能源节约，制造商提交产品样本经环保署认可的认证机构检测通过后，可在获批准的产品上使用能源之星标志，后来扩充至低碳建筑认证，被加拿大、日本等 7 个国家和地区采纳。联邦政府提供 3 亿美元，用于鼓励消费者选购“能源之星”产品替代老旧家电，各州政府根据各区家电需求情况和人口比例自行确定产品目录、补贴标准和具体实施方案。我国作为全球最大的家电生产国和消费国之一，2004 年起正式施行能源效益标识管理制度，对节能潜力大、使用面广的用能产品实行统一的能源效率标识制度，名为“中国能效标识”，共分为 5 个等级。在近年来促消费稳增长的趋势下，中央政府鼓励各地因地制宜实施节能家电专项补贴。北京市自 2019 年 2 月以来采取了为期 3 年的节能家电补贴政策，对于“一级能效”“二级能效”标识家电的消费者提供相应的资金补贴，在节能减排促消费的同时，带动企业产品优化升级。苏宁、京东、国美等企业均针对绿色节能家电品类推出“以旧换新”消费补贴。

（五）低碳社区

住宅社区融合了城市公共区域的交通、建设、开放空间等要素，因此以社区为单位的低碳化改造项目备受国际推崇。低碳社区建设内容包括社区低碳能源基础设施建设、低碳住宅建设、低碳交通体系、废弃物回收与利用系统等；在空间形态上通常采用紧凑高密度布局方式，土地混合利用方式使社区兼备多种功能，配套服务设施齐全，形成合理的服务半径，提高居民步行和公共交通外出的频率，降低碳排放。英国贝丁顿社区被称为“世界上首个零碳社区”，该社区在2000年建设之初就大量回收周边废旧建材加以改造，节省了建设成本和能源消耗；高密度建筑布局和保温墙体构造减少了建筑物散热，使每户住宅设计玻璃暖房以便最大限度利用太阳能，同时安装了木材等废弃物发电的热电联产系统；社区内办公与住宅建筑混合布局，并设计了运动场馆、园艺地块等多功能公共空间，缩短居民出行距离、满足多样化的日常生活需求。我国自2014年起启动低碳社区试点建设，从社区规划布局、公共区域节能改造、基础设施改造、普及低碳文化、编制社区温室气体清单等方面推动低碳社区管理，涌现出广东中山市小榄镇、北京长辛店低碳社区等优秀试点经验，后续仍需对社区碳减排效果评估和配套政策支持等方面做出进一步探索。

四、培育低碳消费模式中国在行动

我国自“十一五”时期开始大力推动节能减排，从支持节能家电、新能源汽车等低碳产品，到着手低碳建筑、智慧低碳交通建设等重点领域转变公众生活方式，绿色、低碳消费理念逐步深入人心。

（一）中国低碳消费政策历程

早在1994年，我国政府就发布了《中国21世纪议程》，明确提出要建立可持续消费模式，作为可持续发展理念下的重要组成部分。

“十一五”时期开启了节能减排推动下的低碳消费。这一时期我国提出建设资源节约型、环境友好型社会，大力推动节能减排，提出能源强度控制目标，建筑和交通等能源消费节约也是其中的重要领域。“十一五”规划明确提出：“强化节约意识，鼓励生产和使用节能节水产品、节能环保型汽车，发展节能省地型建筑，形成健康文明、节约资源的消费模式。”①2005年国务院发布的《国务院关于落实科学发展观加强环境保护的决定》指出：“在消费环节，要大力倡导环境友好的消费方式，实行环境标识、环境认证和政府绿色采购制度。”

“十二五”时期，低碳消费不再局限于政府政策引导，而是着眼于形成绿色生活方式的整体要求。“十二五”规划明确提出，要倡导文明、节约、绿色、低碳的消费理念，推动形成与我国国情相适应的绿色生活方式和消费模式。2015年，政府工作报告在关于“加快培育消费增长点”的论述中，着重强调“推动绿色消费”。《环境保护部关于加快推动生活方式绿色化的实施意见》（环发〔2015〕135号）、《关于促进绿色消费的指导意见》（发改环资〔2016〕353号）、《绿色生活创建行动总体方案》（发改环资〔2019〕1696号）等文件相继出台。2015年，我国政府在《强化应对气候变化行动——中国国家自主贡献》文件中提出，将向公众推广低碳消费作为应对气候变化的手段之一。

“十三五”以来，绿色、低碳消费制度建设逐步完善，推动构建绿色低碳循环发展的现代化经济体系。党的十九大报告指出：“推进

① 参见《中共中央关于制定“十一五”规划的建议》，中华人民共和国中央人民政府网2005年10月19日。

绿色发展，加快建立绿色生产和消费的法律制度和政策导向，建立健全绿色低碳循环发展的经济体系。”[①] 2018年，生态环境部发布的《公民生态环境行为规范（试行）》，倡导公民践行简约适度、绿色低碳的生活方式，践行生态环境责任，引导每个人都成为生态文明的践行者和美丽中国的建设者。直到党的十九届四中全会将推进绿色消费上升到制度层面，强调要完善绿色生产和消费的法律制度和政策导向。2020年3月国家发展和改革委员会和司法部等多个部门联合发布《关于加快建立绿色生产和消费法规政策体系的意见》，为全国和地方绿色消费制度建设提供了指导。

在低碳消费专项促进政策方面，我国已出台《可再生能源法》《循环经济促进法》《节能产品惠民工程政策》《关于限制生产销售使用塑料购物袋的通知》和《高效照明产品推广财政补贴资金管理暂行办法》等一系列法律法规，推行“新能源汽车补贴政策”“脱硝电价补贴政策”“节能、环境标志产品政府采购机制”“老旧汽车报废更新补贴车辆范围及补贴标准”等，低碳消费的政策体系雏形显现。多地政府为推动个人低碳消费进行了碳积分方面的尝试，如武汉市推出了“碳宝包”项目，北京市开展了“绿色出行碳普惠”项目，广东省、成都市还将碳市场与碳积分体系关联形成碳普惠系统，以促进碳积分体系的可持续发展。

按照《中共中央 国务院关于完整准确全面贯彻新发展理念做好碳达峰碳中和工作的意见》部署，推动经济社会发展全面绿色转型，要加快形成绿色生产生活方式，扩大绿色低碳产品供给和消费，倡导绿色低碳生活方式。“十四五”期间，在数字技术的推动下，将涌现出更多绿色、低碳、便捷、高效的消费模式，为激发经济活力和改善居民生活品质带来机遇。在强制性约束之外，通过开展宣传教育、凝聚全社会共识，形成绿色低碳生活风尚。

---

① 参见《习近平指出，加快生态文明体制改革，建设美丽中国》，新华网2017年10月18日。

（二）中国低碳消费政策成效

1. 中国低碳消费的整体呈现

低碳消费产品和服务在消费者生活中占比逐渐提高。京东大数据研究院发布的《2019 绿色消费趋势发展报告》显示，京东平台上“绿色消费”商品种类已超过 1 亿种，销量增速更是超出京东全站的 18%。生态环境部环境与经济政策研究中心发布的《公民生态环境行为调查报告（2020 年）》显示，我国 90% 以上的受访者都对绿色消费持积极正面态度，但只有不到 60% 的受访者对自己的绿色消费方式比较满意。受访者在限制使用一次性用品上做得较好，但在购买绿色食物、生产过程污染低的绿色产品方面表现较差。多数受访者认为阻碍绿色消费的主要原因是无法识别绿色产品、产品质量缺乏保证、价格过高等。①

整体来看，我国消费者对低碳消费的认识不断提高，但从认识转化为行为依然存在差距。2020 年由能源基金会、《南方周末》联合发布的《家庭低碳生活与低碳消费行为研究报告》全方位解析我国居民家庭低碳消费形态与低碳生活方式。该报告在全国地级以上城市共抽选 3500 份生活人口样本进行定量调研，调查发现，在“低碳消费认知”上，公众对“低碳”概念的熟悉度和认同度都很高，大多数肯定低碳生活的意义。31% 的受访者希望学习在生活中如何更好地辨识低碳产品，有 28% 的受访者希望了解产品的碳足迹如何计算，有 24% 的受访者希望了解低碳生活是否会增加生活成本。在“低碳责任意识”上，受访者更倾向于通过行动上的潜移默化而不是通过说教来影响身边的人，个人低碳影响力仍有较大提升空间。在“低碳消费行动”上，公众采取低碳节能行为的意愿较高，接受程度最高的低碳消

① 参见郭红燕、贾如：《碳中和目标下如何推动低碳消费》，载于《可持续发展经济导刊》2021 年第 5 期。

费行为发生在家用电器领域，意愿度最高的是用低碳方式使用家电和购买能效等级高的节能产品，低碳产品种类和范围还需提升。[①]

2. 中国低碳消费的具体领域

低碳产品推广措施不断丰富。2009 年节能惠民补贴政策率先在家电领域开展。国家发展和改革委员会、工业和信息化部等部门共同印发的《进一步优化供给推动消费平稳增长促进形成强大国内市场的实施方案（2019 年）》提出对节能减排的绿色、智能化家电，给予消费者适当补偿，对节能环保的家电产品消费起刺激作用。低碳产品认证体系逐步完善，"十一五"规划纲要明确"推行强制性能效标识制度和节能产品认证制度"。2008 年《国务院办公厅关于深入开展全民节能行动的通知》也提出，鼓励和引导消费者购买使用能效标识 2 级以上或有节能产品认证标志的多款商品。生态环境部制定的《环境标志产品政府采购清单》，发布了 9 项环境标志产品标准，并启动了低碳产品认证工作，将汽车、家电产品和办公设备等排放温室气体较多的产品种类作为开展低碳产品认证的优先领域。[②]2012 年，国家发展和改革委员会与国家认证认可监督管理委员会共同制定《低碳产品认证管理办法（暂行）》，着手实施全国统一的低碳产品目录，统一的国家标准、认证技术规范和认证规则，统一的认证证书和认证标志。

绿色低碳交通体系建设取得积极进展。加快推进新能源和清洁能源替代，全国铁路电气化比例达到 71.9%，新能源公交车超过 40 万辆，新能源货车超过 43 万辆，新能源和清洁能源车辆使用比例逐步提升。2010 年以来，我国新能源汽车快速增长，销量占全球新能源汽车的 55%，新能源汽车产销量、保有量均占世界一半。[③] 开展绿色交通省（城市）、绿色公路、绿色港口等示范工程，年节能量超过 63 万

---

① 参见丁瑶瑶：《〈家庭低碳生活与低碳消费行为研究报告〉发布 我们与低碳生活的距离有多远？》，载于《环境经济》2020 年第 5 期。
② 参见《我国将汽车、家电等列入低碳产品认证优先领域》，新华社 2010 年 5 月 1 日。
③ 参见董战峰：《中国绿色低碳发展成果显著体现大国担当》，光明网 2021 年 6 月 8 日。

吨标准煤，沿江沿海主要港口集装箱码头全面完成“油改电”。全面开展运输结构调整三年行动，2012—2019年全国机动车污染物排放量下降65.2%。大宗货物“公转铁”“公转水”深入推进，全国铁路货运量、水路货运量占全社会货运量的比例分别由2017年的7.8%和14.14%增长到2019年的9.5%和16.17%。通过中央车购税资金，支持建设综合客运枢纽、货运枢纽、疏港铁路，统筹推进公铁联运、海铁联运等多式联运发展。中央财政采取“以奖代补”方式支持京津冀及周边地区、汾渭平原淘汰国Ⅲ及以下排放标准营运柴油货车。[①] 在居民出行方式上，北京市交通委、市生态环境局2020年9月联合高德地图、百度地图，开展绿色出行碳普惠激励措施，用户通过对公交、地铁、自行车、步行等低碳交通方式进行路径规划和导航，出行结束后可获得对应的碳能量，并将其转化为奖励。

节能省地型建筑向绿色建筑发展转变。在我国住房和城乡建设部组织推动下，实施了绿色建筑评价标识、绿色建筑示范工程建设等一系列措施，制定《绿色工业建筑评价标准》《绿色办公建筑评价标准》《被动式超低能耗绿色建筑技术导则（试行）（居住建筑）》《绿色建筑运行维护技术规范》，“十三五”时期正式将“推进建筑节能与绿色建筑发展”作为主要任务。在北京、上海、广州、杭州等经济发达地区，结合当地自身特点，打造了一系列示范建筑、节能示范小区和生态小区。我国2012年出台的《节能与新能源汽车产业发展规划（2012—2020年）》明确提出以纯电驱动为我国汽车工业转型的主要战略取向，我国城市居民消费的新能源汽车主要是纯电动汽车。在推广电动汽车中存在的问题和障碍主要有：汽车价格高、一次充电续驶里程短、充电时间长、充电设施不完善、动力电池的安全性等问题，而且由于政府相关部门认识不统一，存在部门掣肘现象，也削弱了推广力度。

---

① 参见《中国交通的可持续发展》白皮书，中华人民共和国国务院新闻办公室网站2020年12月22日。

企业在提供低碳产品和服务、推动公众进行低碳消费上的作用越来越显著。例如，京东物流协同上下游企业推行减量化、循环物流包装；美团外卖推出“不提供一次性餐具”选项；“蚂蚁森林”用户通过支付宝完成绿色出行、网上购物等低碳消费行为，换算相应的碳减排量转化为森林能量，对应实际植树造林行动，鼓励用户积极参与低碳活动。

（三）中国推进低碳消费困境

低碳产品有效供给不足，低碳产品交易市场还不规范。市场上低碳产品品种少、价格高等问题严重制约着低碳消费。低碳产品成本较高，在价格上缺乏竞争力，存在“叫好不叫座”现象，市场需求还有待进一步挖潜，有待通过绿色低碳产业政策加以扶持。尚未形成完整的低碳商业模式，低碳产品性能虚标现象还比较突出，以次充好、以假充真现象频现，影响了消费者购买信心。

低碳引导政策以单一的行政性约束为主。围绕低碳消费行政性的强制约束和惩罚措施居多，综合运用财政、货币、价格、收入分配、消费引导等多种政策工具不足。生产性消费领域的规制政策较多，而对包括生活性消费在内的整个低碳消费环节覆盖仍不足。缺乏推进低碳消费的详细路线图，未来应着眼于、服务于碳达峰和碳中和目标，明确低碳消费的重点领域、实施路径和阶段性任务。

低碳宣传的力度和覆盖范围不足。尽管我国在低碳宣传和引导方面举措很多，例如低碳消费日、低碳社区建设等，但目标人群还不够广泛，以中青年为主的受访者认同度更高。对低碳消费、低碳生活知识科普力度不足，例如碳足迹、碳信用、碳交易、低碳产品的成本效益等专业知识的普及仍有待深入推进。此外，知识产权保护和市场监管等配套措施还不到位，未能有效激励和引导市场主体。

五、多策并举点燃低碳消费引擎

正因为低碳消费是多重心理因素动机的结果，所以消费者即使具备低碳消费意愿，也可能在实际购买和使用行为中受到各类因素干扰，导致行为偏离初衷。因此，要落实低碳消费需要全社会共同行动，既以“硬性”规章制度约束规范消费者行为，又以“软性”低碳文化教育发挥引导示范作用，最终形成低碳消费社会氛围。

（一）低碳消费政策引导方向

消费者在进行低碳消费时，消费行为会直接或间接促进全社会降低碳排放，改善气候环境，给其他社会成员带来额外免费的环境享受，即正外部性，有必要给低碳消费者提供正向激励补偿。同样，高能耗高排放消费行为造成生态环境损害的负外部性影响，应当给予惩罚，提高消费成本。引导人们做出低碳消费决策的干预途径可大致分为三类。[①]

第一类，通过政策引导消除认知偏差，为低碳消费提供动力。个体低碳消费意愿可能与实际低碳消费行为之间存在差距，例如低碳产品的价格、购买和使用的便利程度等因素，会使消费者产生认知偏差，违背最初的低碳消费意愿。可通过提高低碳产品质量、完善相关配套服务、提供相应的财税补贴激励手段等，引导消费者规范行为、树立多元长远的价值导向，自发做出低碳消费选择。例如，为节能产品提供的信息越清晰和简化，这些产品就越有可能抓住消费者的意愿。

第二类，培育低碳消费社会风尚，助推低碳消费行为选择。通过

① 参见郭红燕、贾如：《碳中和目标下如何推动低碳消费》，载于《可持续发展经济导刊》2021 年第 5 期。

宣传、教育，引导培育低碳消费风尚。例如，从政府的角度规范低碳产品认证标准体系、发挥政府绿色采购示范效应，推动消费者转变消费观念；从居民的角度，以碳信用积分、低碳文化等助推方式引导居民选购低碳产品、选择低碳出行、传播低碳理念，发挥亲友间的互助示范效应，使个体低碳消费行为在社会互动过程中不断强化，最终形成低碳社会氛围。

第三类，改善配套支撑条件，让低碳消费变成一种经济便利的选择。完善低碳产品认证标识制度，使消费者更容易识别所需求的低碳产品，了解低碳产品消费的环境影响；同时提升低碳技术、低碳基础设施等支撑条件，推动低碳交通、低碳建筑、完善低碳公共服务等，使低碳产品和服务在实践中好操作、价格上可承受。

从政策内容和作用来看，可将引导低碳消费的政策划分为几类：激励型，即采取低碳消费扶持政策，如对购买低碳产品消费者给予财政补贴、对生产低碳产品企业给予减免税收政策优惠、建立低碳技术研发基金等；惩罚型，即对碳排放量较大的企业或个人征收碳排放税，多排放多交税，实行差别化的能源税；支撑型，即建立有序的低碳消费市场规则，如制定低碳产品的统一分类标准、实行低碳消费品的准入制度，对不符合低碳标准的产品设计相应的退出机制。建立低碳消费教育引导的领导、组织、宣传工作机制；组织政府等公共部门先行示范；利用各种主题宣传活动，运用电视台、报纸及相关媒体宣传低碳，在全社会形成低碳消费共识。

（二）低碳消费助推政策着力点

低碳消费从需求侧入手实现了居民生活源头上减碳，构成我国绿色低碳循环发展经济体系的重要部分，特别是在我国挖掘内需潜力、构建国内大循环的背景下，低碳产品和服务不断创新，将带来新的商机。进一步弥合公众对低碳消费认知和实际行为之间的差距，还需从政策引导、市场培育等方面加以推进。

培育低碳消费市场，完善市场交易规则。积极开展节能减排、碳排放权交易建设。在定价环节，推进资源能源价格改革，让最终消费品能够真实地反映环境、资源成本，抑制全社会过度的超前消费行为。在利益分配环节，构建产品奖励机制和产品增加成本分摊机制。

完善低碳消费管理制度体系。建立健全低碳消费的市场监管、技术体系、检测标准、信息共享机制等，规范低碳消费生产、经营和消费秩序，强化低碳消费保障监督机制。不断探索完善认证管理、宣传倡导、激励机制等方面的制度，制定鼓励性的政策制度，规范低碳消费市场秩序，加大对滥用认证标志的惩处力度，提升绿色标志的权威性，使绿色低碳产品得到更多人的认同和信任。在低碳产品认证制度中纳入“全生命周期”管理模式，使低碳原则贯穿原材料采集、产品生产、使用、废弃物回收全过程。

应用低碳消费信贷、碳汇交易等绿色金融服务手段。建立健全支持低碳发展的财税金融政策，开展低碳信贷业务，提高消费税在税收体系中的比重，对于低碳节能产品予以适当补贴和税收减免，最大限度地激发全社会低碳消费热情。

增强企业在低碳产品供给和低碳消费服务方面的作用。企业除了改善生产工艺、推动技术创新、提供更多的低碳消费产品和服务选择之外，还可以利用技术和平台优势，帮助并激励用户作出更可持续的消费决策。比如，建立低碳产品信息可追溯系统，以二维码等形式展示产品的碳标识或者碳足迹信息，解决低碳产品消费信息不对称问题。构建基于网络的绿色低碳生活场景，拓宽低碳消费形式和渠道，借鉴“蚂蚁森林”“碳信用积分”等经验，搭建数字化平台，创新低碳消费激励模式，引导公众低碳行为。同时，发挥好社会组织的宣传、组织和监督作用，监督企业在绿色产品认证等方面的信息合规性，维护消费者对于绿色低碳产品信息的知情权，为衡量低碳消费减碳效果、构建社会碳积分体系等开展调查研究。

营造低碳社区消费场景。塑造低碳环保的社区氛围，让践行绿色低碳的居民带动周边其他居民，利用社会规范助推低碳行为，并与企业、学校、社会组织等各方广泛合作，形成推动个体低碳消费的合力。

（三）领导干部发挥低碳消费带头示范作用

政府既是低碳消费的决策者、监督者，也是引领者、示范者。除制定实施各项低碳消费政策之外，各级政府机关领导干部都应率先垂范，从自身做起，将绿色低碳理念转化为自觉行动。

全面推行绿色办公，严格执行用能标准。建立健全用水用电定额管理制度，制定和实施单位能耗使用定额标准和用能支出标准。公共建筑全面执行绿色建筑标准，推广高效照明产品、新能源汽车等节能产品，合理控制室内空调温度，提高办公设备和资产使用效率，减少电器设备能耗。将机关节能成效列入年终考评指标当中，督促个人养成随手关灯、节约纸张等低碳习惯。

强化政府绿色低碳采购制度。强制采购或优先采购符合绿色低碳认证标准的产品和服务，提高产品回收循环利用比例。领导干部主动选择低碳出行方式，如湖北省省直机关事务局购置“公务自行车”，推行“公务员骑自行车外出办公”，同时提高新能源汽车在公务用车中的比例。

建设节约型政府，开展反对浪费行动。严禁超标准配车、超标准接待和高消费娱乐等行为，细化明确各类公务活动标准，严禁浪费。在政府机关和国有企事业单位食堂实行健康科学营养配餐，条件具备的地方推进自助点餐计量收费，减少餐厨垃圾产生量。

第七章
碳达峰碳中和背景下的经济社会综合应对

周宏春　周　春　李长征

我国实现“双碳”目标，必须从实际出发，着力推动经济社会的系统性变革。要以绿色低碳为导向做加法，发展新能源可再生能源产业、蓄能及碳循环利用技术和产业，以高能耗、重污染为标尺做减法，淘汰落后技术、工艺和产品；将提高能源效率放在优先地位；不断完善节能减排、植树造林、可再生能源开发利用等领域的政策措施，利用法律手段、行政手段、经济手段，建立低碳社会，有效应对气候变化对我国经济社会发展带来的不利影响。

一、研究制定规划，提出碳达峰碳中和路线图

党的十九大提出新时代社会主义现代化建设的目标和基本方略，其中包含生态文明及其制度建设。2020—2035年第一阶段基本实现现代化，要实现国内生态环境根本好转，促进经济社会高质量发展，为2060年实现碳中和奠定技术和产业基础。2035—2050年第二阶段建成社会主义现代化强国，到2060年前要实现全部温室气体净零排放目标，不断提升低碳发展的国际影响力、竞争力和领导力。

“十四五”是碳达峰的关键期、窗口期。《中华人民共和国国民经济和社会发展第十四个五年规划和2035年远景目标纲要》提出，“十四五”时期单位GDP能源消耗强度降低13.5%，单位GDP二氧化碳排放强度降低18%的约束性指标。[①] 二氧化碳排放达峰和碳中和远景目标的实现离不开近期、中期行动计划；要按照国家总体目标，把应对气候变化作为低碳转型、可持续发展的机遇，作为制定长期低碳发展战略的出发点。各地要从实际情况出发，结合“十四五”应对气候变化规划、《中共中央 国务院关于完整准确全面贯彻新发展理念做好碳达峰碳中和工作的意见》、《2030年前碳达峰行动方案》，编制确保二氧化碳达峰和碳中和实施方案，为未来5—10年二氧化碳达峰并推动碳中和愿景的实现提供保障。以绿色低碳为导向，实现国家经济社会发展目标与全球控制温升目标的协调统一，实现人与自然和谐共生和可持续

---

① 参见《中华人民共和国国民经济和社会发展第十四个五年规划和2035年远景目标纲要》，载于《人民日报》2021年3月13日。

发展。

要摸清家底，为碳达峰、碳中和行动方案的制定奠定基础。推动碳达峰、碳中和目标的实现需从多领域取得突破。分析能源消耗和碳排放情况，制定实施火电、钢铁、化工等重点行业以及交通运输、建筑等部门和领域的碳达峰行动方案，明确碳达峰目标和路线图。构建清洁低碳安全高效的能源体系，控制化石能源总量，着力提高能源利用效率。工业领域要推进绿色制造，推动绿色低碳技术实现重大突破，实施重点行业领域减污降碳行动，加快推广应用减污降碳技术。研究全国碳市场总体规划和发展路线图，并在“干中学”，不断完善相关制度。建筑领域要提升节能标准，交通运输领域要建立绿色低碳交通运输体系。

由于发展不平衡，产业布局和自然资源禀赋差异较大，各地要根据实际，研究确定实现绿色低碳循环发展的战略重点和实施路径，走碳中和目标导向下的低碳发展之路。东部沿海地区要严格控制化石能源消费，率先实现碳达峰；西南地区可再生能源资源丰富地区要率先建立 100% 可再生能源示范区，高能耗强度的重化工业和大型数据中心等高耗电基础设施可优先布局在西北和西南可再生能源资源丰富地区，促进可再生电力就地消纳。要特别重视农村地区因地制宜发展分布式可再生能源，并将中国核证自愿减排量（CCER）作为抵消机制纳入国家或省（自治区、直辖市）的碳排放交易市场，助力农村地区经济社会可持续发展。

2021 年 10 月 26 日，为深入贯彻党中央、国务院关于碳达峰、碳中和的重大战略决策，国务院发布了《2030 年前碳达峰行动方案》；上海、江苏、广东、青海、海南等地已在 2021 年各地“两会”上分别提出力争在全国率先实现碳排放达峰，上海还提出碳达峰时间表。国家电网、中国海油、中国石化等企业也启动碳达峰和碳中和战略研究或方案编制。各地要在详细调研情况的基础上，根据《中共中央 国务院关于完整准确全面贯彻新发展理念做好碳达峰碳中和工作的意见》中提出的 2025 年、2030 年、2060 年系列目标确定降碳考核指标，制定中、长期减污降碳目标任务，将能源结构转型、新能源占比、碳中和比例及阶段性考核目标等在制定2030年二氧化碳排放控制路线图、2060年碳中和行动路线规划（图）等中有所体现。[①]

二、健全应对气候变化的经济政策体系

气候变化既是环境问题，也是发展问题，必须站在中华民族永续发展和人类命运共同体的高度，综合运用经济的、科技的、法律的、行政的手段，促进我国经济社会绿色低碳转型和高质量发展。要不断完善产业政策、财税政策、信贷政策和投资政策，形成有利于积极应对气候变化的政策导向和体制机制，发挥财政手段的正向激励和逆向限制双重作用，降低企业和个人碳减排成本，逐步淘汰不符合碳减排标准的企业和产品。

（一）产业政策

产业政策是我国经济发展的重要政策，按鼓励类、限制类、淘汰类等进行分类指导，以产业目录形式发布，并根据经济发展形势变化进行修订完善。要增加鼓励绿色低碳发展的内容，支持绿色低碳循环产业的发展，控制限制类产业生产能力，淘汰高能耗重污染的落后产能。积极推进国家重大生产力布局规划内的资源保障、重化工项目实施。鼓励发展低碳工业，使之成为有利可图的新兴领域。高碳工业发展难以为继，不仅仅是不可再生的化石能源资源的储量有限，大量二氧化碳排放也将影响人类的生存环境。发展低碳工业成为世界各国可持续发展的必然选择。从高碳工业向低碳工业转型是一个漫长过程，毕竟高碳的工业体系是庞大而又稳固的，传统工业对化石能源的

① 参见常纪文、田丹宇：《应对气候变化法的立法探究》，载于《中国环境管理》2021年第2期。

依赖不可能在短期内改变。由于低碳工业必须建立在低碳或无碳能源基础之上，相关基础设施建设不仅需要巨额投资，也要较长的建设周期。要根据节约资源、能源和保护环境的要求以及行业资源环境绩效标准，规定并实施更加严格的市场准入标准。建立国家气候投融资项目库，建立低碳项目资金需求供给对接平台，加强低碳领域的产融合作。推动低碳产品采购和消费，不断培育市场和扩大需求。[①]

（二）财税政策

财税政策是重要的经济政策，包括收入分配、税收政策以及投资等；科学的财税体制是优化资源配置、促进社会公平、实现国家长治久安的保障。调整煤炭、原油、天然气资源税税额标准，调整乘用车消费税税率；通过税收杠杆抑制不合理需求，提高高碳资源的使用成本，促进资源节约高效；发挥财政资金的引导作用，吸引社会资金投入碳中和目标实现中。实施节能技术改造、建筑供热计量及节能改造、污染物减排能力建设等“以奖促治”政策，实施节能节水环保设备、资源综合利用、增值税减免等优惠政策，调整抑制“两高”产品出口的税收政策。应着手研究开征碳税的可行性，以增强企业、公众等对气候变化这一全球性问题重要性和紧迫性的认识。

（三）价格政策

价格是市场机制的核心要素，企业是市场配置资源的行为主体。应深化资源性产品价格形成机制改革，建立反映市场供求关系、稀缺程度和环境损害成本的价格形成机制。推行用电阶梯价格，实行惩罚性价格。全面推行燃煤发电机组脱硫、脱硝电价政策，鼓励开展二氧化碳移除（CDR）的技术研发与应用。建立有效调节工业用地和居住

① 参见周宏春:《生态文明建设的政策框架和基本制度》，载于《2014 中国可持续发展战略报告——创建生态文明的制度体系》，科学出版社 2014 年版。

用地比价机制，提高工业用地价格，减少由于房价上涨引致的财富由中低收入购房者向富人的转移，体现“房子是用来住的”政策导向，避免贫富差距过大埋下影响社会稳定的隐患。

（四）地区政策

我国地区发展差异大，不可能一蹴而就实现碳中和远景目标，各地要因地制宜，有不同的碳达峰与碳中和时间表，不能搞“一刀切”，更不能搞运动式“减碳”。各地在压减高碳能源的同时，要有配套的社会政策，避免相关人群陷入困境，也需避免为早日实现碳达峰、碳中和目标出台激进的、不符合实际情况的碳减排措施；不能搞互相攀比、碳减排竞赛。大幅减少煤炭、油气等化石能源的产量与消费，可能导致能源转型力度过大、化石能源投资不足而带来的能源短缺，影响经济社会发展。国内外都有类似的经验教训。从国外看，2020 年夏天美国加利福尼亚州分区轮流停电，一个重要原因是在大幅提高新能源发电比例、推进能源转型的同时没有形成合理的能源结构，从而导致缺乏充足的电力资源。从国内看，2020 年为完成能源“双控”目标和“减煤”任务，浙江义乌、温州等地出台措施[①]，限制机关单位、公共场所、部分企业等用电，这就与 2021 年 3 月 15 日中央财经委员会第九次会议提出的“处理好减污降碳与群众正常生活的关系”的要求不符了。

三、完善技术政策，支撑绿色循环低碳发展

实现长期碳中和目标需要技术创新的支撑，先进能源节约低碳技

---

① 参见刘满平:《我国实现“碳中和”的 12 条政策建议》，载于《新华财经》2021 年 1 月 22 日。

术成为大国竞争的科技前沿和重点领域。充分发挥科学技术的支撑和引领作用，加大技术创新方面的投入力度，强化碳中和技术的自主创新，重视专利技术开发，包括煤炭洁净利用集成技术、新能源和可再生能源技术、资源高效循环利用技术、绿色制造技术，培育并形成新的低碳产品市场和竞争优势，加快节能提高能效、洁净煤、可再生能源、核能及相关低碳技术的研发和推广，注重相关领域先进技术引进、消化、吸收和再创新，推进我国的经济发展从能源资源依赖型向能源节约和创新推动型转变。建立科学、合理的评价体系和评价方法，为碳达峰、碳中和提供理论指导、政策建议和技术支持。

加强深度脱碳技术研发和产业化，积极应对全球碳中和导向下国际经济技术竞争。欧盟提出 2035 年前完成深度脱碳关键技术的产业化研发，美国拜登政府计划在氢能、储能和先进核能领域加大研发投入，目标是氢能制造成本降到与页岩气相当，电网级化学储能成本降到当前锂电池的十分之一，小型模块化核反应堆建设成本比当前成本降低一半。日本在可再生能源制氢储存和运输、氢能发电和燃料电池车领域都具有优势，目标是氢能利用的综合系统成本降低到进口液化天然气的水平。我国也需加强技术创新，在先进脱碳技术竞争中争取先机和优势，打造核心竞争力。

积极部署，加快先进技术研发和产业化，研究提出低碳技术路线图，促进高能效、低碳排放的技术研发和推广应用，建立清洁生产、节能和能效、洁净煤和清洁能源、资源循环高效利用及碳汇等低碳技术体系；对燃煤高效发电，二氧化碳捕集、利用与封存，高性能电力存储，超高效热力泵，氢的生产工艺、装备、运输和存储等技术进行研发，并形成技术储备，为绿色低碳转型提供强有力的支撑。加强创新体系建设。支持以企业为主体、产学研联合，促进创新型人才队伍建设，建设创新型国家的人才体系。支持重大技术装备研制和重大产业关键共性技术的研究开发。

加强气候变化的国际交流合作，树立负责任的大国形象。制定对外合作总体战略，化被动为主动，变压力为动力；力求避免减缓温室气体排放、绿色产业发展、知识产权保护、资源原材料贸易中出现违背世界贸易组织规则的问题；调整企业“走出去”战略，合理利用海外资源能源，促进海外投资企业社会责任和产业转移规则的制度化；将节能环保、应对气候变化作为海外援助重点，树立绿色形象。

四、推进绿色低碳标准体系建设

国际上，国际标准化组织环境管理技术委员会（ISO/TC207）负责推动温室气体管理领域的工作，包括环境管理体系——生命周期评价、物质流成本、环境意识设计、环境绩效、环境信息交流、温室气体管理、绿色金融等相关技术标准，已经发布50多项国际标准，人们熟知的是环境管理体系（ISO14001）。ISO/TC207的内涵和外延在不断丰富和扩展，不仅制定了绿色金融、环境成本核算方面的系列标准，还在研制与生态和绿色相关的一些标准。其中，温室气体管理分技术委员会（ISO/TC207/SC7）负责温室气体管理核算、报告、核查、碳足迹以及适应等方面的标准，已经发布了10余项标准。[①]

二氧化碳捕集、运输和地质封存技术委员会（ISO/TC265）在制定重要的6项减碳、碳中和国际标准，同时国际标准委员会（ISO）国际标准制定进展非常迅速。经过努力，我国专家争取到其中的两项国际标准的牵头制定权，也在积极参与制定另外几项相关标准。我国的碳捕集、利用与封存（CCUS）标准工作组于2021年3月成立，希望为二氧化碳捕集、运输和地质封存国际标准贡献更多的中国智慧。

欧盟一直在积极推动碳减排工作。2019年发布《欧盟绿色新政》；2020年欧盟27国领导人就7500亿欧元的“恢复基金”达成共

---

① 参见林翎：《节能低碳标准助力碳达峰与碳中和》，第三届中国碳交易市场发展论坛2021年5月15日。

识，特别提到碳边界调节机制决议：设计一个与世界贸易组织兼容的碳边界调节机制，激励欧洲工业和欧盟贸易伙伴降低工业碳含量，支持符合《巴黎协定》目标的欧盟和全球气候政策，以实现碳中和，而不应被误用为贸易保护主义、不合理歧视或限制的工具，尤其要更好地解决嵌入欧盟工业和国际贸易中的温室气体排放，做到非歧视性并争取创造公平的全球竞争环境。2021 年就“碳边界调节税”提出详细提案，对不符合欧盟环境标准的进口商品征收关税。这一“碳边界调节税”提案，已引起我国相关部门、企业的高度重视。碳边界调节机制怎么实施，在这个机制框架下的碳税怎么计算、怎么收取、对贸易活动产生哪些影响，可能需要一个世界各国认可的标准。

做好碳达峰、碳中和标准化工作：一是坚持顶层设计，建立完善的碳达峰、碳中和目标的技术标准支撑体系；二是坚持需求导向、急用先行原则，制定急需的技术标准，统一碳达峰、碳中和的相关国家标准；三是形成标准体系框架下的节能、低碳、生态、环保、循环利用等标准体系集成应用方案，地方、企事业单位等主体均能很好地使用相关技术标准，达到节能降碳的效果；四是推动绿色金融标准化工作，支撑碳达峰、碳中和工作的开展；五是构建起完善的监管体系，在“双碳”目标的引领下，形成能推动技术研发、标准研制、推广应用、绿色金融相结合的创新模式。

我国以强制性能耗限额标准、用能产品能效标准和碳排放强度标准等为目标引领，构建了一个涵盖能源生产和消费、重点行业领域的技术标准体系，包括五大板块：直接减排、间接减排、协同减排、管理评估和市场化机制。其中，直接减排涉及化石能源的清洁利用、新能源和可再生能源生产和供给等方面的标准；也涉及控制生产过程排放和原料替代等方面的标准。间接减排涉及能源消费环节，包括工业、建筑、交通等领域能效提升、新能源使用、相关低碳技术应用等方面的标准。协同减排，涉及供需匹配、多能互补系列标准，减污降碳协同系列标准及固废循环利用、生态修复等系列标准。管理标准，涉及准确核算企事业单位碳排放量、项目减排量，选出节能低碳效果和经济性好的先进技术。建立、实施能源和环境管理体系，评估节能低碳技术、管理措施的效果等方面。市场化机制方面的标准，覆盖规范绿色金融和交易机制相关业务、确保其自身实现商业可持续的必要基础，也为实现碳中和技术路径涉及的有关标准提供支撑。

我国发布的各板块标准1000余项，其中目标引领板块能耗限额标准111项，终端用能产品能效标准74项，在节能减碳方面发挥了重要作用。能耗标准可实现节能量7700万吨标准煤，相当于减排二氧化碳1.48亿吨，减排氮氧化物26.64万吨；节电490亿千瓦时，相当于减排二氧化碳290万吨，减排氮氧化物6370吨，减排烟尘1470吨。[①]

完善标准体系还任重道远，很多技术标准、方法标准还缺失，碳中和概念尚未统一，也缺乏标准，需要大家的共同努力，不断细化、丰富完善。标准实施机制也不够完善，相当多的标准不为人们所熟知，不知道去哪儿找，不知道怎么用，只有大家能了解和关注，标准才能真正发挥作用。标准制定很重要，标准实施更重要。

碳排放国内管理标准。全国碳排放管理标准化技术委员会（以下简称“全国碳标委”）自2015年起组织制定并发布了16项碳排放核算及报告相关标准，覆盖发电、钢铁、建材、冶炼等重点行业；近20项涉及电子设备制造、种植业、公共建筑、焦化、陆上交通运输、机械设备制造、矿山、氟化工、水运、造纸、食品烟草、石油天然气、石油化工、有色金属、畜禽规模养殖等碳核算与报告，以及核查程序、核查机构、核查人员要求等国家标准完成报批工作，可为企业开展碳排放核算、报告、核查等工作提供依据。在标准研制基础上，开发了一个碳排放核算技术服务平台，植入了不同行业碳排放核算方法学，企业填报数据时能直接算出碳排放总量，使用方便，也便于地方管理。

---

① 参见林翎：《节能低碳标准助力碳达峰与碳中和》，第三届中国碳交易市场发展论坛2021年5月15日。

五、加大与碳减排相关的绿色低碳发展资金投入

采取切实措施积极应对气候变化：一是强化节能减排，努力控制温室气体排放；二是增强适应气候变化能力；三是充分发挥科学技术的支撑和引领作用；四是立足国情发展绿色经济、低碳经济；五是把积极应对气候变化作为实现可持续发展战略的重要内容纳入国民经济和社会发展规划，明确目标、任务和要求。

碳中和目标提出后，目标任务势必分解和细化到各地；地方政府成为能否实现目标的关键所在。为推动碳减排工作，自 2010 年以来陆续开展了低碳城市试点工作，最大难题是资金支持力度不足，地方进行试点的积极性不高。研究显示，2030 年实现碳达峰，每年资金需求约为 3.1 万亿—3.6 万亿元，目前每年资金供给规模仅 5256 亿元，缺口超过 2.5 万亿元 / 年以上。2060 年前实现碳中和，要在新能源发电、先进储能、绿色零碳建筑等领域新增投资超过 139 万亿元。[①] 从我国财政资金来看，除了清洁发展机制（CDM）项目的国家收入和可再生能源电价附加外，没有直接与此相关的公共资金收入。未来需要不断完善与碳减排相关的投融资体制机制，增加资金来源和对地方的财政投入，助推地方碳达峰、碳中和。

从投资角度看，目前的投资和相关的建设碳强度较高，给碳排放总量的减量化工作增加了压力。在未来，我国在投资上应更多地考虑应对气候变化的议程，践行绿色复苏。可再生能源等低碳领域是“十四五”期间投资的理想标的。5G、特高压输电线路、高铁、电动车充电站、大数据中心、人工智能等相关基础设施和工业物联网等

① 参见刘满平：《我国实现“碳中和”的 12 条政策建议》，载于《新华财经》2021 年 1 月 22 日。

“新基建”领域，在2020年到2025年的直接投资规模总计9.31万亿元，带动社会总投资16万亿元。可再生能源投资潜力更大，具备传统基建经济刺激效果好、创造就业机会较多的优点，也能推动中国长期高质量、绿色和可持续发展，兼具“新基建”优势。投资可再生能源等零碳领域，绿色和高能效城镇化的基础设施领域以及终端用能电气化应成为中国绿色复苏的优先选项。

在氢能方面，随着零碳电力和制氢设备成本下降而来的成本快速降低，绿氢在交通、工业等多个领域将得到大规模应用。到2050年，我国的氢气需求量将达到8100万吨。[①]到2050年，当电解槽成本在100美元/千瓦、零碳电价在30美元/兆瓦的情况下，绿氢成本将降至10—15美元/千克的水平，比煤制氢成本还低。在未来，氢的用途将大大扩展，将极大地带来规模效应。氢的应用场景包括钢铁、水泥、化工等工业过程，重型交通、轻型交通、航空航运等交通领域等。根据不同领域氢能利用的技术成熟度、成本经济性、产业配套的不同，氢能将从路面交通领域开始渗透，并逐渐发展到合成氨、直接还原铁等工业领域，以及较为后期的船舶、航空燃料应用和电力多元化转换（Power-to-X）等领域的应用。

到2050年，潜在生物质资源有6亿吨标准煤，满足零碳情景下4.4亿吨标准煤需求。由于生物质资源分布不均、运输成本高等，应当优先用于航空和化工原料等零碳解决方案有限或成本较高的领域，一大部分生物质资源可能会应用于发电领域。在碳捕集方面，我国的碳捕集和封存容量大大多于10亿吨/年，鉴于我国的规模经济和学习曲线效应带来的成本优势，碳捕集、利用和封存也将在我国零碳转型过程中扮演重要角色。

要拓展投融资渠道，可以设立低碳转型或碳中和相关基金。由于我国地域辽阔，各地产业结构、资源禀赋不一样，不同地方、行

---

① 参见北京国际能源专家俱乐部：《中国如何实现2060年前碳中和目标总结报告》，经济形势报告网2020年10月28日。

业、企业将面临不同的约束与挑战。例如，低碳转型肯定会加速“压煤”过程，就会有大量的职工从煤炭等高碳产业链中转移出来，这对于山西、内蒙古等煤炭富集且经济发展水平仍较低的地区来说，影响较大。成本高，转型阵痛更为明显。这就需要借鉴欧盟的公平转型机制，由国家设立低碳转型或碳中和相关基金，通过专项资金对这些地方和群体进行倾斜，帮助和支持这些地区传统能源产业工人的培训和转岗，尽量避免出现因低碳转型而导致贫困化等社会问题和不利影响。

六、积极发展绿色金融，为相关技术和产业提供支持

碳减排货币政策工具或包括以下三类：一是常规货币政策，即公开市场操作和准备金要求。在公开市场操作方面，中国人民银行直接或间接购买绿色资产，引导金融资源更多地流向可持续发展领域。在准备金要求方面，中国人民银行可以用差异化的法定存款准备金来支持和促进绿色产业的发展。二是再融资政策，中国人民银行可以将绿色标准纳入抵押品框架中，从而改变商业银行持有的资产组合；若高碳行业的资产成为不合格的抵押品，应降低商业银行持有高碳资产的比例。通过改良央行的抵押品框架，最终影响不同行业的融资成本，实现产业结构优化。三是信贷支持政策，建立绿色信贷框架，引导银行将更多的贷款提供给绿色产业。对于持有特权绿色资产的商业银行，央行将降低贷款利率，进而扩大绿色投资。[①]

金融政策是中国人民银行为实现宏观经济调控目标采用各种方式

① 参见王晨、李德尚玉、孙煜：《全国碳市场将启动 国常会提设立碳减排货币政策工具》，载于《21 世纪经济报道》2021 年 7 月 7 日。

调节货币、利率和汇率水平，进而影响宏观经济的各种方针和措施的总称。构建绿色金融体系，以市场化方式引导金融体系提供碳中和所需资金；加强碳中和关键技术研发，为向低碳化、清洁化、分散化和智能化方向发展提供必要突破性技术支撑。推广实施绿色信贷、租赁等政策，提高高耗能重污染项目的信贷门槛。推广“赤道原则”，严禁向高能耗重污染项目贷款；开展地方发放绿色债券试点，支持绿色低碳循环低碳产业发展；通过废旧资源回收、分类、循环利用，既可以提高资源产出率，还可以起到改善环境质量、应对气候变化的作用。回收煤炭炼焦过程中产生的焦炉煤气，用于发电或制甲醇等化工生产，不仅可以增加生产原料的供应，还可以达到变废为宝、一举多得之效。鼓励节能低碳环保类企业上市，利用资本市场吸引社会资金进入绿色发展领域。

金融机构应率先实现碳达峰、碳中和目标，起表率作用。据有关测算，我国金融机构碳排放量约为全国的 3 ‰或更低。另外，金融机构财务实力也比较强。有关测算发现，金融机构碳减排成本不会超过收入的 1 ‰，完全可以承受。国外很多金融机构已经实现了碳中和。全球财富 500 强中 130 多家金融机构，其中有四五十家外资金融机构实现了碳中和，很多机构提出要在 2030 年、2035 年实现碳中和。[①] 实现碳中和的世界前 500 强的金融机构，没有一家是中资金融机构。海通国际是国内第一家提出要在 2025 年实现碳中和的金融机构。我国金融机构完全可以也有能力实现碳中和。在我国的经济结构中有很多服务类行业的碳排放量不高且财务上有实力，和金融机构一样。如信息行业或很多的高科技企业，要实现碳中和也不难。如果金融机构带头，其他企业都会跟上，实现碳减排的量就不只是千分之几、百分之几了，很可能会更高。

金融机构可以深度参与碳交易市场，通过碳市场价格机制，推动

① 参见孙明春：《应尽快制定“碳达峰、碳中和”整体规划》，中国金融四十人论坛 2021 年 3 月 4 日。

全社会碳中和。金融机构实现碳中和，不可能完全不排放，有一些排放要通过碳抵消或购买碳信用来实现，从而增加碳交易市场的需求。国内现有 8 个地方性碳交易市场，交易量很少且价格差异很大。如果金融机构能主动购买，可以带来更多需求，把市场搞活，推高碳交易价格。碳价上升是给减碳企业、绿色企业的市场性补贴，有助于激励企业碳减排，增加绿色产品和技术产出；与此同时，将增加高碳企业的成本，促使它们减少排放。

碳交易市场本身可以是一个金融市场。除作为买方进入碳交易市场外，金融机构不仅可以逐渐参与市场运作，提供金融衍生品（比如碳期货、碳期权等），还可以做碳基金，向机构投资者甚至零售投资者发行产品。当然，获得这些要等整个碳交易活跃到一定程度以后才能做好。碳交易在未来将是一个很大的市场，需求会很多，价格也会上涨。碳信用也是一个好的投资产品，绿色债券、绿色贷款、ESG 投资等，都是金融机构支持碳达峰、碳中和的途径。金融机构在气候投融资方面还可以发挥更大作用，已是全球性趋势。①

推动监管执法统筹融合。加强全国碳排放权交易市场重点排放单位数据报送、核查和配额清缴履约等监督管理工作，依法依规统一组织实施生态环境监管执法。鼓励企业公开温室气体排放相关信息，支持部分地区率先探索企业碳排放信息公开制度。加强自然保护地、生态保护红线等重点区域生态保护监管，开展生态系统保护和修复成效监测评估，增强生态系统固碳功能和适应气候变化能力。

推动督察考核统筹融合。推动将应对气候变化相关工作存在的突出问题、碳达峰目标任务落实情况等纳入生态环境保护督察范畴，紧盯督察问题整改。强化控制温室气体排放目标责任制，作为生态环境相关考核体系的重要内容，加大应对气候变化工作考核力度。按规定对未完成目标任务的地方人民政府及其相关部门负责人进行约谈，压

① 参见刘连舸：《为实现碳达峰碳中和贡献金融力量》，载于《中国金融》2021 年第 10 期。

紧压实应对气候变化工作责任。

七、完善碳市场发展的制度安排

利用市场机制的本质，是以较低的成本和较高的效率实现碳达峰、碳中和目标。碳交易市场作为一种低成本减排的市场化政策工具，主要有两个功能：一是激励功能，激励新能源产业或非化石能源产业，以解决减排的正外部性问题；二是约束功能，约束化石能源产业解决碳排放的负外部性问题，从而以最低成本、最高效率改变能源结构，提高能源利用效率。

我国在合同能源管理、水权、矿业权、排污权和碳排放权交易等方面开展试点。碳交易是一种对经过论证的碳排放权的交易，依据是《京都议定书》中规定的减排的 3 种机制：排放贸易、联合履行、清洁发展机制（CDM）。根据《京都议定书》规定，发达国家企业之间可以进行碳排放贸易。我国过去参与国际碳市场主要是通过 CDM 项目卖出核证温室气体减排量（CER）。促进“绿水青山就是金山银山”转化，生态权证交易是一种好形式。解决一些地区“端着绿水青山的金饭碗却要讨饭吃”问题，应赋予生态环境一定的经济价值。具体做法可以是：以某个年份为起点，将森林蓄积量、二氧化碳吸收量等的变化折成可交易的生态权证，经第三方监测、认证和交易，让生态环境保护者获益。

建立排放权交易市场，可以释放碳有价的信号。在国家发展和改革委员会等部门开展的生态文明先行试点中，探索生态权证（包括节能、节水、碳排放、碳汇）交易试点，并建立起相关交易制度。国家林业局生态核算表明，我国人均每年享受的生态服务价值在 1 万元以上，生态环境保护者却没有得到应有报酬。改变这一格局，需要制度创新。

总结我国试点省市经验、完善碳市场制度、促进未来碳市场的健康发展，乃至实现我国的低碳发展，十分必要。我国碳市场要发展成为一个能优化配置减排资源的市场，必须在多方面取得进展，包括规定一定意义上的总量控制，不断提高基础能力、完善制度、逐步开放二级市场，在试点基础上形成全国统一市场，并探索与国际市场衔接等。构建全国统一的碳排放交易市场，在碳排放配额、参与范围、定价机制等方面作出系统性安排，以达到优化资源配置、管理气候风险、发现排放价格，从而低成本、高效率地实现减少碳排放的目标。

稳步推进碳排放权交易市场机制建设，不断完善碳资产的会计确认和计量，建立健全碳排放权交易市场风险管控机制，逐步扩大交易主体范围，适时增加符合交易规则的投资机构和个人参与碳排放权交易。

建立温室气体排放基础统计制度。总结试点地区温室气体盘查、统计指标设定等的有关做法，将温室气体排放基础统计指标纳入统计指标体系，健全涵盖能源活动、工业生产、农业、土地利用变化与林业、废弃物处理等领域，适应温室气体排放核算的统计体系。

加强温室气体排放核算工作。制定温室气体排放清单编制指南，规范清单编制方法和数据来源。研究出台重点行业、企业温室气体排放核算指南，并在实践中不断修改完善。建立温室气体排放数据信息系统，做好排放因子测算和数据质量监测，确保数据真实准确。构建国家、地方和企业等不同主体的三级温室气体排放基础统计和核算工作体系，建立负责温室气体排放统计核算的专业队伍。实行重点企业直接报送能源消耗和温室气体排放数据制度。

碳定价政策成为越来越多国家激励减排的有效工具。通过总量控制和碳定价机制，以引导各类市场主体主动减排。基于总量控制与配额交易的市场手段，2021 年 1 月 5 日生态环境部发布《碳排放权交易管理办法（试行）》，规定主管部门和市场参与主体的责任、权利和义务以及全国碳市场运行的关键环节和工作要求，以规范全国碳排放权交易及相关活动。作为全球最大的碳市场，我国的碳市场已于 2021 年 7 月 16 日启动上线交易。

应扩大碳交易覆盖行业，以更好地体现不同主体减排成本差的比较优势。试点地区推进特定行业的大企业参与碳市场交易，对节能减排产生了显著影响。尽快把碳市场覆盖范围扩大到钢铁、水泥、炼铝、石化、化工、有色、航空等高耗能行业，并逐渐以碳排放权交易整合取代用能权交易；应开发“零碳排放农业耕作”活动参与碳市场的可能性，将土地利用及土地利用变化引起的碳排放变化纳入自愿交易范围。在风险可控前提下，支持机构及资本积极开发与碳排放权相关的金融产品和服务，有序探索运营碳期货等衍生产品和业务。鼓励企业和机构在投资活动中充分考量未来市场碳价格带来的影响。

开发新的方法学。用好联合国 CDM 执行理事会已经批准的方法学，研究并充实中国的应用案例。同时，加强对大型建筑节能减排、零碳排放耕作方式等领域的方法学研发，形成符合中国国情的方法学，从而为中国核证碳排放权创造条件。

研究开征碳税。通过建立生态标签或绿色标签体系，通过财税政策的改革，激发企业和公众节约资源保护环境的内在动力。可设计一种生态权证，经监测、认证和交易，使为生态保护作出贡献的人获得收益。采用与绩效挂钩的管理措施，既有利于共同致富，也可避免弄虚作假等弊端；既有利于调动参与者的积极性，也能达到提高森林覆盖率、改善生态的目的，收到一举多得之效。

加强生命周期管理，从总量限额确定、交易的信用核查和确认、市场公平公正公开、交易合法并被记录、参与各方能从中获益、交易能得到承认等方面加以推进，以保障碳市场收到预期效果。只有行动起来，才能完善机制、锻炼人才、培养能力，为我国碳市场的发展创造政策环境和市场环境。

八、制定应对气候变化法律法规，依法推进碳达峰碳中和目标实现

作为负责任的发展中大国，我国一直高度重视气候变化问题。

1992年6月，我国签署《联合国气候变化框架公约》，同年底全国人大常委会正式批准。全国人大常委会先后制定修订了《节约能源法》《可再生能源法》《循环经济促进法》《清洁生产促进法》《森林法》《草原法》等一系列与应对气候变化有关的法律。2007年《中国应对气候变化国家方案》出台，完善相关工作机制，采取一系列应对气候变化的政策措施和实际行动，努力减缓和适应气候变化，取得了显著成就，为保护全球气候作出了积极贡献。①

国务院2007年发布《中国应对气候变化国家方案》和2008年发布《中国应对气候变化的政策与行动（白皮书）》，明确系统地提出了应对气候变化的指导思想、目标和原则，坚持节约资源和保护环境的基本国策，以增强可持续发展能力为目标，以科学技术进步为支撑，加快转变发展方式，努力控制温室气体排放，不断提高应对气候变化的能力。

2009年8月，《全国人大常委会关于积极应对气候变化的决议》提出："要把加强应对气候变化的相关立法作为形成和完善中国特色社会主义法律体系的一项重要任务，纳入立法工作议程。"2015年，《中共中央　国务院关于加快推进生态文明建设的意见》要求研究制定应对气候变化方面的法律法规。2016年，应对气候变化法被列入《国务院2016年立法工作计划》中的研究项目。2018年5月，中共中央颁布的《社会主义核心价值观融入法治建设立法修法规划》提出，促进人与自然和谐发展，建立严格严密的生态文明法律制度。所有这些，均为应对气候变化法的制定创造了有利条件。

《碳排放权交易管理暂行条例》已经发布实施。在部门层面，实施了《清洁发展机制项目运行管理暂行办法》《中国清洁发展机制基金管理办法》《温室气体自愿减排交易管理暂行办法》《节能低碳产品认证管理办法》《碳排放权交易管理办法（试行）》等部门规章。地

① 参见《全国人大常委会关于积极应对气候变化的决议草案的议案》，中国人大网2009年8月25日。

方层面，青海、山西出台了应对气候变化办法等地方法规或规章，四川、湖北、江苏在稳步推进本地的综合性地方立法工作；南昌、石家庄等市出台了低碳发展促进条例，上海、深圳等市针对碳排放权交易出台了专门的地方法规。所有这些，为制定应对气候变化法奠定了充分的下位法支撑。[①]

实现长期低碳发展战略和碳中和目标，是我国生态文明制度建设的核心内容。一是推进气候变化立法，以法律形式保障碳中和目标的实现。二是深化管理体制改革，强化各级政府节能降碳各项指标和任务的目标责任制，建立和完善协调机制，形成各部门各地方推进能源和经济绿色低碳转型的合力。三是完善低碳转型的支撑政策体系，以GDP的二氧化碳强度下降和碳排放总量的双控机制整合或取代能源强度和能源消费总量控制制度，以企业碳排放配额制度取代用能权制度。四是把碳达峰、碳中和纳入国民经济和社会发展规划，明确目标、任务和要求，在能源、节能、农业、林业、水资源等相关法规中，增加相关内容。发展和完善相应财税金融政策支撑体系，适时征收碳税或采用其他财政、税收、市场手段和措施，在已有减污降碳的统计、监测、考核体系基础上，形成二氧化碳等温室气体排放统计、监测、考核等的体制机制和管理体系。

九、创建生态社会文化氛围，提高公众应对气候变化的认识和能力

美丽中国目标的实现需要公众参与和共同行动。行动靠大家，关键在领导。在各级管理决策层形成“碳中和是重要的政策导向”的认

① 参见常纪文、田丹宇:《应对气候变化法的立法探究》，载于《中国环境管理》2021年第2期。

识，改变“重经济轻环境、重速度轻效益、重局部轻整体、重当前轻长远、重利益轻民生”的理念；我们没有理由也不能再重走发达国家“先污染后治理”的老路。如果我国增加的GDP是靠过度消耗资源、排放废物和温室气体取得的，将不仅影响当代人的生存环境，还将挤压子孙后代的资源和生存空间。

碳排放虽然主要产生于能源消耗密集的生产过程中，但重要驱动力是满足日常生活需求的各类消费活动。为全面实现碳达峰与碳中和目标，要同生产生活需要相呼应、共推动，并与绿色节能产品的推广贴合在一起，不断滚动创新。

一方面，加快建立绿色生产技术体系和绿色产品生产，发展绿色用能模式，提升全社会电气化水平，形成低碳生活消费模式。从全生命周期理念出发，通过推动清洁供能、技术升级、智能化制造，实现制造业各环节的资源可持续代谢；通过探索碳捕集、利用与封存等负碳技术在全周期中的应用，生产出真正节能低碳、物美价廉的产品，为满足人们合理的生活和发展需求创造空间。还应加快建筑的绿色用材、多能互补的规划，探索研发建筑自身“产能”“固碳”技术，在不断降低建设维护成本的同时，打造低碳又美丽的社区和家园。

另一方面，向绿色生活方式转变，反过来也能拉动绿色生产技术的研发和生产清洁程度的提高，形成低碳生产与低碳消费的良性循环。通过价格、财税、交易等手段，引导低碳生产生活行为，促成诸如严格进行垃圾分类、降低空调使用频率、选择绿色节能标签产品等一系列的行为转变，不仅促使个人和家庭“碳足迹”的下降，也倒逼企业的绿色生产升级，达到产业链整体降碳的效果。推动居民广泛参与绿色低碳变革，不仅要在宣传上加强低碳意识，更要充分利用碳普惠等市场激励机制，给低碳行为赋予清晰的市场价值，促成居民“上班时”和“下班后”均自觉为碳达峰、碳中和目标作贡献。[①]

① 参见陈绍晴、夏楚瑜、陈彬：《以系统思维规划布局碳达峰、碳中和工作》，光明网专论2021年4月29日。

把生态文明纳入教育体系。从小学到大学、成人教育、终身教育和宣传、培训活动，应循序渐进地推进生态环境知识的普及和提高，注重基础性、广泛性、持久性、针对性和趣味性；社会要普遍、常态、永久性地开展敬畏自然、珍惜生命、保护环境、节约资源、协同共生的宣传和教育；在全社会牢固地确立人人遵循、人人监督的生态伦理和生态公平正义的道德规范和制度激励体系。积极发挥社团组织的作用，健全资源消耗最小化、效用和服务最大化的长效机制，从而把平等、效率、正义有机地统一起来，实现各尽所能、各得其所。

加强宣传引导。持续开展“六五环境日”“全国低碳日”等主题宣传活动，充分利用例行新闻发布、政务新媒体矩阵等，统筹开展应对气候变化与生态环境保护宣传教育，组织形式多样的科普活动，弘扬绿色低碳、勤俭节约之风。鼓励和推动大型活动实施碳中和，对典型案例进行宣传推广。积极向国际社会宣介生态文明理念，大力宣传绿色低碳发展和应对气候变化工作成效，讲好生态文明建设中国故事。

大力开展生态文明建设的系列创建活动。制定相应的激励措施，促进低碳社会建设。支持和鼓励各地方企业和社会各界自下而上开展低碳行动，企业自愿承担社会责任；将生态文明理念体现在公众的日常生活中，自觉践行绿色低碳生活方式和消费方式，主动参与生态文明建设的各项活动，从小事做起，垃圾分类、爱护公共卫生、植树造林等；从自己身边的事情做起，不使用一次性筷子、薄塑料袋，捡起“菜篮子”、循环使用包装物等。发挥监督作用，建立健全环境保护举报制度，畅通环境维权、投诉、举报渠道，共同推进绿色创建活动，倡导绿色生产、生活方式。形成节约资源、保护环境的产业结构、生产方式和消费模式。

只有共同的忧患，才有共同的智慧；只有共同的行动，才有共同的未来。只有全社会的共同努力，生态环境质量才能得到改善，才能有我们共同而唯一的美好家园，生态文明新时代才会早日来到！

第八章
碳达峰碳中和的碳定价机制

王文军　傅崇辉　赵栩婕

在应对气候变化、减少温室气体排放的各种政策和行动中，碳定价机制属于财税政策，通过对碳排放定价发出一个信号：碳排放是要付费的，从而促使经济主体减少温室气体排放，引导生产、消费和投资向低碳方向转型，实现经济增长与碳排放脱钩，促进碳排放尽早达峰，最终实现碳中和。碳市场作为重要的碳定价机制在全球应对气候变化行动中得到广泛应用，实现2030年碳达峰、2060年碳中和目标，需要采取更加有力的政策和措施，加快形成具有合理约束力的碳定价机制，充分发挥价格机制的作用，激励全社会共同朝着碳达峰、碳中和目标奋进。

一、碳定价机制

（一）碳定价机制是如何产生的

联合国政府间气候变化专门委员会（IPCC）历次科学评估报告表明，控制人类活动产生的温室气体排放是减缓全球气候变暖的关键。《IPCC 全球升温 1.5 ℃特别报告》强调，如果将全球升温控制在工业化前 1.5 ℃，需要在 2050 年实现“净零排放”，这就为碳排放设置了“天花板”，在碳排放“天花板”管控下，管理者通常采取给碳定价的方式，使各行各业减少碳排放。不同碳减排目标下碳价是不同的，经过模型研究发现，在高强度的减排目标下，2100 年碳价可达到 90 美元 / 吨左右，在中强度减排目标下，碳价约为 60 美元 / 吨。碳价由政府确定或市场形成，由此产生不同的碳定价机制，碳排放权交易机制（以下简称“碳市场”）和碳税是国际上成熟的两大碳定价机制。

（二）两种典型碳定价机制

碳排放价格的确定主要通过两种机制实现：一种是通过征收碳税的方式为碳排放定价，另一种是碳市场定价机制。这两种机制均是通过经济手段控制碳排放的工具，但在运行机理上存在一定差异。下面对两种碳定价机制的由来和各自的特点进行简要说明。除此以外，还有一些对碳减排具有推动作用的财政政策和市场政策。比如，财政政策方面的有低碳产业财政补贴、财政贴息、优惠费税；市场化方面的政策有鼓励低碳产业在资本市场上直接融资、金融市场上间接融资、利率下限政策、碳标签消费政策等。

1. 碳市场定价机制

碳市场作为市场化的低碳政策工具，近年来在全球应对气候变化中发挥着越来越重要的作用。碳市场是《京都议定书》规定的3种灵活减排机制的统称，包括联合履约机制（JI）、清洁发展机制（CDM）和排放交易机制（ETS）。目前在全球应用最为广泛的是ETS，其中又以欧盟碳排放交易机制（EU ETS）影响最大。我国于2011年启动的碳排放权交易试点机制也属于ETS。在ETS下，纳入ETS的企业或单位（以下简称"控排单位"）的碳排放量受到政府管控，按照制定的标准每年给控排单位发放碳排放配额，如果控排单位的碳排放量少于配额，可以在碳市场上出售多余的配额获得收益，反之需要在碳市场上购买配额抵消超配额的排放，通过配额的买卖、流通和转让，形成了碳市场。

碳市场的配额分配方式决定了碳价形成方式，初始分配有两种基本形式：免费分配和有偿分配。免费分配方式下，一级市场没有发出碳价信号，在二级市场中通过供需双方博弈发现碳价；有偿分配方式下，碳价在一级市场中形成，二级市场的供需变化会造成碳价波动。相对免费分配，有偿分配的方式更容易反映出控排单位的真实减碳成本和需求，国际上比较成熟的有偿分配方式是拍卖和公开竞价，我国碳交易试点机制主要采用公开竞价的方式进行有偿分配。

2. 碳税机制

碳税是指明确规定温室气体排放价格或直接基于碳的计量定价（即每吨二氧化碳当量的价格）的一种税，其计税依据包括燃料中的碳含量和其他产品在生产过程中的温室气体排放量（二氧化碳当量），征收范围覆盖石油、天然气、甲烷和煤炭等能源及能源衍生品

（世界银行，2017）。与碳排放权交易机制一样，碳税是通过税收手段将温室气体排放带来的环境成本转化为生产经营成本，通过对碳定价促使排放者自动控制温室气体排放从而达到减排目标。已开征碳税的国家大致分为三大类：第一类是以芬兰、丹麦为代表的北欧国家，是全球最早开始推行碳税的国家，主要执行的是单独碳税制度；第二类是在已有税种的计税依据中引入碳排放因素，形成潜在的碳税，像英国、意大利、德国等国家采取的就是这种拟税制；第三类国家是同时运行碳市场与碳税制度的国家，实行碳市场与碳税共同定价制度。

3. 两种定价机制的形成机理

碳市场机制是一种数量导向的价格工具，即通过控制碳排放量催生碳排放空间（碳配额）的市场交易，在交易中形成碳价；碳税是一种价格型政策工具，即通过对碳定价将碳排放造成的负外部性内化到排放者的生产成本中，驱动生产者通过采取各种手段降低碳排放量。全球不同国家和地区对这两种机制均有不同程度的应用。

（三）碳定价机制、绿色税收与排污权交易定价机制

碳排放不是环境污染问题，但减排收费制度是从环境问题开始。我国第一项减排机制是排污收费制度的动议，最早可追溯到 1973 年，1978 年被纳入中央和国务院议事日程，1982 年开始运行，逐步形成我国价格改革程序最为规范的减排定价机制。通过几次改革以后，依法发展为我国第一个绿色税收减排定价机制。1989 年 12 月 26 日，《中华人民共和国环境保护法》正式颁布，2015 年 10 月 12 日，《中共中央 国务院关于推进价格机制改革的若干意见》（中发〔2015〕28 号），提出逐步形成污染物排放主体承担支出高于主动治理成本的减排定价机制。2017 年 12 月 31 日，排污收费的政府减排定价机制圆满完成了历史使命，平移为绿色税收减排定价机制。2018 年 1 月 1 日，《中华人民共和国环境保护税法》生效，《中华人民共和国环境保护税

法实施条例》实施。从环境保护税“税收”减排定价机制角度的税目、排污费征收对象来看，目前的环境保护税征税对象限于大气污染物排放、水污染物排放、固定污染物排放和噪声超标，尚未将温室气体排放纳入税收体系。

排污权交易在我国是一个外来引进的环境经济手段，其发展已经有近 30 年的历史。我国排污权交易定价机制探索最早是从 1987 年上海闵行区企业之间水污染排放指标的有偿转让开始，后来在全国 30 个地区开展了排污权有偿使用和交易，主要集中在大气和水领域，包括二氧化硫排放总量控制及排污权交易、水污染排污初始权的有偿使用、化学需氧量排放指标交易等。2007 —2017 年，排污权有偿使用试点共收取排污费总金额 73.1 亿元，排污权市场交易金额 61.7 亿元。在试点交易市场上，一级市场价格由政府定价，二级市场自由定价。

本章讨论的三种定价机制有异曲同工之妙，对温室气体和污染物排放的管理有类似的定价方式：征税和市场交易。碳市场和排污权交易在机制架构上较为类似，均有排放总量控制政策、有明确的管理范围、要具备配套的排放数据跟踪监管能力和交易管理平台等。主要区别在于管理的标的不同，排污权定价的对象是被纳入范围的具体污染物（如排放的二氧化硫气体、排入水体的化学需氧量），碳定价的对象是温室气体（目前大部分国家和地区限定为二氧化碳）；定价目的也有区别，排污权定价是为了保护生态环境，减少特定污染物对环境的破坏，属于环境保护领域；碳定价是为了减缓全球气候变化，属于气候风险管理领域。

二、碳市场定价机制的经典案例

碳排放交易体系（又称“碳市场”“碳排放权交易机制”或“碳排放总量控制与交易系统”）是《京都议定书》规定的 3 种灵活减排

机制中目前应用范围最广、最有发展前景的一种低成本减排市场工具，签署《巴黎协定》的国家中超过50%以上的缔约方已经或计划实施碳市场。本章将通过几个典型案例对碳市场定价机制进行介绍。

（一）全球碳市场概览

在全球碳排放交易体系中，欧盟碳排放交易体制（EU ETS）最具影响力，2010年占全球碳交易总量的80%以上。[①] 截至2019年底，全球已有29个司法管辖区建成21个碳市场，占全球GDP的42%，除此之外，还有10个不同级别的政府正在考虑实施碳市场，将其作为气候政策的重要组成部分，其中包括哥伦比亚、泰国和美国华盛顿州。

我国碳市场以配额交易为主，中国核证自愿减排量（CCER）交易为重要调节机制。主要经历了3个发展阶段：2005—2012年，通过CDM项目产生核证自愿减排量（CERs）参与国际碳交易；2013—2020年，在9省市开展碳排放权交易试点，并用CCER替代CERs建立国内核证减排市场；截至2020年，共有2837家重点排放单位、1082家非履约机构和11169个自然人参与试点碳市场，配额累计成交量为4.06亿吨，累计成交额约为92.8亿元，成为全球第二大碳市场。[②] 从2021年开始，建立了全国碳交易市场，首先纳入电力行业。全国碳交易市场覆盖约40亿吨二氧化碳排放，覆盖碳排放量比例达到40%。

从碳市场的层级看，全球碳市场可以分为3种类型：以欧盟为代表的国家集团碳市场，还有国家级碳市场和区域碳市场；从碳市场组织形式看，主要有两种形式：中央政府发起和管理的碳市场、区域自发组

① 根据世界银行报告 *State and Trends of the Carbon Market* 2010 和《国际排放贸易协会有关温室气体市场报告》数据整理。

② 参见章轲：《环境部：中国碳市场已成为全球配额成交量第二大碳市场》，《第一财经》官网2020年9月25日。

织的碳市场。以下对 3 种类型两种形式碳市场的定价机制进行介绍。

（二）欧盟碳市场的碳定价机制

欧盟碳市场在 30 个国家运行，包括欧盟 27 个成员国以及挪威、冰岛和列支敦士登。2003 年 10 月，欧盟通过了《建立欧盟温室气体排放碳配额交易机制的指令》（Directive 2003/87/EC），建立起欧盟碳市场。自 2005 年正式启动以来，欧盟碳市场取得了瞩目的成绩，已经成为全球最具影响力的碳市场。配额拍卖是欧盟碳市场主要定价方式。在早期阶段，EU ETS 分配基本上是免费的，第一阶段（2005—2007 年）拍卖比例在 5% 以内；第二阶段（2008—2010 年）的拍卖比例在 10% 以内；从第三阶段（2013—2020 年）开始，拍卖成为欧盟排放交易机制中的"默认"分配方法，受碳泄漏影响的行业除外。在第三阶段，大约一半的配额被拍卖，主要拍卖给发电厂。拍卖会至少每周举行一次，由欧洲能源交易所（EEX）组织拍卖，但成员国可以选择退出 EEX 组织的联合拍卖平台，自行组织拍卖。德国、波兰和英国选择退出 EEX，但后来德国和波兰也授权 EEX 组织他们的配额拍卖，位于伦敦的 ICE 期货交易所是英国配额的拍卖平台，其他组织也有资格作为拍卖平台，但是必须遵守拍卖流程。

欧盟体系选择了更频繁、规模更小的拍卖，因为它们鼓励小型竞买者参与拍卖，有利于促进价格形成，且不会导致价格大幅波动。在高比例拍卖配额机制中，如果拍卖次数少，虽然可以降低拍卖管理成本，但存在市场风险，如少数大公司可能会通过购买大量配额，垄断并推高配额价格，也对流动性产生不利影响。

2010 年颁布并在此后多次修订的《配额拍卖条例》规定了拍卖的时间、管理和其他方面（包括拍卖准入），确保拍卖以"公开、透明、协调和非歧视的方式"进行。该条例规定了有资格参加拍卖的参与者的类别，并要求在获得准入之前必须满足某些准入标准。买方的主要类型是具有履约义务的控排行业、金融中介机构（如银行），它们也代表较小的公司和排放者。2012年至2018年6月30日，EU ETS总拍卖收入超过260亿欧元。

（三）美国加利福尼亚碳市场的碳定价机制

美国加利福尼亚州（以下简称“加州”）碳市场全称为加州总量控制和交易计划，该计划是在2006年《全球变暖解决方案法案》（AB32）中建立的，并于2013年开始运作。配额拍卖机制被用来发现碳价和活跃市场。加州碳定价机制使用了拍卖保留（最低）价格，为反映通货膨胀，拍卖保留价在2030年之前每年增加5%。2019年，加州的拍卖保留价（底价）定为15.62美元。拍卖中未售出的配额将在连续举行两次拍卖（拍卖价格高于拍卖保留价）后，逐步在拍卖会上出售。

加州碳市场还建立了一个配额战略储备机制，即配额价格控制储备系统（APCR），通过这个机制将碳价控制在合理范围。APCR运行机制如下：将储备的配额分为同等规模3份，储备管理者可以以3种固定价格出售对应层级的储备配额。如果上一次配额拍卖的结算价格大于或等于储备配额最低价格的60%，APCR将在履约前某个季度以拍卖的方式出售储备配额。2019年，3个固定价格分别为58.34美元、65.65美元和72.93美元。从2021年起，APCR规则发生变化：储备配额分为两个价格层，第三个价格层作为价格上限。在价格上限水平上，配额可以无限量购买，不受储备规模限制。2021年，两个成本控制储备触发点和价格上限将分别设定为41.40美元、53.20美元和65.00美元。

（四）中国广东试点碳市场的定价机制

我国7个试点碳市场采取的碳定价方式具有显著的中国特色，基本上是政府指导价与市场价的结合。通过公开竞价方式进行配额有偿分配是试点碳市场的主要定价方式。在试点早期，广东、湖北采取政府确定配额的竞价底价，之后逐渐与二级市场的碳价挂钩，随着碳市场逐渐成熟，碳定价机制正趋向市场化。试点期间（2013—2016年），5个试点碳市场通过公开竞价的方式总共有偿分配了2437万吨配额，成交总额约为9.2亿元。其中，广东试点执行的配额有偿分配最具代表性，率先采取公开竞价的方式确定初始碳价，在试点期间有偿竞价出售配额约为1580万吨，成交金额为7.2亿元，约占所有试点碳市场有偿竞价配额总额的80%。下面以广东碳市场为例分析我国试点的碳市场定价机制。

广东碳市场的定价机制在试点期间进行了全方位的探索：在试点市场启动第一年，广东采取了政府指导价为主的碳定价方式，规定所有进入碳市场的控排企业以规定碳价（60元/吨）竞买配额；在试点市场运行的第二年，配额有偿分配的竞价底价由固定的政府指导价改为阶梯上升式价格，2014年度的4次竞价底价分别拟定为25元/吨、30元/吨、35元/吨、40元/吨，从2014年9月至2015年6月，原则上每季度最后一个月安排一次配额公开竞价活动。这种阶梯上升式碳价向社会发出了强烈的价格信号作用：碳配额将越来越稀缺，发挥了稳定市场预期的作用，2014年度广东一级碳市场配额成交量为343.8万吨，成交金额超过了1亿元。在广东试点市场的第三个履约期，建立了一、二级市场价格联动与流拍机制。

在第一、第二个履约期，广东碳市场的配额有偿分配制度中竞价底价均是由政府主管部门设定，一、二级市场联动性不强。2015年7月10日，《广东省2015年碳排放配额有偿发放方案》宣布有偿分配的竞价方式改变，不再以政府指导价为竞价底价，以竞价公告日的前3个自然月广东碳市场配额挂牌点选交易加权平均成交价的80%作为有偿竞价的最低有效价格，碳定价方式首次实现了一级市场竞价底价与二级市场价格的有效联动，发挥了市场的定价功能和资源配置的作用。经过首次政策保留价与二级市场价格联动机制的有效尝试，广东竞价机制逐渐步入成熟模式，2015年度第三次竞价12.69元/吨的成交价格也给予了二级市场价格有效的信号反馈（3 月 29 日的 16.4 元 / 吨到 4 月下旬 12 元 / 吨左右），体现出良好的市场联动性。2015 年度有偿配额计划发放 200 万吨，共 4 次竞价拍卖，成交配额为 110 万吨，成交金额为 1500 多万元。从市场反应看，随着碳定价方式的日益成熟，二级市场的交易价格走势与一级市场竞价价格变化趋同，价格一致性高达 98.16%，二级市场的碳价波动性幅度收窄、交易量持续增加。广东试点碳市场的碳定价机制已经趋于理性与成熟（见图 8-1）。

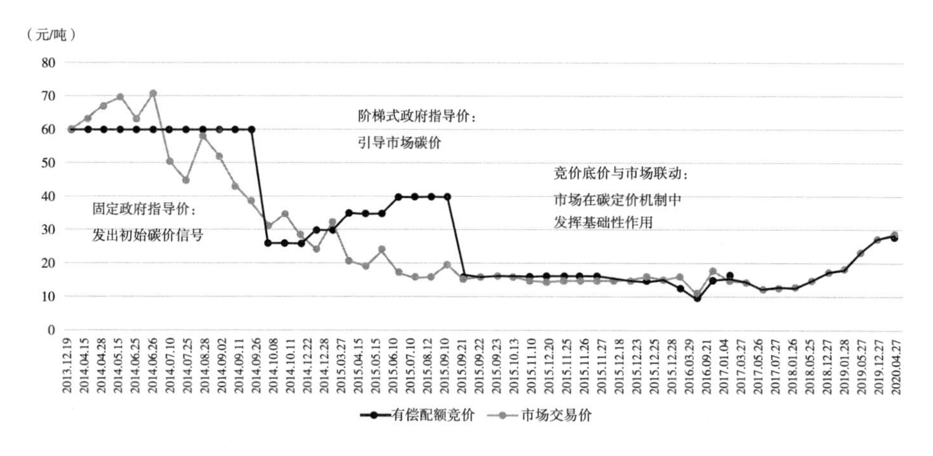

图 8-1　3 种碳定价机制下的广东碳市场交易情况

（五）政府和市场在碳市场定价机制中的角色

政府、市场在碳定价机制的不同阶段中发挥着不同作用。尽管碳市场是一种市场机制，但这个市场服务于政府的减碳目标，从某种意义上讲，碳市场是由政府“创造”出来的，政府在碳定价机制中发挥着不可替代的作用。一般而言，在碳市场形成初期，政府定碳价可以给市场参与者提供价格指导，发挥灯塔作用；当市场参与者足够多时，在市场的作用下形成均衡价格，反映社会边际减排成本，此时，市场成为碳定价的主体。以欧盟碳市场为例，在 2005 年欧盟碳市场启动初期，管理部门主要通过与几个碳排放大户沟通，协商碳定价。政府在碳市场中还发挥着市场监管功能，当碳价过高或过低时，政府需要出面对价格进行必要的干预，使碳价稳定在一个合理区间，过高的碳价会影响企业国际竞争力，碳价过低则不利于发挥减排激励作用。

三、碳税定价机制的经典案例

采取碳税的方式对“碳”定价，其目的在于通过财税手段激励经济活动主体自动减少碳排放量，遵从税收“三性”原则，具有强制性、无偿性、固定性，一切征收对象都必须遵从这个定价机制。从国际上开征碳税的国家看，碳税主要针对化石燃料（如汽油、柴油、煤炭、天然气等）的碳排放量进行征收，根据不同燃料的二氧化碳排放量设计不同的税率，使碳税征收更为合理。为减轻企业负担，大部分国家和地区在征收碳税的同时，通过税收调整减轻其他税种的税赋，实现税收中性。开征碳税对一国的竞争力和收入分配产生广泛且复杂的影响，需要经济学家、社会学家、管理学家等进行深入系统研究，全面评估后提出碳税定价机制设计的建议，这也是国家制定碳税政策时需要谨慎考虑的问题。迄今为止，世界上有许多国家开征碳税，积累了丰富的经验，也有失败的教训，下面通过案例的方式对碳税这一减排定价机制进行系统介绍。

（一）全球主要碳税政策概览

国际上碳税这种碳定价机制的实践非常丰富，自 1990 年芬兰推出碳税以来，碳税发展经历了不同阶段。从现有的碳税税制看，可分为两类：单独税制和拟税制。单独税制是指将碳税作为一个明确的税种单独提出，实施单独税制的国家以芬兰、瑞典、挪威、丹麦和荷兰为代表，这也是全球最早推出碳税的 5 个国家；拟税制是碳税不作为一个单独的税种提出，而是在已有税种的计税依据中引入碳排放因素，形成潜在的碳税，在这方面要以英国为代表。随着 2005 年欧盟碳市场的建立，碳税不再是唯一的减排定价机制，与碳市场定价机制形成并存状态，已经实施和准备实施碳排放控制的国家，面对这两种减排定价机制的选择，碳税和碳市场两种减排机制协调配合使用正在成为主要发展趋势。下面将通过列举具体国家案例的方式对单独税制、拟税制、碳税和碳市场联合减排定价机制进行介绍。芬兰是全球第一个推行单独碳税的国家，非常成熟且具有代表性；由于英国碳税属于拟税制，同时又实行碳税和碳市场联合减排定价机制，下面将以英国碳税为案例进行拟税制和联合减排定价机制的介绍；此外，澳大利亚的碳税从实施到废除经历了一些波折，其中的经验具有借鉴意义，下面也将对澳洲碳税废除的主要原因进行介绍和分析。

（二）芬兰单独碳税定价机制

芬兰是世界上第一个推出单独碳税的国家，为减少推行阻力，芬兰碳税制度具有税率较低、税收范围较窄的特征，从 1990 年开征碳税以来，芬兰碳税制度经历了 3 次改革，很多经验值得各国学习和借鉴。

芬兰碳税的征税对象是煤炭、汽油、柴油、轻重燃油、天然气等能源产品燃烧释放的二氧化碳，随着碳税制度不断完善，征税范围不断扩大，目前除以上能源产品外，还增加了航空煤油、航空汽油、部分生物燃料等；采取的是从量定额的计税依据，即由能源产品燃烧释放的二氧化碳排放量进行计税；采取定额税率（非累进税率）的形式，但税率是逐年增加，从 1990 年约 1.2 欧元 / 吨逐渐提升到了目前的 20 欧元 / 吨。对不同能源品种征收不同税率，执行不同力度的税收返还优惠政策。

1990 年，芬兰政府开始对化石燃料按碳含量征收 1.62 美元 / 吨的碳税。由于在碳税开征之前芬兰就已存在对运输燃料征收的能源税，为了避免重复征税，碳税最初的征收对象为除运输燃料以外的化石燃料，并按照 2∶3 的比例征收能源税与碳税，实行能源—碳混合税制。经过一段时间的实践，发现混合税制存在操作复杂、标准不一等弊端，因此芬兰进行了碳税改革，取消混合税制，仅保留碳税，1997 年芬兰碳税从混合税制转向单一碳税，计税依据以化石燃料燃烧释放的二氧化碳当量确定。在芬兰碳税推行过程中，适逢北欧电力市场开放，由于其他北欧国家针对能源密集型企业豁免碳税，致使芬兰电力企业处于竞争劣势，芬兰政府也尝试对其国内能源密集型企业豁免碳税。芬兰从 1998 年开始，对能源密集型行业实行了额外高额的税收返还：对于符合芬兰政府认定的高耗能产业要求且达到一定规模的工业企业，将获得所上缴能源税的 85% 作为税收返还。芬兰政府所认定的高耗能产业是指工业企业应缴能源消费税占工业企业增加值的 3.7% 以上，其中机动车燃料税和税收补贴均不计入，规模条件指工业企业应缴税款超过 5.1 万欧元。根据这一标准，1999 年仅有 12 家企业获得了该项税收返还，返还总金额为 1430 万欧元，这些企业主要分布在造纸行业中。但值得注意的是，这 12 家企业占到整个国家造纸行业总产值的 90% 以上。

经过多次碳税改革，芬兰的碳税体系逐渐走向成熟。一是征税范围不断扩大；二是为提高新能源在能源消耗中的占比，自 1994 年起不断提高各燃料类别碳税税率；三是为降低碳税对经济的负面影响，严格遵循收入中性原则，对纳税者采取了税收减免或返还等配套优惠政策。碳税被认为是芬兰发展低碳经济最重要的手段之一。2020 年 2 月，芬兰政府宣布计划在 2035 年成为世界上第一个实现碳中和的国家。

（三）英国碳税 + 碳市场的联合减排定价机制

英国是较早重视温室气体排放控制的国家之一，于 2001 年就开征了气候变化税（CCL）。从 2001 年开始，英国所有工业、商业和公共部门都要缴纳气候变化税，计征的依据是其煤炭、油气及电能等高碳能源的使用量，如果使用生物能源、清洁能源或可再生能源则可获得税收减免。气候变化税属于广义碳税，其税基与能源使用量有关，而不是与温室气体排放量有关，所以不是严格意义的碳税。同时，英国碳市场存在两种定价机制：英国排放贸易机制与欧盟排放贸易机制。英国排放贸易机制（UK ETS）于 2002 年启动，是英国政府控制气候变化行动计划的一部分。欧盟排放贸易机制（EU ETS）于 2005 年 1 月 1 日正式启动，英国也在 EU ETS 覆盖范围内。这两种机制存在一定差别，英国企业必须参与欧盟排放贸易机制，选择性地参与英国排放贸易机制。但是，在两种机制并存的情况下，为了协调运行，欧盟规定，参与英国排放贸易机制的企业，可以在第一阶段（2005—2007 年）暂时退出欧盟排放贸易机制，但必须履行英国排放贸易机制的义务。[①] 关于 EU ETS 的碳市场定价机制在本章第二部分已经进行了介绍，这里不再赘述。英国对参与碳市场的企业给予碳税减免。

2011 年，英国政府宣布计划在 2013 年 4 月引入碳最低限价机制。英国实施碳最低限价机制的原因主要是欧盟碳排放权交易体系对碳排放调控的失效。根据英国《电力市场化改革白皮书（2011）》所称："基于现行碳市场中碳交易价格不稳定和较低，不足以激励英国在低碳发电方面的投资"，也不利于英国 2050 年在 1990 年基础上碳减排 80% 目标的实现。为了提供更为有力和持久的激励，英国政府建立了英国发电企业为碳排放配额付费的碳最低限价机制，即 2013 年碳最低价格为 15.7 英镑，其后碳最低限价逐步按照每年大约 2 英镑进行增加，直到 2020 年达到 30 英镑。然后，将逐步按照每年大约 4 英镑进

① 参见王文军：《英国应对气候变化的政策及其借鉴意义》，载于《现代国际关系》2009 年第 9 期；任亚运、傅京燕：《碳交易的减排及绿色发展效应研究》，载于《中国人口·资源与环境》2019 年第 5 期；庄贵阳：《碳达峰目标和碳中和愿景的实现路径》，载于《上海节能》2021 年第 6 期；周宏春：《以碳中和指标为抓手，协同推进减污降碳工作》，载于《中国发展观察》2021 年第 1 期。

行增加，直到 2030 年达到 70 英镑（所有的价格是基于 2009 年水平设定的）。2013 年 4 月 1 日，碳最低限价（CPF）正式生效，其相当于对发电企业所使用的化石燃料进行征税。由于对发电企业所使用的化石燃料已经征收了气候变化税，所以需要对气候变化税设置新的碳价格支持比率。根据规定，2016/2017 财年到 2019/2020 财年，CPS 为最高 18 英镑 / 吨。

碳定价机制的实施对能源行业和高碳部门的生产成本带来较大的影响，为减缓成本冲击，帮助高碳行业低碳转型，英国设立了一个由政府投资、按企业模式运作的商业化基金——碳基金。碳基金有着明确的短期目标和中长期规划，其短期目标是提高能源效率和加强碳管理，中长期目标是投资低碳技术。投资对象选择年能耗成本在 300 万—400 万英镑以上的大型高能耗企业。碳基金的主要资金来源是英国的气候变化税，现在每年大约有 6600 万英镑的气候变化税拨付给碳基金管理使用。

（四）澳大利亚碳税定价机制

澳大利亚 2012 年开始实施碳价格机制，2014 年废止。澳大利亚的碳税法案由澳大利亚前工党政府在吉拉德担任总理期间于 2011 年 7 月 10 日对外公布，同年 11 月 8 日获得议会通过，于 2012 年 7 月 1 日起正式实施。

该碳税法案将澳大利亚 500 家最大的能源集团纳入碳税征收的范围内，涵盖了澳大利亚 60% 以上的碳排放。这些企业中，约有十分之一的企业主要进行电力生产，有五分之一的企业主要进行煤炭、钢铁工业和高碳排放产品开采。在征税标准上，澳大利亚确定了两段式税率：以 2015 年为分界点，前三年实行固定税率。征税标准是 2012—2013 年度每吨 23 澳元；2013—2014 年度为每吨 24.15 澳元；2014—2015 年度为每吨 24.50 澳元，碳价为政府指定价。到 2015 年后碳税税制逐步过渡到碳市场制度，实行市场定价策略。

由于企业的反对，2013 年 7 月，陆克文政府宣布将废除碳税。2013 年 9 月 8 日，澳大利亚新当选总理阿博特认为碳税法案会导致企业的生产成本提高，普通民众生活开支增加，从而使澳大利亚经济发展减缓，就业率降低，且碳税无法从真正意义上降低碳排放，要求开始起草废除碳税的方案。2013 年 11 月 21 日，澳大利亚联邦议会众议院正式通过由自由党—国家党联盟政府提出的碳税废除法案。碳税废除法案在获得众议院通过后，还需提交参议院进行投票。2014 年 7 月，澳大利亚联邦议会参议院通过了废除碳税系列法案，这也让澳大利亚成为世界上首个取消碳税的国家。澳大利亚废除碳税的动机是为了降低家庭和工业使用的电力、天然气的成本。也有分析认为，澳大利亚从征收碳税开始就缺乏全面的成本收益分析作为支撑，加上复杂的公共和政治意见，以及制造业和商业领域的强烈反对，这项政策仅执行了两年就被废除。

（五）碳税定价机制成功运行的几个关键点

碳税定价机制起源于环境税，早于碳市场定价机制，在制度环境和社会认可度上更具优势，而且碳税不需要对碳排放进行总量控制，只是通过价格机制的作用促使排放者主动控制碳排放量，比碳市场定价机制更为简单易懂、容易操作。从上述各国碳税定价机制的实践经验看，无论是单独碳税或拟税制，要发挥碳税减排定价机制的作用需要注意以下几个关键要素。

（1）税基设定。理论上碳税的税基应该包括二氧化碳和其他温室气体。但是在实践中，测量某种活动的碳排放量困难大且成本高，特别是当这种活动产生的碳排放有多个来源时，测量的可行性基本没有。因此各国政府在制定碳税时均把注意力定在与碳排放活动有直接关系的能源产品含碳量上，以此作为碳排放量的近似替代。

（2）征收对象。大部分国家主要对能源生产企业和高碳行业进行征税，对能源产品的消费环节征税的较少，因为在“上游”征税比在

“下游”征税，征管成本更低、技术复杂度更小。此外，对外开放程度较高的行业，面临较高的国际竞争，当国内外碳税的税负水平不对等时，碳税会降低本国产业国际竞争力，但是如果不对这些行业开征碳税，又不利于低碳转型。国际上通常的做法是对“上游”企业“只征不退”，对“下游”企业执行“先征后退”政策。因此，凡是高能耗高排放企业均应纳入碳税征收范围，但需配套税收优惠政策，在保护本国产业国际竞争力的同时促进低碳转型。

（3）税率设定。国际惯常的方式在设定税率时一般采用“前低后高”的模式，即开始时先设定一个比较低的税率，随着时间的推移逐渐提高税率。这既可以使企业得到一个适应的过程，也可以减少碳税政策推行过程中的政治压力。如果反其道而行之，将带来巨大社会阻力，如丹麦政府在税率设定上采用了“一步到位”的方式，使得碳税方案迟迟不能出台。

（4）碳税收入使用。目前推行碳税的各国政府都把碳税收入用于弥补其他减税带来的财政收入下降。这种做法的理论依据正是环境税的“双重红利”理论。通过利用环境税收弥补扭曲性税收的降低，在保护环境的同时促进了劳动力的就业和社会投资，提高了整个税收体制的效率。由于税收收入进行定向使用的方式可能导致资金的不恰当配置，或增加利益集团寻租的风险，以及由此形成的惯性模式导致的税收改革障碍等，大部分专家建议将碳税收入的一部分进行定向使用。

四、中国走向碳达峰碳中和过程中的碳定价机制展望

从《京都议定书》到《巴黎协定》，全球温室气体减排行动持续深入，碳定价机制已经在全球推行，随着减排压力逐渐增大、减排行动和政策的深化，碳定价机制已经从最初的单独碳税为主逐渐向碳税

与碳市场联合定价转变，目前越来越多的国家正朝着联合碳定价机制方向前进。我国碳排放权交易机制已经积累了10年的试点经验，2021年7月16日全国碳市场选择发电行业为突破口正式上线启动，纳入的重点排放单位超过2000家，覆盖碳排放量超过40亿吨，首个交易日成交均价为51.23元/吨，成交量410.40万吨，成交额逾2.1亿元。[①]碳市场的活跃说明这种定价机制符合我国国情，在有效推动企业实施减碳行动的同时降低了减排成本，使碳市场得到了社会的认同。《中共中央 国务院关于完整准确全面贯彻新发展理念做好碳达峰碳中和工作的意见》中明确指出逐步扩大碳市场覆盖范围，完善配额分配管理是加快建设完善全国碳排放权交易市场的重要任务。近年来，国内关于“碳市场+碳税”的呼声越来越高，国务院发布的《2030年前碳达峰行动方案》也明确提出建立健全有利于绿色低碳发展的税收政策体系，发挥税收对市场主体绿色低碳发展的促进作用。下面将围绕联合碳定价机制的几个重要观点进行讨论，展望我国从碳达峰走向碳中和过程中的碳定价机制发展。

（一）碳市场是我国实现碳达峰碳中和目标的有力支撑

我国碳市场建设从地区试点到国家正式实施，释放了明确的价格信号，进一步加强碳排放管理、促进低碳发展是大势所趋。国家对碳市场试点工作进行了长达10年的观察，结果表明碳市场定价机制符合我国国情，在试点期间充分发挥了降低企业减排成本、促进企业节能改造、提高社会公众的低碳意识的作用，取得了不菲的成绩。例如，在试点第一年（2013年），被纳入碳市场的上海工业企业碳排放量较2011年减少531.7万吨，降幅3.5%。煤炭消费量占比下降至62.3%，天然气上升至11.1%，2019年电力热力行业、石化化工行业、钢铁行业碳交易企业碳排放量分别下降8.7%、12.6%和14%。来自广东碳市场年

① 参见《成交额2.1亿元！全国碳市场上线首日开门红》，中华人民共和国中央人民政府网2021年7月16日。

度总结报告的数据显示，广东省超过 80% 的控排企业实施了节能减排技术改造，超过 50% 的控排企业实现了碳强度的下降。碳市场还发挥了协同减排作用，不仅减少了二氧化碳排放，同时也抑制了二氧化硫的排放，在减碳的同时促进了环境改善。可以预见，随着全国碳市场上线运行、碳市场定价机制的进一步完善，碳市场定价机制将作为一种主要市场工具为碳达峰、碳中和目标的实现提供有力支撑。

（二）碳达峰碳中和对碳定价机制提出了更高的要求

我国从碳达峰到碳中和只有 30 年左右的时间，时间紧任务重，短时间内要将几乎所有碳排放源的排放降至近零，需要实施全面碳排放管理。从国内外碳市场运行情况看，碳市场只能覆盖经济产业中的部分碳排放量，没有实现碳源全覆盖。这是由于碳市场对管理对象有特殊的要求，只有那些工艺相对简单、碳排放数据容易收集、监控与核查的行业才适合进入碳市场，如果在各行业全面实行碳市场定价机制，存在着高昂的监管成本和道德风险。2020 年 12 月 25 日，生态环境部印发、2021 年 2 月 1 日起实施的《碳排放权交易管理办法（试行）》明确规定：年度温室气体排放量达到 2.6 万吨二氧化碳当量的重点碳排放单位才能进入国家碳市场，连续两年温室气体排放量没有达到 2.6 万吨二氧化碳当量的将被移出国家碳市场。这就意味着，大量中小碳排放源的碳排放没有进入碳定价机制。这使被纳入碳定价机制的企业产生一定程度的抗拒心理，特别是对那些为超配额排放买单的企业而言，增加了生产成本，与同行业未加入碳市场的企业相比，竞争力受到影响。未来如何将碳市场之外的排放源纳入碳定价机制，关系到碳排放总量快速下降和碳定价机制的管理公平，是我国从碳达峰走向碳中和不可回避的问题。

（三）联合碳定价机制正在成为国际主流

从实践来看，单一的碳减排政策往往难以达到预期的减排效果，需多种减排政策组合方有可能实现全国减排目标，如瑞士政府针对水泥、玻璃、纸浆及造纸等高碳（高污染、高能耗、高排放）产业相关企业设定了减排目标，并规定若这些企业排放量超过其减排目标就要在国内外市场购买配额，否则就要承担碳税；挪威碳税覆盖的二氧化碳排放占全国碳排放总量的 68%，参与 EU ETS 的企业的碳排放占全国 35%~40%，类似地，英国政府也引入了最低碳价机制，即当碳交易价格低于政府规定的最低值时，就要加征气候变化税来弥补差额。这种做法在保证了企业完成既定的碳减排目标的同时，也让企业有了更加灵活的减排决策的选择。碳市场与碳税这两种定价机制在成本、效率、管理对象等方面各具优势，通过两种定价机制的互补，可以实现全社会碳排放控制，以解决碳市场部分覆盖所带来的公平性问题。

（四）我国具备两种定价机制联合推行的条件

早在 2006 年，我国就开始围绕碳税开征的必要性和可行性、税制设计等方面开展研究和讨论。经过近 7 年的研究论证，2013 年 3 月，财政部完成了《中华人民共和国环境保护税法（送审稿）》，拟将排污收费改为环境保护税，并对二氧化碳征收环境保护税，推行碳税制度在当时呼之欲出。由于业界对二氧化碳是否属于环境污染存在较大分歧，最终在 2016 年 12 月审议通过、2018 年实施的《中华人民共和国环境保护税法》中没有将二氧化碳归入应税污染物。根据对我国的实际情况和与国际接轨、深度参与国际气候合作的考虑，先选择碳市场作为碳定价机制的突破口，并首先在 7 个地区开展了碳市场试点，取得了较好的减排效果，特别是在碳定价机制方面，积累了丰富的实践经验。全国碳市场将在 2021 年内启动，有研究机构预测，全面运行的全国碳市场也只能覆盖我国 50% 的碳排放量，碳市场范围外的碳排放源如何管理是政府面临的现实问题，实现 2030 年碳达峰、2060 年碳中和目标，仅以碳交易一种手段难以保证目标实现，双管齐下很可能是最终的解决方案。

（五）分阶段推行两种定价机制是未来发展的方向

我国已经制定了2030年前实现碳达峰，努力争取2060年前实现碳中和的宏伟目标，这个目标实际上给出了全社会碳预算，在越来越紧缩的碳预算下，并列推行碳税和碳市场的定价机制，协同发挥两种机制的减排作用，是国际应对气候变化政策的主流。从国际经验看，越来越多的国家推行“碳税＋碳市场”联合管理模式，将碳税减排定价机制纳入环境保护税改革范畴，或将碳税单独立法，同时运行碳税与碳市场，对全社会碳排放源进行分类管理。

我国2021年已从电力行业开始启动全国碳市场，未来将逐渐纳入纺织、石化、钢铁等行业，从生态环境部印发的《全国碳排放权交易管理办法（试行）》看，碳市场管控的重点排放单位为全国碳排放权交易市场覆盖行业内年度温室气体排放量达到2.6万吨二氧化碳当量（综合能源消费量约1万吨标准煤）及以上的企业或者其他经济组织。对碳市场覆盖范围以外的碳排放源，以碳税形式加以管理是一种政策选择。已有大量学者呼吁实行碳市场和碳税联合管理碳排放，以支撑我国“3060”低碳发展目标。

我国环境保护税法已经完成改革，不宜轻易变革，目前实施碳税的最可行的方法是单独立法。无论采取什么形式开征碳税，都要解决碳税与碳市场机制如何协同实施的问题。

1. 两个机制的定位要清晰

在碳市场覆盖范围已经明确的情况下，对开征碳税的目的需要明确——发挥碳价托底的作用（如英国），还是管理碳市场覆盖范围以外的碳排放量。如果碳税主要发挥碳价托底作用，两个机制的覆盖范围可以重复，如果碳税与碳市场机制联合管理全社会碳排放量，两个机制的覆盖范围不应交叉。

2. 管理对象的选择

有研究发现，减排潜力小的企业，适合采用碳市场机制进行管理，通过从市场上购买低于边际减排成本的配额，获得产业发展所需的碳排放空间，有利于降低企业减排成本；对减排潜力大的企业，适合采用碳税机制，通过价格的作用促使企业主动减排。

3. 碳税税率与碳市场碳价应相互呼应

从国外成功经验看，单独碳税的税率一般由低到高逐渐递增，特别是刚开始征税的时候，税率应保持在较低水平，否则容易招致公众的抗拒。如果我国实行“碳税 + 碳市场”联合定价机制，碳税税率的设定需要考虑设计一种与碳市场中的碳价挂钩联动的机制，否则可能导致价格信号扭曲，带来新的不公平。

4. 碳税和碳市场收入管理协同

从目前看，碳市场配额有偿分配的收入进入国库统支统收，对高排放企业低碳转型的经费支持不足，未来碳税收入也面临这个问题。建议未来设立碳基金或在财政部门设立专门账户，将来自碳税和碳市场的收入进行专项管理，用于促进企业低碳转型，避免过度损害企业竞争力。

5. 获得社会公众的理解和支持

澳大利亚实施碳税的激进改革方式的失败、丹麦“一步到位”式的税率招致公众不理解导致方案流产，都提醒我国需要审慎对待碳税问题，特别是我国已经启动了碳市场，再实施碳税时需要将两种机制的覆盖范围和实施要求明确地告诉公众，争取得到公众的支持和理解。开征前在社会上进行充分的讨论和征求意见，并采用预告制度和分步实施的战略。

第九章
碳达峰碳中和的城市引领

庄贵阳　魏鸣昕

城市是推动低碳经济转型与经济社会高质量发展的重要空间和行动单元，长期以来我国高度重视发挥城市在落实气候行动目标中的积极性和创造性，国家发展和改革委员会于 2010 年起先后启动三批低碳城市试点工作并取得良好效果。“双碳”目标下，城市作为“先行者”将迎来政策支持力度不断提升的绿色转型战略窗口期，并在碳排放“硬约束”下加速探索低碳减排与经济增长的共赢路径、强化推进“双碳”目标信心、争取在碳中和道路上成为表率，更好地发挥低碳城市服务全国实现“双碳”目标大局的作用。

一、城市实现“双碳”目标意义重大

城市是人类社会生产生活的主要聚集地，是政策实施的重要抓手和基本单元。党的十八大以来，习近平总书记就如何推进城市建设提出了一系列重要论断，回答了如何“走出一条中国特色城市发展道路”的重要问题。低碳城市建设，要以习近平生态文明思想为根本遵循，以实现经济高质量发展为根本要求，以助推区域和全国范围内“双碳”目标的实现为重要目标，不断增强我国城市地区低碳经济的创新力、竞争力和可持续发展能力。

（一）以习近平生态文明思想推动城市建设

习近平总书记一直高度重视我国城市建设，多次要求在城市发展中树立“绿水青山就是金山银山”的生态文明思想，把人与自然和谐共处的理念贯彻到城市建设之中。2015 年，习近平总书记在中央城市工作会议上指出，山水林田湖是城市生命体的有机组成部分，不能随意侵占和破坏。这个道理，2000 多年前中国的古人就认识到了。《管子》说：“圣人之处国者，必于不倾之地，而择地形之肥饶者。乡山，左右经水若泽。”事实上，我们现在一些人与自然和谐、风景如画的美丽城市就是在这样的理念指导下逐步建成的。[①] 这实质上是在城市建

① 参见中共中央文献研究室编：《习近平关于社会主义生态文明建设论述摘编》，中央文献出版社 2017 年版，第 67 页。

设总体思路上，打破了城市单一布局模式的思维惯性，把城市同自然看作一个整体，把山水林田湖草看作城市生命体的有机组成部分，避免使城市变成“一块密不透气的水泥板”。2013 年，习近平总书记在中央城镇化工作会议上指出，要让城市融入大自然，不要花大气力去劈山填海，很多山城、水城很有特色，完全可以依托现有山水脉络等独特风光，让居民望得见山、看得见水、记得住乡愁。①让城市融入自然、回归自然，能够更好统筹城市生产、生活、生态三大布局，实现生产空间集约高效、生活空间宜居适度、生态空间山清水秀，也与碳中和的内在要求不谋而合。

对于城市化的路径选择，习近平总书记多次提出要把生态文明建设摆在更突出位置，城市建设要以人民为中心，实现内涵化、集约化、绿色化的高质量发展。2020 年 4 月，习近平总书记在中央财经委员会第七次会议上指出，要在生态文明思想和总体国家安全观指导下制定城市发展规划，打造宜居城市、韧性城市、智能城市，建立高质量的城市生态系统和安全系统。②2020 年 11 月，习近平总书记在江苏考察时强调，必须把保护城市生态环境摆在更加突出的位置，科学合理规划城市的生产空间、生活空间、生态空间，处理好城市生产生活和生态环境保护的关系，既提高经济发展质量，又提高人民生活品质。③习近平总书记对于中国特色城市发展道路作出的前瞻性、全局性论断，对于构建新发展阶段下的城市低碳转型格局奠定了重要理论基础。

---

①　参见中共中央文献研究室编:《十八大以来重要文献选编》(上)，中央文献出版社 2014 年版，第 603 页。
②　参见习近平:《国家中长期经济社会发展战略若干重大问题》，载于《求是》2020 年第 21 期。
③　参见《习近平在江苏考察时强调 贯彻新发展理念构建新发展格局 推动经济社会高质量发展可持续发展》，载于《人民日报》2020 年 11 月 15 日。

（二）城市在实现“双碳”目标中的重要角色

1. 城市是低碳减排的主战场

城市是人类社会生产生活的主要聚集地，也是能源消费和碳排放的主要来源。2015 年联合国政府间气候变化专门委员会（IPCC）发布报告指出，全球范围内城市的能源消费量占比超过 65%，与能源相关的碳排放量占比超过 70%。而城市的扩张仍将持续，联合国发布的《世界城市化展望》（2018 年版）指出，当前全球范围内城市土地的扩张速度快于城市化人口增速，预计 2030 年的全球城市土地将增长至 2020 年的 3 倍，而城市建设的规划管理不善极易引发生态环境问题。根据城镇化的一般规律，在城市化的快速扩张阶段，道路扩张、私人汽车增加、建筑需求和电力供应需求不断上升，基础设施密集度提高；在城市化的发展成熟阶段，新建筑需求减少，但已有基础设施使用带来的能源消费及碳排放将持续处于高位，交通运输与邮政业的碳排放量占比上升。我国仍处于城镇化率 30%~70% 的快速发展区间，预期 2030 年和 2050 年，我国城镇化率将提高至 70% 和 80% 左右，所以对我国城市不同发展阶段设计差异性的减排策略十分重要。

2. 城市是实现“双碳”目标的“主力军”

第一，碳达峰政策框架逐步明晰，“硬约束”下低碳城市将继续发挥引领示范作用。2021 年度政府工作报告将“扎实做好碳达峰、碳中和各项工作”列为重点工作，并要求“制定 2030 年前碳排放达峰行动方案”。在此背景下，中央相关部委已经明确要求各地制定出台切合本地区的碳达峰行动规划，生态环境部表示将碳达峰工作进程效果纳入中央环保督察，这意味着各地都将研究制定并严格执行碳达峰的时间表、路线图。《中共中央 国务院关于完整准确全面贯彻新发展理念做好碳达峰碳中和工作的意见》将提升城乡建设绿色低碳发展质量作为 10 个方面主要任务之一，明确指出需推进城乡建设和管理模式低碳转型。城市作为“先行者”，更应加快探索低碳减排与经济增长的共赢路径，强化推进“双碳”目标信心，争取在碳中和道路上成为表率与引领。

第二，碳达峰政策支持力度不断提升，低碳城市迎来绿色转型战略窗口期。行政层面，各地将编制专项规划以及落实编制碳达峰、碳中和方案，大力推进电工业、建筑和交通等重点领域低碳转型。市场层面，全国性碳排放交易市场已经开启，碳排放定价机制不断完善。其他方面，“双碳”目标正带动产业、技术、商业模式及全社会环保理念的全面变革，将形成绿色发展的政策合力，改变低碳城市建设中政府唱“独角戏”的现象。

第三，低碳试点政策经过探索总结，其有益尝试有望进一步扩散。政策试点一般包含“先行先试”和“由点到面”两个阶段，政策“试点—扩散”的过程从本质上是我国政策创新与扩散的过程，目前已开展的三批低碳城市试点工作就遵循着这样的政策逻辑。试点的意义是试出问题、解决问题、积累经验，从前三批试点城市评估结果来看，试点城市取得了节能减排成效，厘清了政策实施脉络，也暴露了目标设定、动力转换等问题。“双碳”目标下低碳城市试点将成为有力政策工具，积累的经验也为其他城市提供有益借鉴。

二、低碳城市试点的经验与启示

从 2010 年 7 月国家发展和改革委员会启动第一批低碳城市试点工作开始，我国低碳城市省市试点工作先后启动三批，全国共 87 个省市区县纳入试点范围，试点内容愈发明确，思路愈发清晰。试点规模上，逐步聚焦到地市级层面的二、三、四线城市，覆盖了经济发达区、生态环境保护区、资源型地区和老工业基地等多类地区。试点政策设计上，试点内容和目标任务明晰化，试点要求具体化，监控、评估等配套政策不断完善。经过对低碳试点城市与同类地区减排绩效的对比研究，发现低碳城市试点提高了试点城市低碳发展的意识和能力，探索出不少创新性的举措和做法，尤其是低碳试点城市的单位GDP二氧化碳排放下降率普遍高于非试点地区，也显著高于全国平均碳强度降幅。

（一）低碳城市试点的政策属性

从政策属性的角度判断，三轮低碳城市试点属于探索型和开拓性试点，兼顾综合型和专业性特点，是在地方政府自主推动下中央授权开展的试点。相对于经济领域的其他试点，低碳城市试点还具有弱激励弱约束的政策特征。一是探索型开拓性。随着中国2006年成为世界第一碳排放国，面临的国际减排压力剧增。面对日益严重的碳排放形势，我国也不断提高减排责任意识，制定了一系列应对政策，但国内有不少人士担心会影响中国经济发展。所以，我国政府开展低碳省区和低碳城市的试点，就是要充分调动各方面积极性，探索减排与经济增长双赢的路径。二是综合型专业性。低碳城市试点是一项综合性强的工作，涉及生产方式和生活方式的变革，需要工业、农业、能源电力、废弃物管理、建筑、交通和生活等各个领域部门通力合作，发挥政府、企业和公众的主体责任。与此同时，低碳城市试点是一项具有专业性、技术性与前瞻性的公共政策。温室气体排放的核算方法、碳定价的方式选择、碳市场的规制设计、减碳效果的评估等都需要专业知识支撑。三是授权型自主性。国务院授权国家发展和改革委员会组织开展低碳城市试点，就是考虑了各地政府为落实我国2020年控制温室气体排放行动目标表现出的主动性，给予地方政府充分的自主权，让地方政府根据各自实际情况，探索问题的解决办法，再将成功的经验吸收到国家政策中，继而在全国范围内推而广之。四是弱激励弱约束。一方面，国家只是要求和鼓励低碳试点城市根据国家目标自行制定严格的政策目标，如提出碳排放达峰目标，但没有经济支持和政策倾斜，所以试点城市无法通过市场创新丰富地方财政资源；另一方面，国家实施低碳试点也未给地方政府提供充足的强制的约束条件，不同于自上而下强约束机制的政策执行试点，不能通过绩效评估和项目审核会等给地方政府官员带来考核压力，所以也无法提高地方官员在政绩表现方面的竞争力。

（二）低碳城市试点的央地关系

政策试点对推进我国政策和制度创新具有重要作用。一般地，由于低碳城市试点具有探索型和尝试性，地方政府被允许根据当地实际情况“摸着石头过河”。换言之，低碳城市试点是以产生或涌现“自下而上”的政策创新为目的，中央政府积极鼓励基于当地条件的政策创新。与此同时，地方政府拥有一定的自主性。

目前，低碳城市试点属于“中央请客，地方买单”的形式。中央给予地方试点机会具有很强的严肃性，入选试点是荣誉与责任的双重体现。在弱激励弱约束的制度环境下，地方政府参与低碳城市试点建设更多的是为了得到合法性认同。各地方政府依然积极地申请参与，目的在于获得中央政府的资源要素和其他优先政策。当前，许多地方政府申报试点的积极性虽然很高，但很多工作都是虎头蛇尾，并没有以积极的态度和行动进行下去，说明申报试点的动机产生了偏移。

在弱激励弱约束的政策环境下，审视三批低碳试点城市的表现，从地方政府学习与竞争的视角可以给予较好的解释。根据地方政府的学习能力、中央政府的介入度两个维度，可将地方政策创新分为争先、模仿、自主、守成 4 种模式。对于中央政府高度关注的政策领域，学习能力较强的地方政府为谋求政绩，会积极探索政策创新的新路径，从而形成争先模式。当中央关注度较低或者激励不足时，地方政府具有较大自由行动空间，如果地方政府的学习能力很强，就会形成自主模式。当地方政府的学习能力较弱时，地方政府创新则会出现模仿模式，实际上很多试点城市都在采取这种模式，按部就班。很多试点城市（中西部的一些城市）的学习能力一般，加之没有相应的政策激励，没有达到申报试点的预期，往往陷入守成模式，即维持现行政策安排，采取“不折腾”策略。

由于地方政府官员的作为是地方经济增长的关键性制约因素，因此如何激励地方官员、改变地方领导力结构和决策方式是地方低碳发展的核心问题。试点中地方政府领导的行为其实是一种参与区域竞争性试点的过程。在中国特定的制度背景下，地方政府领导者（特别是地方“一把手”）是重要的政策主体，领导行政地位、领导参与度以及领导重视度对政策创新有重要影响。保定、太原、镇江、广元和成都在低碳城市试点方面取得亮眼的成绩，与时任政府主要领导的关注和重视有关。主要领导在地方上一般具有绝对的权威，并且有充分的资源调动能力和部门协调能力。特别是对于一些涉及多部门、多层次参与的综合性工作来说，地方主要领导的重视更加不可或缺，在很大程度上直接决定了工作力度和实际效果。

（三）低碳城市试点的经验启示

总体来看，各地在推进低碳城市试点工作过程中，因地制宜、积极探索，取得了明显成效，积累了许多发展经验，形成了突出发展案例，值得进一步总结、推广。

1. 协同减污降碳，优化产业结构

北京市协同推进大气污染治理和碳排放控制，自 2012 年起被设立为低碳试点城市以来，通过产业疏解整治、碳排放权交易市场、节能产品补贴等行动，推动碳排放强度持续降低，连续 6 年在国家控制温室气体排放目标考核中获得“优秀”等级。特别是从 2013 年出台《大气污染防治行动计划》以来，以治霾为核心目标，大力压减燃煤改善能源结构，2020 年北京 PM2.5 年均浓度首次降低到 38 ug/m^3，较 2015 年下降 42.6 ug/m^3，煤炭在全市能源消费中比重由 13.7% 降为

1.9%，取得了单位 GDP 能耗 0.23 吨，能源强度下降最快、能源利用效率全国最优的佳绩。深圳市则以碳排放达峰、空气质量达标、经济高质量增长这“三达目标”为引领，不断推动产业结构转型优化和行业内部高级化，GDP 年均增速达到 9%，战略性新兴产业增加值年均增速达到 17%；能源强度和碳排放强度远低于全国平均水平，年均下降率为 5%，实现了经济高质量增长。

2. 加强顶层设计，畅通沟通机制

成都市以创新协商共商机制，推广绿色共享的交通体系。成都搭建了政府、企业、民主党派、热心市民等多主体参与的专题协商平台，根据收集议题，采取定期或不定期召集会议的形式，形成“3+7+N”共建共商共管沟通机制 [即市交委、公安交管和城管 3 个部门，市所辖 7 个区（县），N 个企业]，及时解决共享交通发展中的普遍和共性问题。广元市自汶川特大地震灾害后，市委确立了“低碳重建，低碳发展”的战略，成立以市委、市政府主要领导为组长的市低碳发展领导小组，分步骤分阶段连续出台低碳发展规划，形成了组织领导得力、智库支撑有力、政策规划引力、优势突出着力、试点示范发力和多方位发展合力的低碳转型之路。

3. 采取多种措施，创新城市管理

苏州市加强工业园区绿色低碳精细管理。在资金投入上，园区设立多项专项引导资金，鼓励区内单位开展节能环保工作，并设立节能服务贷，扶持环保节能企业发展；在人才培养上，通过产业聚集形成更好的发展平台吸引人才，成立众创空间推进绿色低碳产业及人才的培育，园区先后获评国家循环经济试点园区、低碳工业园区试点、绿色低碳园区示范和能源互联网示范园区。太原市不断创新优化城市公共自行车项目，以太原市主城区气候温和、地势平坦、空间紧凑的自然条件为基础，坚持“政府主导、公益为先”的原则，为广大市民提供科学人性的服务举措，及时引入二维码、大数据、空间地理信息集成等先进技术，形成了被广泛借鉴的公共自行车“太原模式”。

4. 探索市场机制，积累良好经验

广东省是我国碳市场试点地区第一个实施碳配额有偿分配制度的地区，在配额有偿分配制度下，碳市场形成了一、二级市场。早期配额竞价底价采取政府定价方式，难以及时反映市场供需状况，出现了一、二级市场碳价倒挂、市场信号扭曲等问题，在执行政府保留价与市场碳价联动政策后，广东碳市场运行平稳，较好地解决了政府和市场的关系，形成了以二级交易市场为主的碳市场，也证明了对不同行业设定差别化的免费配额上限，综合了减排潜力、减排责任等要素考虑，更具公平性。同时，广东省在配额有偿竞价方式上，探索了固定指导价、履约周期内阶梯上升式竞价方式，积累了定期拍卖、不定期拍卖经验，为国家碳市场启动有偿分配提供了有益参考。

5. 建设智慧城市，深化科技赋能

厦门市积极探索运用各种智能化的信息手段支持城市低碳建设。厦门市建立了碳排放智能管理云平台，以在线精准监测、自动碳规范盘查、减碳效果诊断和实施方案提供、智能提供报告和在线审核报告功能，为企业提供减碳诊断意见，为政府低碳管理提供大数据支持。镇江市在全国首创了城市碳排放管理云平台，基本实现了低碳城市建设与管理工作的科学化、数字化和可视化，更好地指导产业低碳转型、实施区域碳考核、管理企业碳资产。

6. 纳入法制轨道，强化制度保障

南昌市是我国率先开展低碳立法的城市。早在 2014 年南昌市人大常委会批复同意将《南昌市低碳发展促进条例》（以下简称《促进条例》）立法调研项目，经过多地多方调研考察、专家咨询、与企业代表座谈、多轮草案修正，最终于2016年正式实施。《促进条例》内容充实，包含环保、能源、执行能源计划、执行建筑节能标准、推广新能源汽车、鼓励低碳农业等内容。考虑到公众低碳意识的接受度，《促进条例》被主流媒体多次宣传报道，并将出台后的第一年定为“宣传年”，对条例进行全面解读。试点的立法工作促进了对环境污染、粗放浪费等各类违法违规行为的严肃查处，对有法不依的地方政府和官员进行了问责，通过维护法治的权威性，推动了绿色低碳发展落实到实处。

7. 采取基于自然的解决方案，实现生态价值

西宁市开展生态产品价值实现的探索已经有一些经验和成效。2018年，市委、市政府印发《西宁市南川河流域水环境生态补偿方案》，开创性地提出水库水量补偿制度和阶梯补偿价格。通过生态补偿，南川河水量得到保障，改善了河道生态环境，水质得到改善，全年大部分月份优于目标水质。福建省南平市“森林生态银行”和重庆市森林覆盖率指标交易是生态资源指标及产权交易模式。该模式针对生态产品的非排他性、非竞争性和难以界定受益主体等特征，通过政府管控或设定限额等方式，创造对生态产品的交易需求，引导和激励利益相关方进行交易，是以自然资源产权交易和政府管控下的指标限额交易为核心，将政府主导与市场力量相结合的价值实现路径。

（四）低碳城市试点的提升路径

总体来看，各地在推进低碳城市试点工作过程中，开拓创新，争做典范，取得了明显成效，积累了许多值得推广的经验，同时也暴露出制约低碳发展的问题和短板。从前三批试点城市评估结果来看，试点城市在低碳发展目标设定、转型路径探索和低碳发展动力转换等方面与社会的预期仍有差距，尤其在经济下行压力下，一些试点城市表现出一定程度的动力不足，亟须剖析根源，“对症下药”找准破解路径。

一是激发城市低碳发展的内生动力。现阶段中国推动低碳发展工作总体上通过行政问责的方式层层传导压力，容易使基层政府形成考核依赖，低碳发展的内生动力不足。碳达峰、碳中和目标向社会释放了低碳减排的市场信号，推动了深度脱碳技术和零碳产业的全球布局。二是完善城市碳达峰方案的科学论证机制。在低碳城市政策试点的基础上，尽快出台城市碳达峰、碳中和行动方案的指导性意见，在全国一盘棋的大思路下，区域协同发展协同达峰。三是建立激励与约束并举的长效机制。碳达峰、碳中和是党中央经过深思熟虑作出的战略部署，要纳入生态文明建设整体布局，各地积极响应、争先探索。需要建立与时俱进的考核评价机制，对于实施好的地区应当予以财政、税收方面的支持，对创新惰性较强的地区应当进一步明确目标管理和问责机制。四是强化经济高质量发展的政策导向。“双碳”目标是构建新发展格局的内在约束，经济高质量发展是新发展格局的外在表现，三者内在逻辑一致。城市实现“双碳”目标，是一个长期的过程，并不意味着经济不发展、少发展，而是通过不断优化要素配置，推动经济转向创新、高效、节能、环保、高附加值的增长方式。这不仅依靠某一领域内的政策创新，更需要地方政府坚持生态文明理念，树立正确的政绩观，立足长远，探索出符合本地的低碳发展模式。能协同好经济高质量发展与“双碳”目标的城市将脱颖而出，发挥引领示范作用。

三、城市引领全国碳达峰目标实现

低碳城市建设衔接碳达峰目标由来已久，2015 年 9 月，第一届“中美气候智慧型 / 低碳城市峰会”遴选出了 16 个低碳试点案例作为气候智慧型 / 低碳城市典范。我国参会省市在峰会上宣布各自努力实现二氧化碳排放达到峰值的时间目标，并宣布成立中国达峰先锋城市联盟。目前，3 批共 87 个低碳试点省市区县有 80 个已提出碳达峰目标，目标设定在“十三五”期间的有 13 个，“十四五”期间的有 43 个，“十五五”期间的有 24 个。

但是，由于我国区域间经济发展水平差异较大，城市碳达峰进程体现出明显的分化特征。一方面，东部、中部、西部、东北地区之间的区域发展差距出现复杂化倾向，东部地区 GDP 占比超全国半数，并和其他区域的人均 GDP 绝对差值不断扩大；经济新常态下一些中西部省份仍处于快速工业化阶段，GDP 保持近两位数增长，而东北地区一些城市已出现增长停滞、人口流失和城市萎缩的情况。另一方面，产业分工的固化倾向愈加明显，东部地区走在高质量发展前列，中西部地区难以摆脱资源依赖带来的高碳锁定。所以，大部分东部地区省份已实现弱脱钩并趋近强脱钩状态，而不少中西部地区仍在扩张挂钩和扩张负脱钩状态中交替，对待不同区域、不同类型的城市，要强调分批达峰、精准施策，支持核心城市、重点区域率先达峰，并构建城市间的“竞争—合作”机制以促进深度融合，发挥好以点带面的引领示范作用。

（一）城市碳达峰的路径选择与重点领域

目前，对于城市碳达峰的评估主要是进行历史达峰判断，即为排除短期趋势的可能，城市碳排放与 5 年内建立的最新一期排放峰值相比，已达到最高水平；且为排除虚假达峰现象，未来 5 年内该城市碳排放虽允许在平台期内出现上升情况，但不能超过峰值水平。不少学者和机构对城市达峰情况进行了评估预测：生态环境部环境规划院研究指出，武汉、深圳、昆明已分别于 2012 年、2010 年和 2010 年实现碳达峰；中国人民大学重阳金融研究院发布的《碳中和中国城市进展报告》通过采集与城市绿色发展和碳减排相关数据，综合测算形成“碳达成率”指标，排名前 10 位的为北京、深圳、杭州、上海、广州、成都、苏州、青岛、武汉和天津；公众环境研究中心采用中国城市温室气体工作组数据，结合曼—肯德尔（Mann-Kendall）趋势分析检验法，指出昆明、深圳、武汉为达峰先锋城市，北京、上海、广州、厦门、南京、青岛、邯郸、长沙和淄博为达峰领跑城市。比较一致的结论是：一是北、上、广、深等重点城市碳达峰进展良好，北京市已宣布高质量完成碳达峰，并提出明确的碳中和目标，其他重点城市在“十四五”时期实现碳达峰可能性很大。二是东部沿海、南部沿海城市碳排放强度降幅显著，已进入由控强度到控总量阶段；西南部城市生态碳汇丰富、清洁能源消费占比较高，减碳潜力出众；中西部城市大多存在第二产业集中、煤炭消费居高不下的问题。三是产业结构的异质性导致城市重点减碳部门差异较大，应具体分析、精准施策。

1. 工业主导型城市的达峰路径

根据《中国城市统计年鉴》2019 年数据，在经济数据较为齐全的 297 个地级市中，第二产业增加值贡献率超过第三产业 10% 的共有 29 个城市，主要分布在陕西、山西、河南等中西部省份和南部沿海的广东、福建。比较典型的，一是陕西榆林、新疆克拉玛依、山西晋城、黑龙江大庆等以资源开采加工业为主的城市；二是河北唐山、四川攀枝花、江西鹰潭等以金属冶炼产业为主的城市；三是四川德阳、广东东莞等以装备制造业为主的城市；四是福建莆田等以纺织服装业为主导的城市。

工业主导型城市经济增长以第二产业为主要动力，其形成与区位因素、资源禀赋、历史因素都有关，结合城市碳排放数据来看，资源开采型、金属冶炼型城市大多碳排放总量、强度双高，其经济发展依赖资源的开采和加工行业，逐步形成了高碳锁定，转型不仅难度大，而且易引发就业、民生等一系列社会问题。装备制造业、轻工业为主的城市大多属于碳排放强度低、总量高阶段，人均碳排放维持高位。工业主导型城市要着力调整能源结构，推动产业结构转型，一手抓传统产业升级改造，强化以需定产，坚定退出落后产能，逐步进行超低排放改造；另一手抓新兴产业培育壮大，利用新技术、新产业、新业态、新模式等，强化知识、技术、信息、数据等生产要素的支撑作用，推动产业体系绿色升级，并协同进行大气污染治理。

2. 消费主导型城市的达峰路径

根据《中国城市统计年鉴》2019 年数据，在经济数据较为齐全的 297 个地级市中，第三产业增加值贡献率比第二产业超过 20% 的共有 77 个城市，全国范围内均有布局。比较典型的一是北京、上海、广州、成都、杭州等经济发达城市，其第三产业贡献率超过第二产业 30% 多，北京达到 67%；二是三亚、张家界等旅游型城市；三是东北地区大部分城市，此类城市大多处于工业化后期，人口流出、城市萎缩问题严重，经济增长乏力。

消费主导型城市或是经济发展起步较早，经历多次产业的迁移与优化，已形成第三产业主导的产业结构；或是由于自然禀赋制约，天然缺少工业化布局，城市建筑、交通与居民消费已成为最主要的碳排放源。要以新基建推动城市建筑减排，推出成体系的建筑环保标准，城市建设中植入净零碳方案；对于已完工的建筑进行绿色评测，对电路、节水等系统进行全方位评估，并进行高能耗的老旧建筑改造。要不断优化城市交通网络设计和重要基础设施布局，更大力度推进城市公共交通的清洁能源改造，培育居民绿色消费新风尚，力求建立新型达峰示范区。

3. 综合发展型城市的达峰路径

综合发展型城市第二产业和第三产业相对均衡，如武汉、重庆、苏州等，装备制造、金属冶炼等原有优势产业与第三产业均衡发展。综合发展型城市经济发展与城市化水平仍在上升期，人均碳排放水平居高不下。对此应聚焦工业、能源、建筑、交通四大重点部门，严控水泥、钢铁、石化等高耗能产业增长，加快高耗能产业转移或转型升级；大力发展高新技术产业和现代服务业，构建更为多元化的产业体系；与清洁能源供给区建立对口合作，改善煤电占绝对主导的情况。

4. 生态优先型城市的达峰路径

根据《中国城市统计年鉴》2019 年数据，全国以农业为主导产业的城市较少，第一产业贡献率超过 20% 的城市有 31 个，主要集中在黑龙江、广西和云南，比较典型的是黑龙江佳木斯、广西桂林和云南西双版纳。生态优先型城市具有生态良好的重点生态功能区，承担着水源涵养、生物多样性保护、农林产品提供等重要的生态功能。生态优先型城市的达峰政策取向，一方面要更加注重农业生产减排，积极转变农业生产方式，合理配置农业土地资源，推进生物农业、节水农业、设施农业等以高效低碳为特征的现代农业；另一方面要做好生态涵养区的保护工作，适度发展生态旅游业，加快清洁能源开发，为其他地区提供支持。

（二）构建城市间的激励约束与帮扶合作机制

为更好发挥低碳试点城市突出案例的引领示范作用，改善弱激励弱约束的政策环境，激发城市低碳发展内生动力，加强有益经验的推广应用，需要从激励约束、帮扶合作两个维度出发构建发挥引领作用的机制。

1. 多策并举激发地方政府内生动力

（1）更新细化考核评估机制。低碳城市发展涉及生态环境保护、城市建设和投融资等多方面，需要地方政府领导者进行充分的资源调动和部门协调，其工作主动性与行政层级至关重要。2016 年，国家层面的《生态文明建设目标评价考核办法》等一系列文件出台，为把生态文明建设纳入干部政绩考核提供了总体思路。然而在实践过程中，出现了央地考核体系多套并存、重复考评，考核评价结果运用不充分，未体现主体功能区理念等问题。当前，碳达峰工作将纳入中央环保督察，应在原有《生态文明建设目标评价考核办法》的基础上为各城市做更新细化，尤其是与各城市提出的达峰目标做好衔接，并纳入高质量发展考评体系，进行统一评价与考核；同时完善自然资产离任（任中）审计、自然环境损害责任终身追究等制度为保障。

（2）加大财税政策倾斜力度。要改善弱激励弱约束的政策环境，鼓励城市提出提前达峰目标，如引导地方政府专项债额度投向新能源产业、城市交通与建筑低碳改造等领域；设立政府引导型碳中和专项基金，综合利用补贴、奖补、担保等方式吸引社会资本加入，降低项目建设与改造的成本。

2. 更好发挥对口协作在低碳发展领域的作用

目前，地方政府之间合作、东西部省市对口协作方面积累了很多经验，新发展阶段“双碳”目标要纳入合作内容之中：明确精准帮扶责任制，根据城市提出的碳达峰目标和现状建立“一对一”的对口帮扶机制；开展技术对口帮扶，发达城市、科研院所对接工业主导型城市，加强科研人才交流，合作共建低碳示范工业园区；开展生态产业对口帮扶，消费主导型城市可以在运输、加工、销售等多方面帮助生态优先型城市发展农产品，延长产业链，提升附加值，将低碳发展与乡村振兴战略有机结合。

3. 完善城市低碳发展的信息披露与经验交流机制

信息披露是进行评比竞争的前提，当前我国气候和环境信息披露尚处于探索阶段，企业和行业间的信息披露可比性不高。对此，政府部门应作出表率，主管部门应制定披露规则及模板，地方政府应通过官方渠道公开碳达峰目标，定期披露环境信息及相关进展。自实施试点工作以来，有关部门仅在 2016 年召开了经验总结评估交流会。中央主管部门应当定期召开经验分享专题会，也可采取达峰先进城市组织宣讲团、轮流召开主题论坛的方式，加强城市间沟通交流。

四、打造城市零碳发展新引擎

碳中和即净零排放，人类经济社会生活所必需的碳排放，通过森林碳汇或其他技术手段捕捉封存，最终排放到大气中的温室气体增量为零。我国碳排放总量大、峰值高、达峰与中和之间时间短，并受以煤炭为主的能源结构和消费升级影响，实现碳中和任务艰巨。

城市的碳达峰是碳中和的第一步。首先，要明确并非峰值越高、城市发展空间越大；碳排放具有锁定效应，碳中和存在一定刚性，所以碳达峰时间越早、峰值越低，对城市实现碳中和就越有利，所以各城市应明确碳达峰时间，支持有条件的城市在“十四五”时期尽快达峰。其次，碳达峰、碳中和的深层次问题是能源问题，要求非化石能源高比例发展，加快建设以风能、水能、太阳能、生物质能、潮汐能、第三代核能等可再生能源为主体的能源体系，以降低单位能源碳排放强度，推动新发展格局能源、环境目标的实现。城市是产业、能源消费和人口的集聚地，推动城市能源消费结构的改善，最终形成净零碳的发展模式，需要在城市规划、建筑设计、交通布局等多领域进行技术改革和政策创新。最后，经济新常态下，我国城镇化进入由速度型向质量型深入发展的关键时期。《国家新型城镇化规划（2014—2020年）》首先正式提出了以人为本的城镇化建设思路，党的十九大报告又进一步提出了新发展理念和区域协调发展战略。零碳城市建设与新型城镇化的指导思想一致，在新发展格局下，“新基建”、乡村振兴、旧城改造等政策也将倒逼可再生能源技术创新和产业落地，形成良性闭环。

（一）优化新型城镇化空间布局

多年的快速城镇化使我国形成了多个特大城市，特大城市和大城市的集聚虽然会促使分工细化，释放创新潜能，具有一定的正外部性，但也造成了一定程度上的发展不均衡：一方面，主城区、核心区域人口规模过于集中、交通拥堵加剧了诸多“大城市病”，城市交通和建筑已成为最主要的排放部门；另一方面，郊区和周边中小城市活力不足，开发缓滞，甚至出现了城市萎缩的情况。出现上述问题的重要原因之一，就是传统城镇化的“单中心”模式。由于公共资源的配置具有较强的路径依赖特征，在现有城市管理体制下，商业中心、购物娱乐中心、优质公共服务资源（如学校、医院等）大多集中在传统主城区，这必然会造成城市交通的拥堵，增加居民出行带来的碳排放。

优化城市空间布局，由“单中心”城镇化逐步过渡到“多中心”和“散点式”城镇化非常重要。伦敦、东京、纽约等国际特大城市的减排经验说明，扩展都市区范围，降低城市功能区的紧凑程度，培育多个居民生产生活集聚中心十分重要。《国家新型城镇化规划（2014—2020年）》已经提出，要推进中心城区功能向1小时交通圈地区扩散，培育形成通勤高效、一体发展的都市圈，核心思想就是通过产业分工、城市交通、通信技术等方式将中心城区与周边城区整合成为便捷高效的生产生活网络，培育新的城市中心。而从“多中心”到“散点式”，还应弱化行政等级对公共资源配置的影响，逐步下放城市管理权限，发展具有特色的中小城镇。

（二）加快城市建筑与交通的低碳零碳改造

城市建筑的碳排放主要包括建材中的隐含碳、运输、施工、运行等环节，目前已成为许多城市的最主要碳源，因此城市建筑的新建、扩展与改建应以碳中和为导向，进行低碳零碳改造。一是制定高级别的能源节约标准，提高存量建筑的能源效率，将住宅节能改造、光伏建筑一体化内嵌到老旧小区改造中；二是做好新增建设项目的规划，提高建筑寿命，延长重建周期，尽量避免建设超高耗能的超高层塔楼，规划建设楼层适度的小高层建筑；三是通过采取气候适应性建筑、节能建筑、碳负面清单等一系列绿色建筑措施，发挥绿色建筑全生命周期节能减排的优势；四是逐步考虑零碳建筑，这种零碳建筑目前在国外城市已有推广案例，如英国西格马零碳排放住宅与“自维持”住宅、德国巴斯夫“三升房”等，逐步应用基于自然的解决方案。

城市交通的低碳零碳改造也至关重要，国际知名低碳城市大多城市公共交通较为发达，哥本哈根是国际“自行车之都”，我国的太原、杭州等城市也有较为成熟的公共自行车项目。从国际经验而言，英国交通部、美国旧金山市已于2018年和2019年提出了交通净零排放路线图，其中主要包括政府用车零排放先行、确保新增车辆清洁度等措施。短期内，我国城市可以改善交通运输结构，推广货运多式联运、倡导市内公交优先，不断提升运输效能；从中长期来看，我国是新能源汽车消费的第一大国，应继续鼓励居民新能源汽车消费、大力发展电动化公共交通，研发远距离运输可应用的零排放燃料。

（三）以城市数字化建设赋能减碳控排

“数字化”和“绿色化”是城市发展的两大重要趋势，在各省（自治区、直辖市）的“十四五”规划中，均围绕这两者进行了大力部署。而数字化和碳中和目标是相互交织、相互促进的，大数据、云计算、物联网等新技术、新业态的应用对碳排放源的监控、预警和管理有重要作用。

数字城市建设赋能城市减碳控排，具有相当多的应用场景。一是数字技术对传统行业低碳转型的支撑，如推动电网向能源互联网升级，对城市集中供暖进行数字化改造以重塑建筑用能体系，建设自然资源和土地数字管理体系助推智慧农业发展等。二是打造数字化城市碳排放管理体系，在碳计量层面，可应用较强的数据分析计算能力，依托物联资产统一管理、多元数据实时获取和可实现数据交叉验证等，摸清排放现状，完善碳核查体系；在碳管理层面可连接工业园区、生产企业、居民社区等多个终端，进行实时碳排放监测与自动预警。三是打造碳市场的数字服务体系，随着全国性碳交易市场的正式开启，建设包括城市碳资产目录清单资产登记、交易买卖、技术咨询、信用画像等流程都需要加强城市数字化发展水平。

（四）深化区域间能源协作

碳达峰、碳中和的深层次问题是能源问题，但由于资源禀赋限制，东部地区超大、特大城市难以单独完成能源消费转型。我国清洁能源资源丰富，但分布呈现资源与负荷中心逆向的特征，西南及“三北”地区的水电、风能和太阳能资源丰富，而70%的电力消费集中在东部沿海及中部省份，这意味着利用电网互联实现风光互补、区域互济和发电用电平衡势在必行。而在实际操作中，供电、调峰、储能、电网建设等技术条件的制约、能源价格体系的不完善等因素导致可再生能源消纳问题突出，“弃风”“弃光”现象频发，这在本质上反映了区域间的发展差距与深度融合的不足，进一步破除电力协调的省际间壁垒是重点。

一方面，中部、东部城市应当坚决推进煤炭煤电行业的有序退出，以终端消费需求倒逼能源系统的电气化，西部城市要探索建设以煤电联营为基础的“风光火储一体化”大型综合能源基地，并加强可再生能源就地消纳的能力；另一方面，应进一步破除电力协调的体制机制障碍，加快建设全国统一电市场，促进跨区跨省的电力直接交易，以市场规模的扩大稀释西电东送的运输成本。此外，应充分发挥东部城市的资金、技术与企业资源丰富的优势，牵头进行技术攻关，增强可再生能源产业的核心技术自主研发能力，进一步盘活西部的空间资源，助力于国内经济大循环的形成。

城市实现碳达峰、碳中和目标意义重大、影响深远。“十四五”期间，为实现碳达峰、碳中和目标开好局、起好步，各城市要以习近平生态文明思想为指引，保持生态文明建设的战略定力，统筹考虑能源安全、经济增长、社会民生、成本投入等诸多因素，因地制宜制定政策和行动方案，明确各项任务时间节点和实现路径，做到当前任务和长远发展紧密衔接，为全国“双碳”目标的实现作出更大贡献。

第十章
碳达峰碳中和的目标协同

毛显强　郭　枝　高玉冰

碳达峰、碳中和目标的实现是一项复杂的系统性工程，涉及经济、社会、能源、生态环境等多个方面，可谓牵一发而动全身，需要各领域、各部门系统谋划、协同推进。实现碳达峰、碳中和的目标协同，关键是要坚持全面系统的观念，权衡好发展与减排、短期与长期、局部与整体的关系，探索目标协同的路径。要以降碳为战略方向，引领经济高质量发展，保障社会转型的公平公正，推动减污降碳协同增效，同时兼顾能源的清洁性和安全性，适当保留和传承工业文化传统。

一、碳达峰碳中和牵一发而动全身

“双碳”目标的提出，不仅彰显了我国积极应对气候变化、推动构建人类命运共同体的国际担当，同时也体现了我国主动寻求高质量发展、促进社会经济绿色低碳转型的决心。正如习近平总书记2021年3月15日在中央财经委员会第九次会议上所强调的，实现碳达峰、碳中和是一场广泛而深刻的经济社会系统性变革，要把碳达峰、碳中和纳入生态文明建设整体布局，拿出抓铁有痕的劲头，如期实现2030年前碳达峰、2060年前碳中和的目标。[①]“双碳”目标的实现是一项系统性工程，涉及经济、社会、能源、生态环境等多个领域，需要多个领域系统谋划，协同推进。

（一）实现“双碳”目标影响生产生活的方方面面

碳达峰、碳中和目标的实现，核心是当前高碳能源体系的低碳化转型，这将颠覆工业革命以来以化石燃料为基础的能源生产和消费结构，并将以能源为纽带，重构我们的生产方式和生活方式，重塑我们的经济形态和社会形态。

能源系统及基础设施的低碳化重构。目前，中国化石能源占一次

① 参见《习近平主持召开中央财经委员会第九次会议强调　推动平台经济规范健康持续发展　把碳达峰碳中和纳入生态文明建设整体布局》，载于《人民日报》2021年3月16日。

能源比重为85%，占全社会碳排放总量约90%。[①]实现碳达峰、碳中和，需要降低化石能源的比例，提高可再生能源占比。化石能源基础设施将逐步退出或实施低碳化改造，除了水电外，风电、太阳能、核电、氢能、生物质能、地热、海洋能等都将得到大力发展，形成以可再生能源和新能源为主体的多能互补的现代能源生产和消费体系。

产业格局重塑及产业链低碳化。传统的火力发电、钢铁、水泥、化工等高碳行业，将在上大压小和淘汰落后产能的基础上开展低碳化改造，并逐步降低其在经济结构中的占比。战略性新兴产业、高端制造业以及现代服务业将加速发展。低碳化还将成为产业链新标准。例如，苹果公司承诺到2030年，整个业务、生产供应链和产品生命周期实现碳中和。[②]这意味着原材料获取、零部件生产、芯片制造、产品组装等产业链上的每一个环节都要实现碳中和，倒逼整个产业链形成新标准。

深刻改变居民生活方式。纯电动汽车将成为新销售车辆的主流，公共领域用车也将全面电动化。海南省更是在全国率先提出2030年起全省全面禁止销售燃油汽车。[③]建筑、家居等领域的电气化程度也将持续深化，供暖、制冷、照明、家电等还将在电气化的基础上向智能化发展，通过数字化采集技术掌握用户用电习惯，实现精准用电、节能减碳。分布式太阳能光伏设备及分布式蓄电设备将在建筑领域逐步普及。

倒逼绿色低碳技术创新。碳排放总量约束将推动能效提升、智能电网、高效安全储能、氢能、碳捕集利用与封存等关键核心技术研发，并加快低碳、零碳、负碳技术发展和规模化应用，助推经济增长方式从资源依赖走向技术依赖。

生态环境系统协同改善。常规的结构减污、管理减污、工程减污

---

① 参见刘振亚：《实现碳达峰碳中和的根本途径》，载于《学习时报》2021年3月15日。

② 参见《苹果公司计划2030年实现供应链及产品“碳中和”》，新华网2020年7月21日。

③ 参见《海南2030年起全面禁售燃油汽车》，载于《海南日报》2019年3月5日。

等污染物减排措施潜力已经得到充分挖掘，减污边际成本上升，进一步改善难度加大。而在碳达峰、碳中和目标的引领下，由于能源结构和生产生活方式将发生根本性改变，大力度降碳将释放出更大的减污潜力，有助于实现生态环境质量的协同改善。

绿色经济政策体系逐步完善。政府将进一步完善绿色低碳相关的财政、金融、税收、货币、价格、补贴、信贷等政策，扩大碳交易市场规模，探索推行碳税、碳中和债等新型工具，将更多资金引入绿色低碳领域。

以上列举，不一而足。总而言之，碳达峰、碳中和意味着中国社会经济领域的一场巨大变革，将给我国经济、社会、能源、技术、政策体系乃至居民生活带来深刻的影响与挑战。“双碳”目标的实现，需要从产业部门、科技研发、生态环保、民生保障等各个方面积极努力，是一项复杂的系统性工程。

（二）实现“双碳”目标需系统谋划、协同推进

正因为碳达峰、碳中和是一项长期的、巨大的系统性工程，在推动相关工作时，既要综合考虑持续降低碳排放总量、碳排放强度等指标，也要考虑经济高质量可持续增长。我国当前仍然处于工业化城镇化后期，必须保障未来经济的持续稳定发展，持续提高居民收入。要全面统筹、通盘考虑社会生活方方面面的影响，如解决新能源发电不稳定、分布不均衡等问题，保障国家能源安全；满足老百姓生活水平持续提高所带来的能源消耗增长需求，以及对蓝天碧水净土高质量生态环境的迫切追求；破解东西部、南北方以及城乡发展不平衡问题；等等。

因此，对于如何在实现碳达峰、碳中和目标的过程中做好与其他经济社会发展目标的协同，需要认真系统研究，不仅从社会、经济、能源、环境等多维视角寻求协同发展路径，同时也要考虑区域发展差异，谋求区域发展协同，还要顾及“家庭—社区—地市—省区—国

家—全球”的从微观到宏观的多尺度协同，寻求综合平衡点。总之，碳达峰、碳中和的实现需要坚持系统观念，遵循《中共中央 国务院关于完整准确全面贯彻新发展理念做好碳达峰碳中和工作的意见》所提出的指导思想，处理好发展和减排、整体和局部、短期和长期的关系，用系统思维、科学方法，更精准、更精细地制定相关方案，走一条科学合理、符合实际的低碳化路径。

二、碳达峰碳中和引领经济高质量发展

“双碳”目标既给我们带来经济高质量发展的机遇，也带来挑战，经济增速、产业结构调整和绿色低碳技术研发进程等方面都将出现巨大转变。国家主席习近平 2021 年 4 月 16 日在中法德领导人视频峰会上指出：“这意味着中国作为世界上最大的发展中国家，将完成全球最高碳排放强度降幅，用全球历史上最短的时间实现从碳达峰到碳中和。这无疑将是一场硬仗。”[①] 在这一过程中，需要转变传统的“取舍”思维，处理好短期利益与长期利益的关系。

（一）实现“双碳”目标对经济发展的影响

我国目前处于工业化城镇化深化阶段，人均 GDP 大大低于欧美国家碳达峰时水平，工业增加值仍占 GDP 的三分之一左右[②]，未来一段时期能源消费总量仍将持续增长，尚未实现经济增长与碳排放“脱钩”。[③] 大量高碳资产，如化工园区、煤矿区、油气井及油气管线、钢厂、水泥厂、汽柴油汽车等，面临改造或退出。如果采取激进的措施，以“休克疗法”或者“大跃进”的方式实现碳达峰、碳中和目

① 参见《习近平同法国德国领导人举行视频峰会》，载于《人民日报》2021 年 4 月 17 日。
② 参见中华人民共和国国家统计局：《中国统计年鉴 2020》，中国统计出版社 2020 年版。
③ 参见胡鞍钢：《中国实现 2030 年前碳达峰目标及主要途径》，载于《北京工业大学学报（社会科学版）》2021 年第 3 期。

标，在短期内快速降低传统高碳行业，如火电行业、钢铁和水泥行业等产能，会对国民经济带来严重后果。在当前经济结构、技术条件没有明显改善的情况下，实行产业结构调整、行业节能改造和化石能源替代为主的减排手段，将会带来企业生产经营成本的提升，产业竞争力削弱，至少在短期内会对经济发展产生明显冲击。

但从长期来看，碳达峰、碳中和将引领一场全球技术变革，倒逼我国经济发展逐步从高投入、高消耗、高污染转向低投入、高效率、低污染的高质量发展路径，给我国经济带来弯道超车的机遇。随着产业结构不断优化，虽然煤电、钢铁、水泥、化工等高耗能产业的发展空间受到压缩，但战略性新兴产业、高新技术产业和绿色环保产业将成为拉动经济增长的新动能，衍生巨大的投资需求。根据不同机构的测算，我国未来 30 多年推动低碳至零碳路径所需的总投资在 70 万亿元到 140 万亿元，涉及可再生资源利用、能效提升、新能源汽车、家居等终端消费电气化，风电、光伏、核电、储能、氢能、特高压传输、智能电网、碳捕集与封存等零碳或负碳技术，以及数字化等多个领域。未来伴随我国碳达峰、碳中和目标任务的推进，将撬动规模庞大的绿色低碳产业投资，也将带来相关领域的长足发展。[①] 通过碳交易市场给碳定价，也将给包括新能源汽车在内的所有制造业带来变革。在碳市场越来越活跃的情况下，碳交易将成为新型企业的增收新支点，如 2020 年特斯拉靠出售碳排放额度盈利 14 亿美元。[②] 而如果不大力减排、加快制造业零碳转型，那么我国企业还将会面临贸易出口的“碳壁垒”。2021 年 3 月 10 日，欧洲议会投票通过了支持设立“碳边界调整机制”的决议，这意味着从 2023 年起将对欧盟进口的部分商品征收碳关税。其他一些国家和区域也正在酝酿类似机制。这将对我国高碳企业的出口市场范围、贸易量和企业效益产生重要影响。

---

① 参见平安证券研究所：《绿色经济系列报告（一）碳中和：四十年投资蓝图徐徐展开》，北极星大气网 2021 年 3 月 8 日。

② 参见《特斯拉赚钱却不是靠卖车！这项收入才是特斯拉 2020 年首次实现盈利的关键》，每日经济新闻 2021 年 2 月 2 日。

因此，落实“双碳”目标应当统筹考虑长期利益与短期利益，科学地规划和控制碳达峰、碳中和进程，既不可忽视经济发展需求和技术条件现状，对于高碳产业实行短促的“一刀切”退出政策，也不能只考虑短期利益，认为在碳达峰之前仍有广阔增排空间，突击式发展高碳产业，使未来碳中和目标的实现难度大增。

（二）实现“双碳”目标对产业结构的影响

碳达峰、碳中和会促进产业结构优化，在此过程中会抑制高耗能部门，如钢铁、水泥、化工、非金属矿物加工等行业的发展，加速高碳型社会资本贬值以及高碳型知识技术淘汰。以煤电行业为例，2020年我国新增煤电机组超过 3800 万千瓦[①]，煤电总装机规模为 10.8 亿千瓦[②]，在建和即将建成的机组总量约 2.5 亿千瓦。[③]根据全球能源互联网组织发布的《中国 2030 年前碳达峰研究报告》预测，为实现我国 2030 年前碳达峰，煤电机组应在 2025 年达峰，峰值为 11 亿千瓦。[④]这意味着为了实现“双碳”目标，需要严控新上煤电机组，避免未来高碳资产加速折旧、淘汰带来过高的损失。

“双碳”目标在抑制高碳型产业发展的同时，一方面会对传统产业市场份额产生影响，如提高农业、轻工业和服务业等低碳产业部门产出的相对占比；另一方面会促进新型低碳产业，如节能环保产业、数字产业、新兴信息产业、生物产业、高端制造产业、现代服务业等的发展。这些新型产业将形成绿色经济的新增长引擎，并通过新产品、新服务的供给带动上下游产业链转型升级。

总体来讲，“双碳”目标是我国产业结构升级的机遇，在此过程中，由于技术的进步，能源使用效率将得到提高，单位能源生产和消

①③　参见吴迪、张莹、康俊杰:《中国有条件加速摆脱煤电》，载于《财经》2021 年 3 月 22 日。
②　参见《煤电装机容量占比首次降至 50% 以下》，载于《人民日报》2021 年 2 月 7 日。
④　参见《中国 2030 年前碳达峰研究报告》，全球能源互联网发展合作组织 2021 年 3 月。

费的温室气体和污染物排放量将减少，低碳化产业和高新技术产业发展将更加迅速。对高碳产业的淘汰和压缩要充分考虑其发展现状，兼顾行业总体产能和实际需求，实行差别化管理和渐进式退出模式，特别是把握好时间进度和实施步骤，同时积极推动传统高碳产业在与战略性新兴产业、高端制造业以及现代服务业相互融合的过程中实现低碳化改造。

（三）实现“双碳”目标对绿色低碳技术研发的影响

碳达峰、碳中和不仅是一场能源革命，也是一场技术革命。长期来看，“双碳”目标将倒逼绿色低碳技术的发展，增加低碳技术投资，促进技术进步，逐步降低单位 GDP 能耗和碳排放。实现“双碳”目标的重点在于碳中和技术的突破。目前，碳达峰、碳中和的技术主要分为三类：减碳技术、零碳技术、负碳技术。[①]

减碳技术主要指节能减排技术，涉及燃料替代、工艺替代与优化、处理效率提升、资源回收等技术，主要应用于钢铁、电力、水泥、化工、交通、建筑等行业。在零碳技术和负碳技术尚未实现突破，推行成本依然较高的情况下，相对成熟的减碳技术仍然是目前实现碳减排的重要途径。尤其是对我国经济发展的支柱产业和能源消耗大户——工业部门而言，能效提升是实现碳达峰的关键举措之一。我国工业部门应坚持在近期以成熟的能效技术为主、中长期以低碳技术创新为核心的发展方向。[②]近期可以从钢铁、水泥等高碳行业入手，如采用短流程电炉炼钢，水泥原料预热分解等技术，提高能效，降低碳排放。此外，可以利用数字化技术进行智慧化减碳，在钢铁、水泥和火电等高能耗和高排放行业，利用数字化技术记录并追踪产业链中各个环节的碳排放，施行数字化管控，规范化过程管理，降低碳排

---

① 参见何少佳：《碳中和技术发展全局观》，亿欧网 2021 年 6 月 7 日。

② 参见刘俊伶、夏侯沁蕊、王克等：《中国工业部门中长期低碳发展路径研究》，载于《中国软科学》2019 年第 11 期。

放量。

零碳技术主要指零碳排放的清洁能源技术，包含风力发电、光伏发电、零碳制氢、核能等技术，还包含储能系统的技术研发及建立。一方面，我们要加大研发投入，提高零碳技术的能源效率，降低其经济成本；另一方面，传统工业行业也要充分利用零碳技术替代化石能源，如钢铁行业研发绿氢炼钢工艺，水泥行业利用绿氢替代传统化石燃料，在化工行业大力发展氢化工，等等。

负碳技术是指从尾气或大气中捕集、封存、利用、处理二氧化碳的技术。负碳技术又可分为两类：一是增加生态碳汇类技术，利用生物过程增加碳移除，并在森林、土壤或湿地中储存；二是开发二氧化碳的捕集、封存、利用、转化等技术。在零碳能源技术实现全面突破和普遍应用之前，化石燃料必然无法从人类社会中完全退出，因此负碳技术在实现碳中和过程中必不可少。

总之，在低碳转型过程中，由于技术突破存在不确定性，因而需要多技术储备，多方面筹划，多路径协同，同时加大低碳、零碳、负碳三类技术的研发投入，三者并行不悖，并建立完善的绿色低碳技术评估、交易体系和科技创新服务平台，促进绿色低碳技术的创新突破。

三、碳达峰碳中和与社会公平的协同

“双碳”目标的实现，既要注重效率，使有限的碳排放权资源配置得到最大化产出，保障经济增长不受或少受冲击，又要注重质量，用“双碳”目标倒逼经济向高质量发展转型，还要兼顾公平，即兼顾实现“双碳”目标对不同人群福利状况的影响和不同地区之间发展水平的差异。公平、公正转型是顺利达成“双碳”目标的重要内容。

（一）实现“双碳”目标与劳动力转岗就业的协同

在推动社会低碳转型，实现“双碳”目标的过程中，除了追求经济效率，还应该兼顾社会公平。“双碳”目标可能带来煤炭、火电、钢铁等行业高碳型固定资本贬值和提前退出，从而引起传统高碳产业从业人员失业、收入差距拉大等问题。例如，随着供给侧改革和去产能的实施，煤炭行业的从业人数已经从 2015 年的 450 万人左右降低到 2020 年 260 万人左右，到 2030 年可能还要减半。[①] 短期来看，为实现“双碳”目标，将加速这些行业劳动力的转岗，加大就业压力。为了创造就业机会，需要在服务业、可再生能源等替代接力行业中创造更多的就业机会，抵消高碳行业退出带来的劳动力失业等消极影响。国际可再生能源署研究报告表明，2019 年中国可再生能源行业从业人数达 436 万人，且具有持续上升趋势。[②] 但需要注意的是，可再生能源等新兴产业与传统高碳行业对劳动力素质和技术的要求差异较大，在进行劳动力转岗分流时，需要通过良好的职业技术培训帮助失业劳动力顺利完成转型。

可以参照国内外先进经验，从个人、企业、区域、国家等不同层面，建立全方位的公平、公正转型政策体系。例如，为下岗员工提供基本医疗和社会保险作为托底；对提前退休或自愿离岗离职的员工提供遣散资金，帮助他们度过失业过渡期；为有重新就业需求的员工提供培训机会和创业援助；对于陷入困境的企业，以市场机制为主，政府援助为辅，为企业制定债务减免和重置计划，帮助解决企业养老金困难；对于雇用失业员工的企业给予优惠信贷；等等。[③]

---

① 参见《煤电和煤炭转型的就业影响》，中国能源网 2020 年 8 月 5 日。

② International Renewable Energy Agency：*Renewable Energy and Jobs Annual Review*（2020），International Renewable Energy Agency 2020.

③ 参见荆文娜：《煤炭去产能：保就业还需体现“公正转型”》，载于《中国经济导报》2018 年 6 月 21 日。

（二）实现“双碳”目标与区域发展的协同

我国幅员辽阔，不同地区在产业结构、经济发展、技术进步、资源禀赋、碳排放量基数等方面存在很大的差异。碳达峰、碳中和任务的推进会对不同地区、不同行业产生不同程度的影响，甚至可能会进一步加大区域间发展不平衡程度。

对于经济发达、第二产业占比低、能源电气化水平高、人才资源丰富的地区，如北京、上海、天津、江苏、广东等地，碳达峰、碳中和目标可能相对较易实现，这些地区更有能力适应“双碳”目标要求，推动产业结构升级和技术进步，更有能力将全社会对绿色低碳产品和服务的巨大需求，转变为打造新型低碳产业、提供低碳产品和服务的动力。

另一类资源大省，如山西、内蒙古、陕西等，拥有丰富的化石能源资源，以化石燃料为基础的工业产业是当地长期以来的经济支柱，拥有大量上下游企业和相关从业人员，但面临经济发展速度放缓，温室气体和污染物排放量大等问题。这类地区对传统能源的依赖程度较高，高碳资产沉淀成本较大，进行低碳技术、零碳技术改造较为困难，减排任务将更加严峻，“双碳”目标对于此类地区经济社会冲击程度更高。

因此，实现全国性碳达峰、碳中和目标，并不意味着要在各省（自治区、直辖市），乃至所有市县同时同步达成。在制定碳达峰、碳中和规划时，需要结合当地的经济发展水平、所处的发展阶段、资源禀赋以及碳排放情况，制定适合区域经济、社会、资源和环境协同发展的科学规划。

由于隐含在电力传输、商品贸易中的温室气体排放具有跨区域的空间流动性，在推进“双碳”目标过程中，可以合理利用区域间的资源禀赋差异、产业链互补、技术比较优势、生态环境差异等条件，设计区域协同减排方案，共同降低转型带来的影响，实现区域主体间的优势互补，激活减排的协同效应。[①] 可以鼓励碳减排成本较高、减排潜力较小的发达地区和相关企业，在风电、光伏等资源丰富地区投资建立可再生能源生产基地，并实施点对点的可再生电力定向采购，提高降碳潜力。可以鼓励风光资源丰富的地区利用可再生能源低碳化优势率先实现碳达峰。如国家清洁能源示范省青海，具有率先实现碳达峰的明显优势。对于传统能源依赖较高的地区，如山西、陕西等省份，则需要统筹规划，制定开发利用可再生能源逐步替代化石能源的路线图，在尽可能减少对社会经济和社会公平的影响前提下，实现碳达峰、碳中和。

四、碳达峰碳中和与生态环境治理的协同

我国进入工业化成熟期不久，空气污染、水污染等生态环境保护压力既达到峰值，又迎头遭遇全球应对气候变化浪潮，同时面临生态环境保护与应对气候变化的双重压力。虽然碳达峰、碳中和目标提上议事日程不久，但关于环境污染与碳减排协同治理（减污降碳）的探讨已经开展有些时日。应对气候变化与传统的生态环境保护工作之间紧密相关，二者的产生根源有诸多共同之处，治理举措相互联系、相互作用，治理结果也相互影响。在有限的资源条件约束下，需要全面加强应对气候变化与生态环境保护工作的统筹，加强降碳与大气环境、水环境、固废处置以及生态系统协同治理。生态环境部颁布的《关于统筹和加强应对气候变化与生态环境保护相关工作的指导意见》（环综合〔2021〕4号）对此提出了原则性要求。

---

① 参见邢华：《我国区域合作的纵向嵌入式治理机制研究：基于交易成本的视角》，载于《中国行政管理》2015年第10期。

（一）碳排放与大气污染物的协同治理

“协同减排”是指以具有协同效应的措施和方式同时减排局地大气污染物（如 SO_2、NOx、PM、CO、VOC 及 O_3 等）和温室气体（CO_2、CH_4、N_2O 等）。[①] 大气污染物与温室气体能够协同减排是基于二者均大多来自化石燃料燃烧的同根同源性。

研究结果表明，节约能源等降碳措施通过减少化石能源消耗，产生了协同减排局地大气污染物的效果；而为了减排大气污染物而采取的改善能源结构的措施，也可以减少温室气体的排放。这些关于协同效益评估的研究已经在电力、钢铁、交通等重点行业和乌鲁木齐、唐山、海南省等省、市得以广泛开展。

然而，在具体实践过程中并非所有的碳减排措施都有利于减少大气污染物，也并非所有控制大气污染物的措施都有利于碳减排，存在一定的“不协同”情况。如碳捕集与封存技术（CCS）因为增加电力的使用，会增加大气污染物的间接排放；末端污染治理技术，如脱硫脱硝技术，由于相关材料的使用以及电力消耗的增加，会增加直接和间接碳排放。[②] 因此，我们要注意两个目标之间的协同，寻求温室气体和局地大气污染物的协同减排，尽量减小相互冲突。

目前，实现温室气体与大气污染物协同减排的途径主要有结构减排和规模减排以及一些前端或中端减排技术。[③] 结构减排是指调整现有的能源结构，减少化石能源的使用，提高清洁能源占比。以电力行业为例，淘汰落后、低效率的小型煤电机组，代之以先进的超临界、超超临界、整体煤气化联合循环发电固然可以提高发电能效，减少单位发电碳排放，但毕竟碳减排潜力有限，还不能从根本上解决碳中和问

---

① 参见毛显强、邢有凯、胡涛等：《中国电力行业硫、氮、碳协同减排的环境经济路径分析》，载于《中国环境科学》2012 年第 4 期。

② 参见毛显强、曾桉、邢有凯等：《从理念到行动：温室气体与局地污染物减排的协同效益与协同控制研究综述》，载于《气候变化研究进展》2021 年第 3 期。

③ 参见毛显强、曾桉、胡涛等：《技术减排措施协同控制效应评价研究》，载于《中国人口·资源与环境》2011 年第 12 期。

题；而以可再生能源发电、核电替代火电才能从根本上实现零碳。规模减排以缩减高碳高污染产品产量和消费量为重点，主要通过淘汰高碳产业产能产量实现协同减排。[①] 如通过提高基础设施使用寿命，降低钢铁、水泥消费需求等措施就能助力规模减排。技术减排措施中的前端和中间控制措施以及原燃料替代等技术措施的协同效益比较明显，如火电行业的燃煤洗选和燃煤热处理等技术，以及钢铁行业的短流程炼钢等技术。

（二）碳排放与废水、固废的协同治理

水污染治理是环境质量改善的重要途径。实施水污染治理不仅需要投入大量的资金、人力、物力，也存在着碳排放等隐形的代价。比如，废水处理过程中的碳排放包括直接排放和间接排放。直接排放包括废水输送、处理过程中产生并逸出的温室气体排放，同时也包括残余物质降解过程中产生的温室气体排放。间接排放是指废水处理过程中的电耗、能耗等隐含的碳排放。[②]

固体废弃物的处理过程中也会产生相应的碳排放，如生活垃圾的处理方式有三种，卫生填埋、堆肥和焚烧发电技术。[③] 卫生填埋技术能够处理不同的垃圾，操作简单，然而该技术需要占用大量土地，同时在填埋过程中垃圾发酵可产生大量的甲烷等温室气体。堆肥技术是利用微生物的分解作用处理垃圾，若处理不当也会有一定的温室气体泄漏。焚烧发电技术是利用高温处理垃圾并利用回收处理过程中产生的热能发电，还可以避免垃圾填埋产生的甲烷等温室气体逸散问题。但垃圾焚烧过程需要相关辅料的加入，会产生温室气体和二噁英、汞等污染物排放，对生态环境产生影响，也需要引起注意。

---

① 参见李新、路路、穆献中等：《基于 LEAP 模型的京津冀地区钢铁行业中长期减排潜力分析》，载于《环境科学研究》2019 年第 3 期。

② 参见王洪臣：《我国城镇污水处理行业碳减排路径及潜力》，载于《给水排水》2017 年第 3 期。

③ 参见唐影：《垃圾焚烧发电过程污染物排放控制研究》，华北电力大学 2015 年 3 月。

因此，实现碳减排与废水、固废的协同治理也是碳达峰、碳中和进程中需要重点关注的方面。在废水和固废处理过程中，可以通过提高工艺及管理水平减少直接碳排放，通过提高零碳电力使用占比减少间接碳排放。[①] 如在污水处理厂可以开展甲烷回收，开展污泥消化处理项目，在高浓度有机工业废水处理工程中采用厌氧发酵工艺，回收沼气用于厂内供电供能，实现在废水治理的同时回收能源减少碳排放；选择合适的低碳水处理技术，可以减少外加碳源[②]；还可以利用污水处理厂屋顶安装太阳能光伏设施，提高清洁能源使用率。在实施城市生活垃圾焚烧发电回收能源和减少温室气体排放的过程中，通过垃圾分类可提高焚烧效率，通过采取入炉前预处理、3T+E 分解（燃烧温度不低于 850 °C、气体的停留时间不小于 2 秒、湍流强化燃烧、控制氧量）、炉外低温合成控制（控制二噁英的再生区间、防止受热面积灰）和末端排放控制（活性炭吸附、SCR）等方式，减少二噁英的产生和排放。[③] 同时还可以通过接入光伏、风电等可再生能源电力，减少温室气体的间接排放量。

（三）实现“双碳”目标与生态治理的协同

在 2020 年 12 月气候雄心峰会上，国家主席习近平在重申中国碳达峰、碳中和目标的同时提出，到 2030 年，中国森林蓄积量将比 2005 年增加 60 亿平方米。[④] 除了传统的森林碳汇，即通过植树造林、退耕还林等措施吸收空气中的二氧化碳外，生态碳汇还包括草原、湿地、海洋等生态系统对碳排放量的吸收。生态碳汇更强调各生态系统

① Xilong Yao, Zhi Guo, Yang Liu 等：*Reduction potential of GHG emissions from municipal solid waste incineration for power generation in Beijing*，*Journal of Cleaner Production*，2019 年第 241 卷。
② 参见郑思伟、唐伟、闫兰玲等：《城镇污水处理厂污染物去除协同控制温室气体的核算及排放特征研究》，载于《环境污染与防治》2019 年第 5 期。
③ 参见周芳磊：《生活垃圾焚烧发电厂二噁英控制研究与实践》，载于《环境卫生工程》2019 年第 6 期。
④ 参见习近平：《继往开来，开启全球应对气候变化新征程——在气候雄心峰会上的讲话》，载于《人民日报》2020 年 12 月 13 日。

之间的整体性及对全球碳平衡的影响。[①]在推进碳达峰、碳中和进程中，增汇和减排具有同等重要的作用，生态建设与碳减排的目标一致，可以实现协同治理。充分培育和利用森林、草原、海洋、湿地、土壤的固碳能力，做好山水林田湖草沙一体化保护与修复、土地整治、矿山复垦与生态重建、蓝色海洋保护修复等工作，可以提高生态系统碳汇，助力“双碳”目标的实现。例如，采煤区土壤表层和表面植被往往遭到严重破坏，降低了生态系统固碳能力，采煤堆积的煤矸石可以发生氧化自燃反应，排放大量二氧化碳。[②]因此，对矿区进行生态修复可以提高生态系统的固碳能力，避免无谓的碳排放，实现碳减排与生态治理的协同。随着碳达峰、碳中和进程的推进，一系列的碳汇建设将会促进生态环境的持续改善。

（四）防范低碳化措施带来的潜在生态环境风险

发展可再生能源替代化石能源是实现碳达峰、碳中和目标的必要措施。然而，太阳能与风能的能量密度小，需要较大的集能面积，大规模建设太阳能和风能发电场，安装太阳能光伏板和风力涡轮机，会改变地表属性，还有可能通过陆气相互作用过程，改变局地气候。[③]风电站在运行过程中可能会破坏动物栖息地，导致鸟类碰撞以及产生噪声、视觉等一些消极的生态环境影响。[④]水电站在建设过程中，大量的基础设施建设会导致景观破坏，拦截引流会导致水量分布的空间变化，从而导致下游河段生态系统退化。[⑤]抽水储能电站选址对地形要求较高，在建设过程中不可避免地影响着当地的自然环境和生态环境，

---

① 参见张守攻：《提升生态碳汇能力》，载于《人民日报》2021年6月10日。
② 参见闫美芳、王璐、郝存忠等：《煤矿废弃地生态修复的土壤有机碳效应》，载于《生态学报》2019年第5期。
③ 参见梁红、魏科、马骄：《我国西北大规模太阳能与风能发电场建设产生的可能气候效应》，载于《气候与环境研究》2020年第1期。
④ 参见蒋俊霞、杨丽薇、李振朝等：《风电场对气候环境的影响研究进展》，载于《地球科学进展》2019年第10期。
⑤ 参见庞明月、张力小、王长波：《基于能值分析的我国小水电生态影响研究》，载于《生态学报》2015年第8期。

甚至对当地居民的生活产生影响。①

碳捕集与封存（CCS）技术是兼顾能源利用、经济持续发展与二氧化碳规模化减排的战略性新兴技术②，分为二氧化碳捕集、二氧化碳运输和二氧化碳封存3个阶段。大规模的CCS技术应用还存在一些潜在的生态环境影响风险。比如，在捕集二氧化碳的过程中，需要消耗额外的能源保证其正常运行，产生氮氧化物（NOx）和二氧化硫等大气污染物和固体废弃物。二氧化碳运输过程中可能产生泄漏。二氧化碳封存地下可能会对水文地质及生态系统产生影响，包括二氧化碳注入过程中可能导致地下水受到污染，也会使储藏地层中的盐水酸化。③如果发生二氧化碳向土壤中泄漏量和浓度增大，农作物的生长会受到抑制。④

核能是清洁、高效的能源，对于实现“双碳”目标具有重要的意义。然而从整个燃料链看，工业生产过程中仍会有温室气体和局地污染物的排放。⑤在核电厂的运行过程中，产生的人工放射性核素也会部分释放到环境中。⑥核废水和核废料也是发展核电站需要关注的问题。

对于一些碳达峰、碳中和措施可能会产生的生态环境风险，在具体实施过程中需要做好充分的生态环境影响评估，考虑包括科学规划、合理选址等在内的措施，提出应对风险降低影响的对策。同时，不断通过研发提高减碳措施的技术先进性、安全性、稳定性，防范不利影响的发生。

---

① Yigang Kong, Zhigang Kong, Zhiqi Liu：*Pumped storage power stations in China: The past, the present, and the future*, *Renewable &Sustainable Energy Reviews*，2017年第71卷。

② 参见魏凤、江娴、周洪等：《基于CCS的MEA脱碳技术全球专利发展态势》，载于《化工进展》2015年第12期。

③ 参见刘兰翠、曹东、王金南：《碳捕获与封存技术潜在的环境影响及对策建议》，载于《气候变化研究进展》2010年第4期。

④ 参见韩耀杰、张雪艳、马欣等：《地质封存CO_2泄漏对玉米根系形态的影响》，载于《生态学报》2019年第20期。

⑤ 参见吴宜灿、王明煌、付雪微等：《核能对全球变暖和人类健康影响初步研究》，载于《核科学与工程》2018年第3期。

⑥ 参见姜子英、潘自强、程建平等：《我国煤电链与核电链的外部成本比较研究》，载于《中国原子能科学研究院年报》2008年。

五、碳达峰碳中和与能源安全目标的协同

“双碳”目标实现的核心是能源结构的调整，特别是以零碳能源代替传统化石能源。在能源转型的过程中，能源安全问题不可忽视，解决好零碳能源供应的间歇性和不稳定性问题，确保零碳能源的安全生产，是实现“减碳不减安全”的关键。

（一）实现“双碳”目标与保障能源稳定的协同

“双碳”目标对风电、光伏等可再生能源电力发展提出了更高的要求。有研究预计，为了实现碳达峰、碳中和目标，2030 年、2050 年、2060 年，我国电力总装机预计达到 38 亿千瓦、75 亿千瓦和 80 亿千瓦，其中清洁能源装机为 25.7 亿千瓦、68.7 亿千瓦、76.8 亿千瓦，2060 年超过 96% 的装机和发电量均由清洁能源承担。[①] 然而需要注意的是，虽然清洁能源电力能够减少温室气体的排放，但清洁能源电力如太阳能发电和风电具有间歇性、不稳定性等特征，容易受到时间和气候干扰。同等装机规模的光伏发电在中午时刻发电量最多，晚上无电力输出；风电受风力大小等影响，出力负荷也具有波动性。大规模风电、光伏电力上网不利于电网稳定，一旦出现长时间的无风或阴雨等不利天气，电力供应将会中断，甚至出现电网崩溃现象。例如，美国得克萨斯州在天然气、煤炭和核能发电之外，风电和太阳能发电也占有相当比例，2020 年风力发电占比 22.9%，太阳能发电占比 2.2%。得克萨斯州在 2021 年 2 月受极端严寒气候影响，连续多天的冻雨和降雪导致风力涡轮机等设施被冻，风力发电量下降 60%，光伏

① 参见《中国 2060 年前碳中和研究报告》，全球能源互联网发展合作组织 2021 年 3 月。

面板因被冰雪覆盖，发电量也下降了 68%。[①]

目前，提高清洁能源电力稳定性的主要可行途径是发展可再生能源电力加储能技术，包括光伏—储能—热电联产技术[②]，超导储能技术[③]，超级电容加蓄电池或者储氢等能量型的储能，构成混合储能系统[④]，风光 + 抽水储能技术等。

事实上，由于传统的火力发电技术已经相当成熟，在电力系统中起基荷作用，若“一刀切”地去煤电产能，将导致煤电行业的投资过低、退出过快；如果可再生能源在短期内无法及时有效填补传统能源退出留下的空白，会引起区域性、间歇性的能源短缺。因此，在降低化石能源比例，提高可再生能源占比时，应该全局规划，循序渐进；考虑对煤电机组进行灵活性改造，用以协助解决大规模的风电和光伏等可再生能源上网带来的供电稳定性问题；应该结合每种能源的自身特点，根据其资源禀赋统筹规划，在满足社会能源需求的前提下，以最优成本进行能源供给，如利用核电、风电作为基荷电力，同时提高电网调控能力，实现风电、光伏、核电等零碳发电与可灵活调峰的煤电的多能互补，稳定安全供电。

电网调控的重要性还表现在其对清洁能源资源的空间调配。清洁能源地域分配不均，与我国东部和南部地区相比，西部和北部地区的人口相对较少，然而资源禀赋却更高。例如，内蒙古地区 70 米高度风力资源潜力占全国总量的 56.9%，太阳能资源潜力占比为 34.1%，2019 年人口数量仅为 2540 万人；而在 2019 年人口数量为 9640 万人的河南省，风能和太阳能资源潜力占比分别仅为 0.15% 和 0.29%。因

① 参见范旭强、吴谋远、陈嘉茹等：《美国得州停电事件对我国能源安全的启示》，载于《国际石油经济》2021 年第 3 期。

② 参见张雨曼、刘学智、严正等：《光伏—储能—热电联产综合能源系统分解协调优化运行研究》，载于《电工技术学报》2020 年第 11 期。

③ 参见郭文勇、蔡富裕、赵闯等：《超导储能技术在可再生能源中的应用与展望》，载于《电力系统自动化》2019 年第 8 期。

④ 参见江润洲、邱晓燕、陈光堂：《风电场混合储能系统优化配置方法》，载于《电力系统及其自动化学报》2015 年第 1 期。

此，通过“电网+储能”建设提高清洁能源电力的调丰济贫，解决清洁能源空间、时间分配问题，提高清洁能源利用率，提高零碳能源供给的稳定性，对于实现“双碳”目标具有十分重要的作用。[①]加快建设以特高压为骨干网架的电网，加强我国与周边国家的电网互通，有利于充分实现可再生能源的利用。

（二）实现“双碳”目标与安全生产的协同

由于可再生能源的不稳定性，需要储能技术的配合，因此可再生能源的发展将带动储能行业的发展。储能具有削峰填谷、调峰调频、提升电能质量、稳定新能源输出、促进新能源消纳等作用。然而储能技术的成熟度尚待提高，其存在的安全隐患对可再生能源的发展存在一定制约作用。2021年北京国轩福威斯光储充技术有限公司储能电站发生爆炸事故。[②] 2017—2020年，韩国发生29起电化学储能电站火灾事故。有研究通过对中国、韩国、美国的典型电化学储能电站安全事故进行分析发现，发生储能安全事故的主要原因是锂电池易燃，伴随有热失控发生，但引发的事故点往往不是电池，更多的起因是电气事故。[③]

随着光伏发电技术应用场景越来越多，也表现出一定的安全风险。如2018年4月19日，安徽铜陵某地面光伏电站发生火灾；2020年2月2日，山西运城稷山县太阳能光伏发电项目所在的山坡上发生火灾。[④]

核电具有温室气体排放量少、能量高的特点，但历史上曾经发生过的安全事故也引发广泛关注。1986年切尔诺贝利核泄漏事件导

---

① 参见张振宇、王文倬、王智伟等：《跨区直流外送模式对新能源消纳的影响分析及应用》，载于《电力系统自动化》2019年第11期。
② 参见《痛心！北京储能电站爆炸，行业要付出的代价太大了！》，全国能源信息平台2021年4月20日。
③ 参见安坤、田政、赵锦等：《浅析电化学储能电站建设中存在的安全隐患及解决措施》，载于《电器与能效管理技术》2020年第10期。
④ 参见《关注光伏电站安全，刻不容缓》，全国能源信息平台2021年3月1日。

致 27 万人患上癌症，致死 9.3 万人，据估计，核泄漏暴露的放射性元素，需要 800 年才能彻底解决。2011 年由海啸引起的日本福岛核泄漏事故，引起了当地动物和植物的变异；2021 年日本政府决定将福岛第一核电站的核污水经过稀释后排入大海，但核污水中难以处理的放射性元素可能会通过食物链、生物链等方式对人体健康以及生态系统产生负面影响，周边国家普遍表示强烈反对。

这些事件提醒我们，发展低碳能源，仍需要提高安全意识，健全规章管理制度，加强安全管理，消除安全隐患。

六、碳达峰碳中和与保留传统文化、生活方式的协同

碳达峰、碳中和目标的提出，将彻底重构以化石燃料为基础的产业格局和基础设施布局，伴随而来的，是一些化石燃料时代文化标志的逐步消亡。例如，缓慢穿梭在青山绿水间的蒸汽机车、柴油机车、绿皮火车，承载集体生活回忆的厂矿区宿舍，春节夜晚燃放的美丽烟花以及柴火烟熏的美味腊制品，等等。与此同时，一些传统的高碳工业知识和技术的应用场景将极大受限甚至面临淘汰，如焦炭还原炼钢技术、燃煤发电技术、内燃机，等等。这些知识和技术曾经体现了人类工业发展和科技发展的辉煌历程。各种工业遗迹及其承载的工业知识技术以及蕴藏其中的传统文化与生活习俗，是彻底遗弃，还是去芜存菁加以适当保留？值得深思。

欧美国家一些工业基地的转型经历可以作为我们的参考。鲁尔区曾是德国的钢铁煤炭之都，它创造的产值一度占德国国内生产总值的三分之一，钢铁产量占全国的 70%，煤炭产量的比重达 80%。随着世界石油和天然气工业的兴起，鲁尔地区的煤炭工业逐渐萧条，全球化的分工又让大部分钢铁制造业退出历史舞台，以冶炼和煤炭为基础

的化工产业也难以为继。在艰难的经济转型和结构调整中，鲁尔区没有采取大拆大建方式，而是进行统一规划设计，开展了埃姆舍尔河整治、工业景观修复、废弃工业设施再利用、研究中心建设等一系列改造，完整保留了当地工业文化遗产，高炉、煤气罐、井架、厂房建筑等大量工业遗迹都被完好地保留了下来，并被改造为博物馆、展览厅、歌剧院甚至生活办公场所。例如，杜伊斯堡景观公园将一座废弃的瓦斯罐改造成为潜水训练基地，一些高大的混凝土建筑外墙则被改造成攀岩场地。艾姆舍尔公园则将废弃的厂房和设施建成博物馆和景观公园，往地下数百英尺输送矿工的管道以及其他机器被改造成展览室，瓦斯罐也被改造为文化活动站，人们可以在此举行音乐会、聚会，表演及召开会议等。通过工业遗产的改造更新，昔日的煤炭钢铁之都鲁尔区如今已经成了“欧洲文化首都”。

国内的一些老工业城市也在积极探索工业遗产保护利用的新途径，努力挖掘工业遗产文化内涵，将其改造为集城市记忆、知识传播、创意文化、休闲体验为一体的文化创意园区。例如，重庆市以重钢原型钢厂为依托，建设了重庆工业博物馆。重庆工业博物馆由主展馆、“钢魂”馆以及工业遗址公园等构成。其中主展馆利用了老厂房遗留的柱、梁基础。“钢魂”馆则是在全国第七批重点文物保护单位“重庆抗战兵器工业旧址群——钢迁会生产车间”旧址上进行了活化利用。工业遗址公园场地展示了珍贵工业设备展品以及多座主题雕塑、装置艺术和工业先驱人物雕像。重庆工业博物馆一方面通过各种工业设备实物，全面展示了重庆对外开埠后民族工业的振兴历史，以及重庆工业为中国抗战、国民经济恢复、重庆城市化进程、中国工业化进程作出的贡献；另一方面也将工艺流程、技术原理等附着在工业遗产上的知识和信息展现出来。

化石燃料时代是人类历史文明进程的重要一环，代表着人类由依赖自然、自给自足的农耕社会走向劳动分工精细化、劳动节奏同步化、劳动组织集中化、生产规模化和经济集约化的工业社会的历程，饱含着人类认识、改造、利用自然的经验，承载着人类的深厚情感记忆，是人类文化传承的重要组成部分。同时，人类未来的发展征途仍存在一定的不确定因素，适度保留和维持化石能源知识、技术、技能、装备、基础设施，有助于应对极端情况带来的风险。因此，在逐步去碳化的过程中，我们也应当保留好化石燃料时代的工业文明遗迹，并以这类工业遗产为载体，保留传统工业技术的知识脉络。

第十一章 碳汇对碳达峰碳中和的作用

李金良

林业已纳入应对全球气候变化的国际进程，是应对气候变化国际进程的重要内容。林业是应对气候变化国家战略的重要组成部分。2009 年中央林业工作会议指出，在应对气候变化中林业具有特殊地位。应对气候变化，必须把发展林业作为战略选择。因此，林业对应对气候变化，特别是对碳达峰、碳中和具有重大意义。除森林之外，海洋、草原、湿地等生态系统，也对实现国家碳达峰、碳中和目标具有特殊意义。为落实国家碳达峰、碳中和目标，有必要了解碳汇常识及碳汇对碳达峰、碳中和的作用，了解碳汇的地位、潜力以及主要增汇途径。

一、碳汇常识及其重要意义

（一）碳汇相关概念

碳汇和碳源是与气候变化密切相关的概念。《联合国气候变化框架公约》（UNFCCC，以下简称《公约》）将“汇”或“碳汇”定义为：从大气中清除温室气体、气溶胶或温室气体前体的任何过程、活动或机制。换言之，碳汇是指从大气中吸收二氧化碳等温室气体的过程、活动或机制。同时，《公约》将“源”或“碳源”定义为向大气排放温室气体、气溶胶或温室气体前体的任何过程或活动。换言之，碳源是指向大气中释放二氧化碳等温室气体的过程、活动。

“森林碳汇”和“林业碳汇”是我们经常遇到的两个基本概念。森林碳汇是指森林生态系统吸收大气中的二氧化碳，并将其固定在植被和土壤中，从而减少大气中二氧化碳浓度的过程、活动或机制。林业碳汇，通常是指通过森林保护、湿地管理、荒漠化治理、造林和更新造林、森林经营管理、采伐林产品管理等林业经营管理活动，稳定和增加碳汇量的过程、活动或机制。

森林碳汇体现了森林的自然属性，而林业碳汇还包含了政策管理的内容，比森林碳汇内容更广泛。实践中森林碳汇和林业碳汇可通用，但较常用林业碳汇。①

① 参见李怒云：《中国林业碳汇》，中国林业出版社2016年版，第6页。

（二）碳汇分类方法

为了便于公众理解和推广普及，我们把碳汇按色彩分为“三色”碳汇，分别是绿色碳汇、蓝色碳汇和白色碳汇。

绿色碳汇是绿色植物产生的碳汇。它是指绿色植物从大气中吸收、固定二氧化碳的过程、活动和机制。如森林碳汇、草原碳汇、农作物碳汇等。以森林为主体的陆地生态系统吸收大约 28% 的人为碳排放。

蓝色碳汇是蓝色大海相关的碳汇，又称为海洋碳汇。它是指海洋及其生物吸收固定二氧化碳等温室气体的过程、活动或机制。如海草床、红树林、海藻、珊瑚、潮间带植物固碳等。海洋大约吸收 26% 的人类碳排放，是一个巨大的碳汇。海洋碳汇比较稳定。

白色碳汇是白颜色的碳汇。它是指陆地生态系统中形成的碳酸钙固碳，如喀斯特地貌、珊瑚礁、近海养殖形成的贝壳、鲍鱼壳，等等。不过，白色碳汇大多数是自然产生的，人类难以干预白色碳汇的形成和产量。而人为近海养殖产生的各种贝壳，实际产量不大，对减缓气候变暖影响不明显。

（三）碳汇重要意义

以全球气候变暖为主要特征的气候变化问题已成为世界各国共同面临的重要危机和严峻挑战，直接威胁到人类社会的生存和发展。工业革命以来的 200 多年间，人类过量使用化石燃料和毁林排放二氧化碳、甲烷等温室气体造成温室效应加剧，则是气候变暖的根源。因此，增加温室气体吸收汇或碳汇与减少温室气体排放源是减缓气候变化的两大途径。

我们知道，碳汇特别是林业碳汇可以清除人类排放到大气中的二氧化碳，通过光合作用把二氧化碳和水转化为有机物质，储存在植物体和土壤中，从而减少大气中二氧化碳的整体数量和浓度含量，从而发挥减缓气候变暖的重要作用，同时腾出温室气体的排放空间，为工业部门排放二氧化碳等温室气体释放宝贵空间。此外，林业碳汇还具有多重效益。因此，在应对气候变化中，碳汇的意义重大，影响深远。

二、林业碳汇对碳达峰碳中和的作用

（一）林业碳汇的重要意义

森林是陆地生态系统中最大的储碳库和最经济的吸碳器。森林具有增加碳汇的功能，森林植物生物量中含碳量大约是 50%。研究显示：森林树木每生长 1 立方米蓄积量或相当于生长 1 吨的生物量，大约吸收固定 1.83 吨二氧化碳。据政府间气候变化专门委员会（IPCC）估算：全球陆地生态系统中储存了约 2.48 万亿吨碳，其中 1.15 万亿吨碳贮存在森林生态系统中。全球森林生态系统吸收和储存的碳占全球每年大气和地表碳流动量的 90%。森林发挥着巨大的吸碳和储碳的碳汇功能。森林这种碳汇功能，对维护全球生态安全、应对气候变化发挥着重要作用。

林业已纳入应对全球气候变化的国际进程，是应对气候变化国际进程的重要内容。林业是气候谈判的重要议题，也是最容易达成共识的议题。政府间气候变化专门委员会第四次评估报告（IPCC，2007 年）指出：林业具有多种效益，兼具减缓和适应气候变化的双重功能，是未来 30—50 年增加碳汇、减少排放的成本较低、经济可行的重要措施。

2015 年 12 月达成、2016 年 11 月 14 日正式生效的《巴黎协定》明确规定，公约 195 个缔约国将以“自主贡献”方式参与 2020 年后全球应对气候变化行动。按照“共同但有区别责任原则”，发达国家带头减排并加强对发展中国家的资金、技术等支持，帮助适应气候变化。从 2023 年起，每 5 年将对全球应对气候变化行动进展情况进行一次盘点以敦促各国减排。《巴黎协定》的长远目标是确保全球平均气温较工业化前水平升高控制在 2 °C 之内，并为把升温控制在 1.5 °C 之内“付出努力”。与会各方承诺将尽快实现温室气体排放不再继续增加；在 21 世纪下半叶实现温室气体的人为排放与碳汇之间的平衡（净零排放）。更重要的是，《巴黎协定》将林业条款单列作为第五条，进一步加强了林业的重要地位。森林条款规定：2020年后各国应采取行动，保护和增强森林碳库和碳汇，继续鼓励发展中国家实施和支持"减少毁林和森林退化排放及通过可持续经营森林增加碳汇行动（REDD+）"，促进"森林减缓以适应协同增效及森林可持续经营综合机制"。强调关注保护生物多样性等非碳效益。

在2019年9月联合国气候行动峰会上，联合国秘书长邀请中国和新西兰牵头负责《基于自然的解决方案》（NbS）。基于自然的解决方案是促进应对气候变化与保护生态环境和可持续发展协同治理的重要途径。为实现控制温升2 ℃目标，21世纪下半叶或中叶全球要求实现净零排放目标。发挥土地利用、土地利用变化和林业（LULUCF）的增汇潜力，从而抵消碳排放部门的剩余排放。

我国政府高度重视林业应对气候变化，特别是在碳达峰、碳中和中的重要作用。林业是应对气候变化国家战略的重要组成。2009年中央林业工作会议强调：在贯彻可持续发展战略中林业具有重要地位，在生态建设中林业具有首要地位，在西部大开发中林业具有基础地位，在应对气候变化中林业具有特殊地位。明确应对气候变化，必须把发展林业作为战略选择。并且成立专门机构管理林业碳汇与林业应对气候变化工作。先后在国家林业局（现国家林业和草原局）成立碳汇办、能源办（正处级）、气候办（正处级）以及亚太森林恢复与可持续管理网络中心和中国绿色碳汇基金会等两个正司级实施机构。参加国际气候涉林议题谈判，制定和发布相关政策文件，组织编写林业碳汇项目方法学，指导开发林业碳汇项目，组织开展科学研究和相关能力建设，组织开展60多个林业碳中和项目活动。

林业碳汇具有生态、社会和经济等多重效益，受到国际社会的高度关注和普遍欢迎。林业碳汇是典型的生态产品。发展林业，增加林业碳汇对于应对气候变化和国家碳达峰、碳中和目标实现具有重大意义。主要体现在：第一，有利于落实联合国《巴黎协定》和国家碳达峰、碳中和重大战略决策，落实党的十八大报告“提供更多的优质生态产品”和党的十九大报告有关生态文明建设和绿色发展的重要精神。第二，有利于探索“绿水青山”转化“金山银山”的路径，践行“绿水青山就是金山银山”重要理念，促进美丽中国建设和绿色发展。第三，有利于巩固脱贫成果，落实国家乡村振兴战略。

（二）我国林业碳汇的作用和潜力

1. 我国林业碳汇的作用

我国政府高度重视林业碳汇，把增加森林碳汇作为中国应对气候变化重要目标。2009 年，我国政府向国际社会承诺控制温室气体排放的目标：到 2020 年，单位国内生产总值二氧化碳排放比 2005 年下降 40%~45%；非化石能源占一次能源消费的比重在 15% 左右；森林面积和蓄积量分别比 2005 年增加 4000 万公顷和 13 亿立方米（林业双增目标）。

2015 年，我国政府向联合国提交的国家自主贡献文件（NDC）中，确定到 2030 年我国自主控制温室气体排放的目标是：到 2030 年左右二氧化碳排放达到峰值并争取尽早实现，单位国内生产总值二氧化碳排放比 2005 年下降 60%~65%；非化石能源占一次能源消费比重达到 20% 左右；森林蓄积量比 2005 年增加 45 亿立方米。[①]

2016 年，“十三五”规划确定了国家控制温室气体排放的目标：单位国内生产总值二氧化碳排放到 2020 年比 2015 年降低 18% 的目标；非化石能源占一次能源消费比重从 12% 提高到 15%；森林蓄积量从 2010 年的 151 亿立方米增加到 165 亿立方米，年均增长 14%。

2020 年 12 月 12 日，国家主席习近平在气候雄心峰会上宣布中国国家自主贡献一系列新举措。到 2030 年，我国单位国内生产总值二氧化碳

① 其中，45 亿立方米的森林蓄积量增长目标已于 2019 年提前完成。

排放将比 2005 年下降 65% 以上，非化石能源占一次能源消费比重将达到 25% 左右，森林蓄积量将比 2005 年增加 60 亿立方米，风电、太阳能发电总装机容量将达到 12 亿千瓦以上。由上可见，增加森林碳汇在国家控制温室气体排放目标以及在国家应对气候变化中的重要地位。

《中共中央 国务院关于完整准确全面贯彻新发展理念做好碳达峰碳中和工作的意见》明确了到 2025 年，森林覆盖率达到 24.1%，森林蓄积量达到 180 亿立方米；到 2030 年，森林覆盖率达到 25% 左右，森林蓄积量达到 190 亿立方米的阶段性目标，持续巩固提升碳汇能力，巩固生态系统碳汇能力，提升生态系统碳汇增量。《2030 年前碳达峰行动方案》也将碳汇能力巩固提升行动列为“碳达峰十大行动”之一。

综上所述，在我国应对气候变化战略、履行《巴黎协定》义务和国家控制温室气体排放中，赋予了林业重大使命，林业碳汇具有不可或缺的重要作用。

2．我国林业碳汇的潜力

我国在发展林业、增加林业碳汇方面进行大量探索实践，作出了巨大努力，取得了重大成就。根据我国第九次全国森林资源清查结果：森林面积 2.2 亿公顷，森林覆盖率 22.96%，森林蓄积 175.6 亿立方米，人工林 7954.28 万公顷，森林植被总生物量 188.02 亿吨，总碳储量 91.86 亿吨碳。新中国成立之初，森林覆盖率仅有 8.6%，森林面积仅有 8000 多万公顷（约 12 亿亩）。经过 70 多年坚持不懈植树造林，我国的森林覆盖率增加了 1.6 倍多，2020 年底达到 23.04%，森林面积达到了 2.2 亿公顷（33 亿亩）。[①]

2019 年，我国发布的国家温室气体清单：2010 年和 2014 年温室气体排放总量分别为 105.44 亿吨二氧化碳当量和 123.01 亿吨二氧化

① 参见朱隽：《山水林田湖草一体化保护修复 “十三五”时期自然保护地增加七百多个》，载于《人民日报》2020 年 12 月 18 日。

碳当量。其中，年土地利用、土地利用变化和林业的温室气体吸收汇分别为 9.93 亿吨二氧化碳当量和 11.15 亿吨二氧化碳当量。扣除碳汇（吸收汇）之后，我国 2010 年和 2014 年温室气体净排放为 95.51 亿吨二氧化碳当量和 111.86 亿吨二氧化碳当量。碳汇抵消排放的比例分别是 9.42% 和 9.34%（接近 10%）。

根据我国森林资源清查数据，目前全国现有森林 60% 以上是中幼龄林，亟待进行森林抚育和科学经营。在国家和地方积极加强森林经营管理，努力建设绿水青山的前提下，我国森林蓄积生长量将得到明显上升。假如，我们把全国平均每公顷森林蓄积量从目前的 100 立方米，提高到林业发达国家的 300 立方米或以上，把人工林的平均公顷蓄积量从目前的 50 立方米提高到 300—800 立方米，就可以大量增加森林碳汇，在减缓气候变暖、助力碳达峰、碳中和的同时，发挥森林众多的生态、经济、社会效益，造福人类。

除了国家温室气体清单数据之外，值得关注的是，2020 年 10 月 28 日国际知名学术期刊《自然》发表了题为《基于大气二氧化碳数据的中国陆地大尺度碳汇估测》（“Large Chinese land carbon sink estimated from atmospheric carbon dioxide data”）的研究论文，引起了英国广播电台（BBC）[①]、新华社、《人民日报》、人民网、《中国绿色时报》等国内外媒体的广泛关注和报道。

据《中国绿色时报》2020 年 11 月 20 日报道，国际知名学术期刊《自然》发表的多国科学家最新研究成果显示，2010—2016 年中国陆地生态系统年均吸收约 11.1 亿吨碳（约 40.7 亿二氧化碳当量），相当于吸收了同时期人为碳排放的 45%。这一成果表明，此前我国陆地生态系统碳汇能力被严重低估。当天，英国广播公司（BBC）网站对这一成果进行报道，为中国森林碳汇能力点赞，称中国植树造林有利

① 参见英国广播电台（BBC）:《中国植树造林的碳吸收作用“被低估了”》，载于《中国日报 · 双语新闻》2020 年 11 月 26 日。

于碳中和。①

这项研究成果由中国科学院大气物理研究所联合中国气象局、国家林业和草原局调查规划设计院以及英国爱丁堡大学、美国宇航局等权威单位共同完成。该项研究基于实地考察和卫星观测，采用天地一体化新方法，分析出我国两个区域的新造树林吸收二氧化碳规模被低估了。两地碳汇占我国整体陆地“碳汇”的35%多一点。主要被低估的地区：西南部的云南、贵州和广西三地，以及东北部，主要是黑龙江和吉林。

根据IPCC调研研究，这种通过多源温室气体观测数据结合气象反演模式，以直观和快速的方式反映温室气体“排放”或“留存”在大气中的温室气体总量，是独立评估及验证国家温室气体排放清单结果的重要方式之一，也被联合国政府间气候变化专门委员会纳入《IPCC国家温室气体清单编制指南2019增补指南》。世界气象组织也正在积极开发“全球温室气体综合信息系统”以推进该项工作。

刘毅研究团队表示，该研究结果在一定程度上依赖于新增的地面观测资料，但由于人为排放和陆地生态系统存在很大的时空变化，现有观测仍显不足。②未来，卫星将进一步提升观测能力，弥补现在观测的不足，从而建立更全面的观测体系、提供更准确的碳收支数据，为我国实现碳中和目标提供科技支撑。

上述《自然》杂志文章中生态系统碳汇对国家碳达峰、碳中和的贡献比之前的估计大大提高。考虑到该新方法学是不同于IPCC国家温室气体清单指南的碳汇核算方法学，应积极关注其科学性、可行性、可靠性、不确定性的研究，为准确核算陆地生态系统碳汇提供科学依据。

---

① 参见吴兆喆、李青：《中国陆地生态系统年均固碳11.1亿吨》，载于《中国绿色时报》2020年11月20日。

② 参见丁佳：《〈自然〉：中国陆地生态系统碳汇能力被严重低估》，载于《中国科学报》2020年10月30日。

（三）我国增加林业碳汇的主要途径

根据国家林业局应对气候变化林业行动计划[①]和相关研究实践成果，我国增加林业碳汇的途径主要如下。

1．科学开展植树造林

具体途径有：

（1）大力推进全民义务植树。各级政府要继续按照全国人大《关于开展全民义务植树运动的决议》和国务院《关于开展全民义务植树运动的实施办法》，把开展好全民义务植树纳入重要议事日程，层层落实领导责任制。

（2）实施重点工程造林，不断扩大森林面积。认真实施好天然林保护工程、退耕还林还草工程、京津风沙源治理工程、“三北”防护林工程，长江、珠江、沿海防护林和太行山、平原绿化工程，重点地区速生丰产林基地建设工程和2000万公顷的国家储备林基地建设工程，逐步增强天然林和人工林的碳汇能力。

（3）加快珍贵树种用材林培育。在适宜地区，结合国家储备林项目、工业原料林基地、天然林保护和退耕还林工程，积极建立珍贵树种用材林培育基地，提高林分光能利用率和林分生产力。

2．发展林业生物质能源，减少化石能源排放

实施能源林培育和加工利用一体化项目。实施《全国能源林建设规划》：一是要充分利用山区、沙区等边际土地和宜林荒地，大力发展木本油料树种，建设一批以生产生物柴油为目的的油料能源林示范基地；二是要充分利用退耕还林、防沙治沙工程发展起来的灌木资源，以及主伐、间伐、木材加工剩余物，加工成用于直燃发电或供热

---

① 参见国家林业局：《应对气候变化林业行动计划》，中国林业出版社2010年版，第21页。

的高效固体成型燃料；三是要积极支持开发生物质能高效转化发电技术、定向热解气化技术和液化油提炼技术，逐步形成原料培育、加工生产、市场销售、科技开发的“林能一体化”格局。

3．加强森林可持续经营利用

（1）实施森林经营项目。制定和实施“人工商品林经营规划”“全国重点公益林经营规划”。在国家和省级层面上，重点落实分区施策、分类管理，按照不同自然、地理特点和经济状况进行区划，合理划定公益林和商品林。针对不同区域、不同类型森林采取相应的管理政策。

（2）扩大封山育林面积，科学改造人工纯林。要尽可能地扩大封山育林面积，加快次生林恢复的进程。要加强对现有人工林的经营管理。尽可能避免长期在相同的立地上多代营造针叶纯林。要根据未来气候变化情景，尽量避免在我国气候带交错区域营造大面积人工纯林，努力增强人工纯林抗御极端和灾害性天气的能力。

4．加强森林资源保护

（1）加强森林资源采伐管理。严格执行林木采伐限额制度，对公益林和商品林采伐实行分类管理。公益林要完善森林生态效益补偿基金制度，确保稳定高效地发挥其生态效益。商品林尤其是速生丰产用材林和工业原料林，要依法放活和优先满足其采伐指标。

（2）加强林地征占用管理。科学编制“林业发展区划”和“全国林地保护利用规划纲要”，明确不同区域林业发展的战略方向、主导功能和生产力布局。强化林地保护管理，把林地与耕地放在同等重要的位置，采取最严格的保护措施，建立和完善林地征占用定额管理、专家评审、预审制度。

（3）提高林业执法能力。逐步建立起权责明确、行为规范、监督有效、保障有力的林业行政执法体制，充分发挥各级林业主管部门及其森林公安、林政稽查队、木材检查站、林业工作站以及广大护林员队伍的作用，加强森林资源保护。要加大执法力度，依法严厉打击各类破坏森林资源的违法行为。

（4）提高森林火灾防控能力。坚持“预防为主、积极消灭”的原则，采取综合措施，全面提升森林火灾综合防控水平，最大限度地减少森林火灾发生次数，降低火灾损失。

（5）提高森林病虫鼠兔危害的防控能力。坚持“预防为主、科学防控、依法治理、促进健康”的方针，做好森林病虫鼠兔危害的防治工作。修订《森林病虫害防治条例》。

5．发展健康的林业产业

（1）合理开发和利用生物质材料。要抓好生物质新材料、生物制药等开发和利用工作。制定生物质材料开发利用规划。落实《林业产业政策要点》，避免低水平重复，控制高耗能高污染企业，促进林业循环经济发展。

（2）加强木材高效循环利用。积极推进木材工业“节能、降耗、减排”和木材资源高效、循环利用，大力发展木材精加工和深加工工业。积极发展木材保护业，改善木材使用性能，延长木材产品使用寿命。

6．加强湿地恢复、保护和利用

（1）开展重要湿地的抢救性保护与恢复。重点解决重要湿地的生态补水问题，有计划地开展湿地污染物控制工作，实施湿地退耕（养）还泽（滩）项目，扩大湿地面积，提高湿地生态系统质量。根据湿地类型、退化原因和程度等情况，因地制宜地开展湿地植被恢复工作，提高湿地碳储量。

（2）开展农牧渔业可持续利用示范。建立国家级农牧渔业综合利用示范区、农牧渔业湿地管护区、南方人工湿地高效生态农业模式示范区、红树林湿地合理利用示范基地，优化滨海湿地养殖，实施生态养殖，促进我国农牧渔业对湿地的可持续利用，减少湿地破坏导致的温室气体排放。

三、林业碳汇产品生产与交易流程

（一）林业碳汇项目分类

当前，国内外开发的林业碳汇项目主要有 4 类：联合国清洁发展机制（CDM）碳汇造林项目、中国核证自愿减排量（CCER）碳汇项目、国际核证碳减排标准（VCS）碳汇项目和其他林业碳汇项目。

按照项目的核心技术措施，林业碳汇项目可分为两大类：一是在无林地上的造林项目，二是在有林地上的森林经营项目。林业碳汇项目与普通的造林和森林经营项目不同，碳汇营造林项目在设计、实施和监测等方面，都有着严格的规定。

（二）林业碳汇产品生产流程

我们应该如何规范有序地开发林业碳汇项目实现上市交易呢？根据国际国内有关规则和项目实践，林业碳汇项目开发与交易需要按一定的程序进行。以当前在国内碳市场可交易且林业部门最为关注的 CCER 林业与草原碳汇交易项目为例进行说明。根据国内外的通行做法和有关政策规定，将 CCER 林业碳汇项目开发程序归纳为 7 个步骤，分别是项目设计、项目审定、项目备案、项目实施、项目监测、减排量核证及其备案签发（见图 11-1）。

其余类型的林业碳汇项目开发流程与此大同小异，如 CDM 碳汇项目在提交联合国注册前，需获得国家发展和改革委员会的批准，而 VCS 碳汇项目不需要获得国家主管部门的批准。各步骤承担单位的差异主要在于项目审定核证机构、项目注册和签发部门的差异。

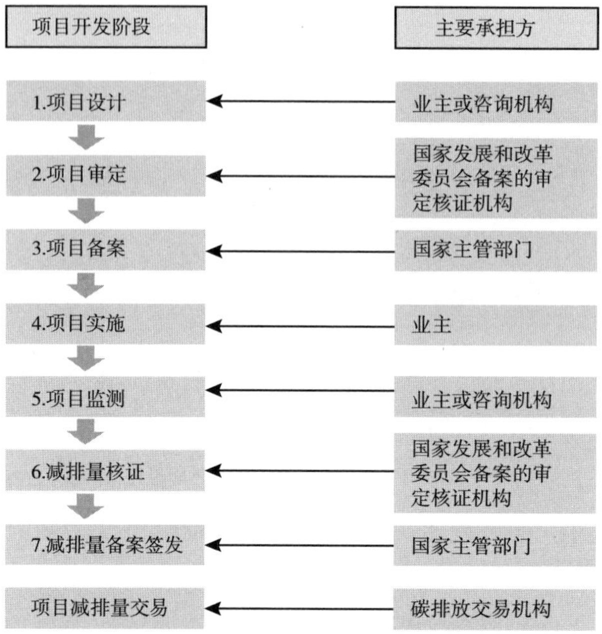

项目开发阶段	主要承担方
1.项目设计	业主或咨询机构
2.项目审定	国家发展和改革委员会备案的审定核证机构
3.项目备案	国家主管部门
4.项目实施	业主
5.项目监测	业主或咨询机构
6.减排量核证	国家发展和改革委员会备案的审定核证机构
7.减排量备案签发	国家主管部门
项目减排量交易	碳排放交易机构

图 11-1　CCER 林业碳汇项目开发与交易流程

根据国家主管部门已有的相关政策规则、林业碳汇开发程序和项目开发实践经验，将 7 个项目开发步骤的主要工作归纳总结如下。如果今后国家主管部门对现有施行的国家相关政策规则进行更新，应按更新后的相关政策规则执行。

1．项目设计

由技术部门（咨询机构），按照国家有关政策规则和方法学规定，对拟议项目进行初步评估，如果不符合基本条件，则放弃开发。如果达到基本条件且经济上可行，则开展碳汇项目的基准线识别，造林作业设计调查和编制造林作业设计（造林类项目），或森林经营方案或森林经营作业设计（森林经营类项目），并报地方林业主管部门审批，获取批复。

按照国家《温室气体自愿减排交易管理暂行办法》（发改气候〔2012〕1668号）、《温室气体自愿减排项目审定与核证指南》（发改气候〔2012〕2862号）和所选择的林业碳汇项目方法学的相关要求，由项目业主或咨询机构开展调研和开发工作，识别项目的基准线、论证额外性，预估减排量，编制减排量计算表、编写项目设计文件（PDD）并准备项目审定和申报备案所必需的一整套证明材料和支持性文件。通常，需要准备的项目材料要有：项目作业设计（造林项目）或森林经营方案（森林经营项目）、项目设计或方案批复、环保证明、项目开发协议、林权证及权属证明、项目设计文件、减排量计算表、监测样地计算表、开工证明、有关图纸（纸质和电子版本）等。

2．项目审定

由项目业主或咨询机构，委托国家主管部门批准备案的审定机构，依据《温室气体自愿减排交易管理暂行办法》《温室气体自愿减排项目审定与核证指南》和选用的林业碳汇项目方法学，按照规定的程序和要求开展独立审定。项目审定相关要求详见《温室气体自愿减排项目审定与核证指南》。由项目业主或技术咨询机构跟踪项目审定工作，并及时反馈审定机构就项目提出的问题和澄清项提供相关证明材料，修改、完善项目设计文件。审定合格的项目，由审定机构出具正面的审定报告。

截至目前，具有资质的审核CCER林业碳汇项目的审核机构有：中环联合（北京）认证中心有限公司（CEC）、中国质量认证中心（CQC）、广州赛宝认证中心服务有限公司（CEPREI），北京中创碳投科技有限公司、中国林业科学研究院林业科技信息研究所（RIFPI）、中国农业科学院（CAAS）等。

3．项目备案

项目备案，业内通常又称为项目注册。项目经审定后，向国家主管部门（生态环境部）申请项目备案。项目业主企业（国务院国资委管理的央企除外）需经过省级主管部门初审后转报国家主管部门，同时需要省级林业主管部门出具项目真实性的证明，证明土地合格性及项目活动的真实性。

国家主管部门委托专家进行评估，并依据专家评估意见对自愿减排项目备案申请进行审查，对符合条件的项目予以备案。对此程序的要求，今后国家主管部门或将进行优化调整。

项目备案申请需要提交的材料，见国家主管部门有关网站。

4．项目实施

根据项目设计文件（PDD）、林业碳汇项目方法学和造林或森林经营项目作业设计、方案等要求，开展营造林项目活动。项目实施是决定项目是否能够成功、是否获得预期碳汇减排量的关键，因此项目实施十分重要，必须引起高度重视，严格按照批准的作业设计执行，方能获得项目的预期林业成效和碳汇收益。

5．项目监测

按备案的项目设计文件及其监测计划、监测手册实施项目监测活动，测量造林或森林经营项目在监测期内实际产生的项目碳汇量和项目减排量，编写项目监测报告，准备核证所需的支持性文件，用于申请自愿减排量核证和备案。

监测报告需要根据国家主管部门公布的最新模板要求进行编写。项目业主或咨询机构应收集、准备好项目监测相关的文件资料，以备核证机构查询。

6．项目核证

由业主或咨询机构，委托国家主管部门备案的核证机构进行独立核证。核证程序与审定程序类似。项目核证相关要求详见《温室气体自愿减排项目审定与核证指南》。由项目业主或技术咨询机构陪同、跟踪项目核证工作，并及时反馈核证机构就项目提出的问题，修改、完善项目监测报告。审核合格的项目，核证机构出具项目减排量核证报告。

核证机构将监测报告、减排量计算表和核证报告上传国家主管部门专用邮箱。

7．减排量备案

减排量备案，业内通常又称为减排量签发。由项目业主直接向国家主管部门提交减排量备案申请材料。由国家主管部门委托专家进行评估，并依据专家评估意见对自愿减排项目减排量备案申请材料进行联合审查，对符合要求的项目给予减排量备案签发，出具减排量备案通知，并将签发的减排量发放至项目业主在国家自愿减排交易登记簿的账户中。

（三）CCER 林业碳汇交易流程

根据《国家温室气体自愿减排交易管理暂行办法》，包括林业碳汇在内的自愿减排项目减排量经备案签发后，在国家登记簿登记并在经备案的交易机构内交易。

自愿减排项目减排量在经国家主管部门备案的交易机构内，依据交易机构制定的交易细则进行交易。经备案的交易机构的交易系统与国家登记簿连接，实时记录减排量变更情况。

下面介绍 CCER 林业碳汇交易涉及的开户流程和交易流程。

1．国家自愿减排交易注册登记系统开户流程

国家自愿减排交易注册登记系统（以下简称“登记簿”）是记录国家核证自愿减排量（CCER）的签发、转移、取消、注销等流转情况的信息管理系统。根据 2015 年国家主管部门《关于国家自愿减排交易注册登记系统运行和开户相关事项的公告》（简称《公告》），自

愿减排交易参与方需按照以下步骤在登记簿中开立账户。

步骤 1：申请者提交材料。

自愿减排交易参与方是指企业、机构、团体和个人。参与方须到指定代理机构[①]提交相关材料以申请在登记簿中开户，申请材料清单见主管部门的相关网站。

步骤 2：指定代理机构审核材料。

指定代理机构对申请材料的完整性、真实性进行审核。若审核通过，指定代理机构在登记簿中录入信息并发起开户申请。指定代理机构须将开户申请表原件提交或邮寄至登记簿管理机构，并将所有申请材料的电子版发送至登记簿指定邮箱。

步骤 3：登记簿管理机构完成开户。

登记簿管理机构审核指定代理机构录入的开户信息和提交的材料。若信息无误且材料完整，审核通过并在系统中确认开户。若信息有误或材料缺失，申请者需完善材料后重新提交开户申请。

步骤 4：系统反馈。

系统邮件告知账户代表、联系人和指定代理机构开户的相关信息。

2．国家核证自愿减排量交易流程

林业碳汇 CCER 获得国家主管部门备案签发后，在国家气候变化主管部门备案的碳交易所进行交易，用于重点排放单位（控排单位）减排履约或者有关组织机构开展碳中和、碳补偿等自愿减排活动，履行社会责任，树立绿色形象。现以经国家主管部门备案的自愿减排交易机构之一上海环境能源交易所 CCER 交易为例，说明林业碳汇 CCER 交易的流程[②]（见图 11–2），其余交易所的 CCER 交易流程大致相同。

---

① 即经国家发展和改革委员会备案的自愿减排交易机构，包括北京环境交易所（现更名为北京绿色交易所）、天津排放权交易所、上海环境能源交易所、广州碳排放权交易中心、深圳排放权交易所、湖北碳排放权交易中心、重庆联合产权交易所、四川联合环境交易所、海峡股权交易中心。

② 参见《CCER 交易流程》，上海环境能源交易所网 2018 年 7 月 16 日。

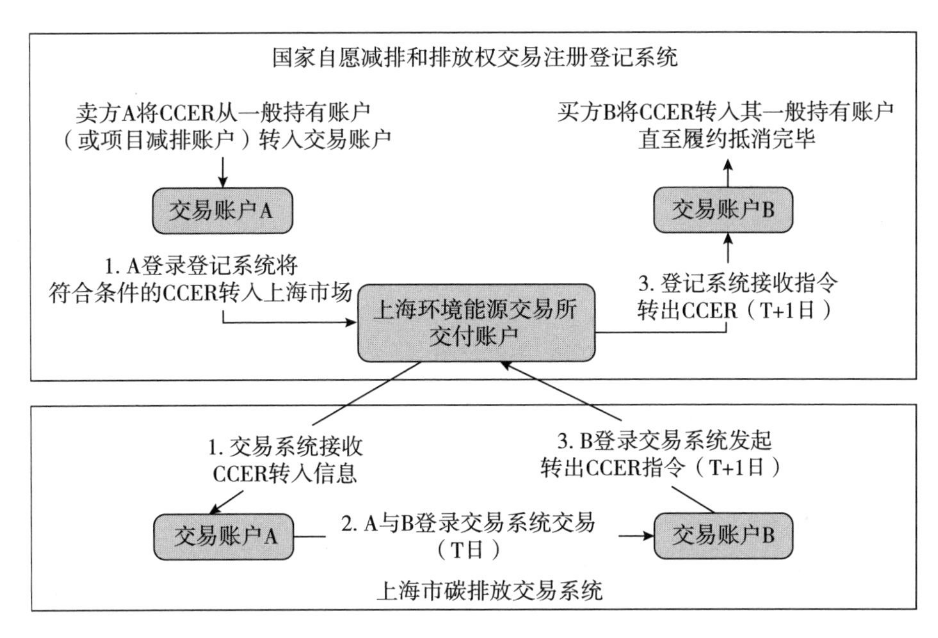

图 11-2　CCER 碳汇交易流程图

步骤 1：卖方登录国家自愿减排和排放权交易注册登记系统将需要交易、符合条件的 CCER 从自己的交易账户转入上海环境能源交易所交付账户。

步骤 2：交易参与方登录上海环境能源交易所碳排放交易系统，进行 CCER 交易。

步骤 3：若买方为上海碳交易试点企业，有履约抵消等需要，也可以在上海碳排放交易系统上发送转出 CCER 的指令，将 CCER 从上海环境能源交易所交付账户转入国家自愿减排交易注册登记系统中的交易账户，直至履约抵消完毕。当日买入的 CCER 于第二个交易日划拨至国家自愿减排交易注册登记系统。

3．国家核证自愿减排量注销

用于抵消碳排放的减排量，应于交易完成后在国家登记簿中予以注销。

四、全国林业碳汇交易进展和项目案例

（一）CDM 碳汇交易进展和项目案例

1．开发交易进展

目前，CDM 林业碳汇项目方法学有 4 个，分别是 2 个陆地造林项目方法学（分大项目和小项目），2 个湿地红树林造林项目方法学（分大项目和小项目）。林业碳汇项目属于专业领域—造林再造林。

截至 2021 年 6 月，全国注册的 CDM 林业碳汇有 66 项，占注册 CDM 项目总数 7854 项的 0.8%。其中，我国有 5 项 CDM 造林碳汇项目，具体为广西 2 项、四川 2 项、内蒙古 1 项，项目总面积约 30 万亩。

现在我国的 CDM 碳汇项目几乎没有开发前景。在未找到买家的情况下，为了降低碳汇交易风险，不建议开发 CDM 碳汇项目。

2．CDM 项目案例

（1）CDM 案例：中国广西珠江流域治理再造林项目。“中国广西珠江流域治理再造林项目”是全球第一个成功开发和交易的 CDM 林业碳汇项目。该项目于 2006 年开始在广西苍梧县、环江县营造 4000 公顷（6 万亩，设计面积）人工林，世界银行生物碳基金支付 200 万美元，购买其中 48 万吨碳汇减排量（CER，核证减排量）。成交单价为 4.35 美元 / 吨。该项目成功的关键是：项目除了吸收固定二氧化碳外，还具有增加农民收入、涵养水源、保护生态、保护生物多样性等多重效益。项目第一监测期和第二监测期碳汇 CER 已获得联合国签发。

（2）CDM 案例：内蒙古和林格尔盛乐国际生态示范区林业碳汇项目。“内蒙古和林格尔盛乐国际生态示范区林业碳汇项目”是中国成功组织实施并交易的CDM造林碳汇项目。该项目从2012年开始在老牛基金会的资助下，由中国绿色碳汇基金会和其合作伙伴在我国半干旱区内蒙古呼和浩特市和林格尔县营造近4万亩人工林，美国华特迪士尼支付180万美元，购买16万吨林业碳汇CER。成交单价是11.25美元/吨。该项目的特点：获得联合国CDM项目注册和气候—社区—生物多样性标准（CCB）项目金牌认证，具有应对气候变化、保护生态多样性、改善社会发展等多重效益，并且获得中华慈善优秀项目奖。

（二）VCS碳汇交易进展和项目案例

1．开发交易进展

国际核证碳减排标准（VCS）是国际上最大的自愿减排碳市场标准，VCS碳汇签发和交易量占主导地位，主要用于企业志愿减排，履行社会责任，提升企业绿色形象。如壳牌、汇丰、微软、路虎、猎豹等富有社会责任感的知名企业，通过积极购买VCS标准林业碳汇进行碳中和、碳补偿，为应对气候变化作贡献。

据VCS项目数据库，截至2021年6月，全球共有205个林业项目获得VCS注册[占总注册项目（1709个）的12%]。其中，我国有29个注册林业项目，获得减排量签发许可的有16个林业项目。注册林业项目中，森林管理项目有8个，分布于内蒙古、云南、江西、福建和湖北；造林项目21个，分布于青海、贵州、河南、四川、安徽、吉林、湖南、广东等省。

2．VCS项目案例

选取我国最大国有林区第一笔成功开发和交易的内蒙古绰尔森林管理碳汇项目作为VCS案例分享。

内蒙古绰尔林业局（项目业主）组织实施国际VCS森林管理碳汇项目，通过在项目区禁止商业性采伐，将用材林变为保护林，进而减少采伐排放，增加碳汇量。项目面积 16.515 万亩（11010 公顷），主要树种为落叶松、白桦。项目根据 VCS 森林管理方法学 VM0010，由中国绿色碳汇基金会组织有关专家团队进行技术开发，2016 年获得 VCS 注册和第一监测期（核查期）签发许可，项目注册号是 1529。

项目计入期为 20 年（2010 年 1 月 1 日—2029 年 1 月 1 日），计入期内预计产生碳汇减排量 138.6 万吨二氧化碳当量，首期获签碳汇减排量（VCUs）为 38 万吨二氧化碳当量。由北京汇智绿色资源研究院（BIGR）提供技术开发和管理服务的内蒙古绰尔森林管理碳汇项目第二监测期获得注册处签发碳汇减排量为 34 万吨二氧化碳当量。

该项目具有以下重要意义。

项目实施，带来巨大的环境和生态效益。减少森林采伐后，项目区人为扰动大幅减少，森林天然更新效果明显，幼树、幼苗得到保护，灌木、草本植物恢复迅速，过去的集材道，现在幼树林立，森林覆盖率得到提升；过去因暴雨造成的局部水土流失，现在已经基本不复存在。野生动物数量、种类明显增加，生态链更加完整，与其他相同地理、土壤、气候条件相近的区域对比，物种更丰富，森林病虫害的发生概率和危害程度明显降低。

项目区减少采伐后，绰尔林业局举办各类培训，提升减少采伐后林业工人的森林经营技能和管护知识。过去采伐工人只有冬季有工作，有收入，现在从事森林经营和管护，全年都有收入，且收入没有降低，而且更有保障。由于管护到位，野生浆果、野生药材、野生经济植物、野生菌类产量明显提升，增加了当地居民经济收入。采集业和林下经济业也初具雏形，增加了就业岗位和居民的收入。

该项目碳汇交易情况如下。

项目完成注册后，2017 年 12 月 18 日，在位于浙江省杭州市的全国林业碳汇交易试点平台“华东林业产权交易所”与浙江华衍投资管理有限公司举行签字仪式，销售额为 40 万元。2018 年 1 月 18 日，在内蒙古大兴安岭重点国有林管理局与浙江华衍投资管理有限公司举行第二次签订销售仪式，销售额为 80 万元。2021 年 4 月 8 日，在内蒙古产权交易所与中国碳汇控股有限公司举办首笔挂牌成交签售仪式，销售额约 300 万元。

三次交易收入超过 400 万元，绰尔碳汇交易看起来是内蒙古大兴安岭国有林区在林业碳汇管理上迈出的一小步，实际上是在促进生态产品交易，生态产品市场化、货币化的道路上迈出的一大步，标志着林区的生态产品开始进入市场。

此外，该项目已完成签发报批手续的第二核查期 34 万吨碳汇指标，吸引了许多国外和国内买家前来商谈购买事宜，业主正在走销售审批程序。

（三）CCER 碳汇交易进展和项目案例

1．开发交易进展

中国核证自愿减排量（CCER）纳入了中国自愿减排交易体系，并且以抵消机制纳入我国区域碳交易试点市场和四川联合环境交易所，将优先纳入全国碳市场的抵消机制，用于重点排放企业减排履约。

CCER 林业碳汇项目，至今有 4 个方法学获得国家气候变化主管部门批准备案，分别是《AR-CM-001-V01 碳汇造林项目方法学》《AR-CM-002-V01 竹子造林碳汇项目方法学》《AR-CM-003-V01 森林经营碳汇项目方法学》《AR-CM-005-V01 竹林经营碳汇项目方法学》。

截至 2017 年 3 月，有 15 项获得林业碳汇项目备案注册（审定前公示 96 个林业碳汇项目），项目类型有造林、竹子造林、森林经营，其中 3 个林业碳汇项目获得首期签发碳汇减排量。全国首个 CCER 林业碳汇项目“广东长隆碳汇项目”首期碳汇减排量于 2015 年实现成功交易，成交单价为 20 元 / 吨，用于广东碳交易试点控排企业粤电集团控排履约。该项目的重要意义在于：实现了国内首笔 CCER 林业碳汇交易，为我国开发 CCER 林业碳汇项目、开展碳汇交易提供了学习样板，积累了项目经验。

截至 2020 年底，CCER 和北京 BCER（在北京注册、签发，可以用于北京试点企业减排履约的林业碳汇项目）林业碳汇累计成交 30 多笔，成交量 70 多万吨，成交均价约 15 元 / 吨，单价高于其余 CCER 产品。

福建碳汇 FFCER[①] 在福建省注册、签发，可以用于福建试点企业减排履约的林业碳汇项目。截至 2020 年底，备案项目 12 个，签发碳汇 200 多万吨，累计成交 256.7 万吨、成交金额 3861.87 万元，交易规模、交易金额均位居全国前列。

整体而言，国内 CCER 碳汇价格为 10 —30 元 / 吨，高于其他专业领域的 CCER 的价格。

2．CCER 项目案例

（1）CCER 案例：广东长隆碳汇造林项目。广东长隆碳汇造林项目是全国第一个成功开发和交易的中国温室气体自愿减排 CCER 林业碳汇项目。[②] 该项目在广东省林业厅的支持下，由中国绿色碳汇基金会和广东省林业调查规划院提供技术服务，根据国家发展和改革委员会备案的方法学——《AR-CM-001-V01 碳汇造林项目方法学》开发了全国第一个可进入碳市场交易的中国林业温室气体自愿减排项目（CCER 林业碳汇项目）。项目业主广东翠峰园林绿化有限公司在中国绿色碳汇基金会广东碳汇基金的支持下，于 2011 年在广东省欠发达地区（五华县、兴宁市、紫金县和东源县）的宜林荒山地区，实施碳汇造林面积 13000 亩，以樟树、荷木、枫香树、山杜英、相思树、火力楠、红锥、格木、黎蒴 9 个树种随机混交造林。项目计入期 20 年（2011 年 1 月 1 日—2030 年 12 月 31 日），温室气体减排量为 34.7 万

① FFCER 指福建林业碳汇核证自愿减排量。
② 参见李金良主编：《中国林业温室气体自愿减排项目案例》，中国林业出版社 2016 年版。

吨二氧化碳当量，年均减排量为 1.7 万吨二氧化碳当量。

该项目是全国第一个成功获得国家气候变化主管部门批准注册和签发的 CCER 林业碳汇项目，也是第一个成功完成碳汇交易的 CCER 林业碳汇项目，真正实现了林业生态效益的货币化，探索了将绿水青山变成金山银山的新途径。

该项目对于推进可持续发展具有重要意义，具体体现在：一是通过造林活动吸收、固定二氧化碳，产生可测量、可报告、可核查的温室气体减排量，发挥碳汇造林项目的试验和示范作用；二是增强项目区森林生态系统的碳汇功能，加快森林恢复进程、控制水土流失、保护生物多样性，减缓全球气候变暖趋势；三是增加当地农户收入，促进当地经济社会可持续发展。

该项目具有重要现实意义：该项目是全国首个成功开发的 CCER 林业碳汇项目，并且实现了国内首笔 CCER 林业碳汇交易，为我国今后开发 CCER 林业碳汇项目，开展 CCER 碳汇交易提供了真实案例、学习样板和项目经验，培养了专业人才队伍，对推动我国林业碳汇交易具有重要意义。

该项目开发及交易情况如下。

2010 年 9 月，广东翠峰园林绿化有限公司委托广东省林业调查规划院开展“广东长隆碳汇造林项目”作业设计工作；2010 年 10 月，广东省林业调查规划院编制完成《广东长隆碳汇造林项目作业设计》；2010 年 11 月，广东省林业厅下发《关于广东长隆碳汇造林项目作业设计的批复》；2011 年 1 月，签署《广东长隆碳汇造林项目施工合同书》，造林开工。2013 年 11 月，按照国家发展和改革委员会备案的《AR-CM-001-V01 碳汇造林项目方法学》要求，开发、完成项目设计文件（第 1 版）；2014 年 7 月 2 日，通过国家发展和改革委员会备案的自愿减排交易项目审定与核证机构中环联合（北京）认证中心有限公司（CEC）负责的独立审定，完成项目设计文件（第 3 版）；2014 年 7 月 21 日，项目成功获得国家发展和改革委员会的审核和备案。

2015 年 3—5 月，开展第一监测期（2011 年 1 月 1 日至 2014 年 12 月 31 日）减排量监测、核证工作，完成项目核证报告，修改完成项目监测报告（第 3 版）；2015 年 5 月 25 日，项目第一次监测期获得国家发展和改革委员会项目减排量备案，签发了首期国家核证自愿减排量（CCER），并且全部由参加广东碳交易试点的控排企业广东省粤电集团有限公司购买用于减排履约。

（2）FFCER 案例：建阳区国有林场森林经营碳汇项目。建阳区国有林场森林经营碳汇项目是福建省首批开发和交易的福建林业碳汇（FFCER）项目。根据该项目设计文件、监测报告、审定报告和核证报告，该项目属于森林经营类的福建省林业碳汇项目，由福建省建阳林业总公司投资建设和运营。项目位于福建省南平市建阳区境内，项目小班地块分布于大阐采育场、坤中采育场、溪东采育场、绿盛林场等 13 个国有采育场（林场），森林经营规模为 9468.9 公顷（14.2 万亩）。项目周期为 20 年。项目通过抚育间伐、施肥等综合措施改善林分营养空间，加快人工林的生长，获得比基线情景更大的增汇收益。项目在 20 年计入期内预计产生碳汇减排量为 44.5 万吨二氧化碳当量。项目已经获得福建省主管部门备案和首个核查期减排量签发。首个核查期（2007 年 1 月 1 日至 2017 年 4 月 30 日）获得签发的碳汇减排量 FFCER 为 40 万吨二氧化碳当量，完成碳汇交易。

项目的实施对推进当地林业应对气候变化具有重要意义，具体体现在：一是通过森林经营活动吸收、固定二氧化碳，产生可测量、可报告、可核查的温室气体减排量，发挥森林经营碳汇项目的试验和示范作用，带动和引领当地及周边地区的碳汇项目开发，促进森林生态系统恢复和持续经营。二是增强项目区森林生态系统的碳汇功能，有效控制水土流失，调节气候，保护生物多样性，提升生态系统服务功能，促进当地生态环境可持续发展。三是通过森林经营提高当地林分生物量，提高当地环境承载力，利用森林资源优势为项目区域林农减少林业生产风险，为从事生态旅游、林下经营等活动提供基础保障，发挥生态产业在山区经济发展中的积极作用，提高农民经济收入的同时增强其环境保护意识，推动地方经济社会的可持续发展。

该项目开发及交易情况如下。

2006 年 5 月，依据《福建省森林经营方案编制技术规定》编写《福建省建阳林业总公司森林经营方案》；2006 年 7 月 10 日，建阳市林业局批准实施《福建省建阳林业总公司森林经营方案》；2017 年 5 月 16 日，按照福建省林业碳汇项目相关规定和森林经营碳汇方法学要求，开发、完成项目设计文件（第 1 版）；2017 年 6 月 13 日，在福建省林业厅专门网站完成项目设计文件公示；2017 年 4—5 月，开展项目审定工作，完成项目审定报告，完成项目设计文件（第 4 版）；2017 年 4—5 月，开展第一监测期项目监测，完成项目监测报告（第 1 版），并于 2017 年 6 月 13 日，完成项目监测报告公示；2017 年 5—9 月，开展第一监测期减排量核证工作，完成项目核证报告，修改完成项目监测报告（第 4 版）；2017 年 12 月获得主管部门项目备案和第一核查期减排量签发。

2017—2018 年在福建海峡股权交易中心碳交易平台开展碳汇减排量交易，用于福建省碳交易试点控排企业减排履约。

（四）其他碳汇交易进展和项目案例

1. 中国绿色碳汇基金 CGCF 碳汇项目交易进展和项目案例

2011 年，开展全国林业碳汇交易试点[①]，阿里巴巴等 10 家单位通过“全国林业碳汇交易试点平台”（华东林交所），购买中国绿色碳汇基金（CGCF）6 个造林项目碳汇 14.8 万吨，用于企业或组织机构志愿减排、履行社会责任，应对气候变化。成交单价为 18 元 / 吨。

① 参见《全国林业碳汇交易试点正式启动 首批 14.8 万吨林业碳汇指标完成》，载于《第一财经日报》2011 年 11 月 2 日。

2013 年，开展全国首个森林经营项目碳汇交易[1]，河南勇盛万家豆制品公司签约购买伊春森林经营碳汇试点项目碳汇减排量 6000 吨，成交单价为 30 元 / 吨。

2014 年，开展临安农户森林经营碳汇交易试点[2]，42 户农民森林经营碳汇成为首批受益者。建行浙江省分行购买碳汇，用于办公碳中和，获中国绿色碳汇基金会颁发的碳中和证书。

2．PHCER 广东林业碳普惠项目进展和项目案例

2017 年广东省开始积极探索运用市场机制（碳普惠核证机制，简称“PHCER”）配置碳排放权资源，进行碳排放权交易试点。林业碳普惠在广东省碳排放权交易体系试点和实行精准扶贫政策中具有重要作用。依据备案的广东省林业碳普惠核证减排量方法学开发的项目减排量，可以进入广东省的碳排放权交易市场，抵消控排企业的碳排放量。广东省林业碳普惠方法学规定了管护和经营森林过程中，以林业主管部门的森林资源二类调查数据为基础，实施林业增汇行为产生的碳普惠核证减排量的核算流程和方法。核算方法较为简单，碳汇核算过程不用进行实地样地调查监测，成本较低，具有较好的扶贫和补偿效果。

林业增汇行为可以是加强森林抚育、减少采伐、灾害防护、可持续经营管理等提高森林碳汇水平的措施。该方法学的适用范围是：

已开展碳普惠制试点工作地区中由广东省主体功能区规划确定的生态发展区域；全省省定贫困村；全省革命老区、原中央苏区和民族地区。

根据广东省林业主管部门统计资料，截至 2020 年上半年，累计开发 21 个碳普惠林业项目，签发减排量 127.7386 万吨，成交 19 个项

① 参见朱丽：《国内首个森林经营增汇减排项目方法学发布》，载于《科技日报》2013 年 6 月 4 日。

② 参见《临安昨发布首个农户森林经营碳汇交易体系——一亩农林多赚了 30 元》，浙江在线 2014 年 10 月 15 日。

目，未交易 2 个项目。现场或网上竞价成交 10 个项目，交易 70.3482 万吨，成交金额为 1662.99 万元，均价为 23.64 元 / 吨。协议转让 9 个项目，49.5422 万吨碳汇指标，单价 11 元 / 吨—17 元 / 吨。

五、其他碳汇对碳达峰碳中和的作用

（一）草原碳汇及其主要增汇途径

1．草原碳汇概况

根据《中华人民共和国草原法》，草原是指天然草原和人工草地。天然草原包括草地、草山和草坡；人工草地包括改良草地和退耕还草地，不包括城镇草地。

草原是地球的皮肤，是地球上最坚定的绿色，是宝贵的自然资源，是生态安全的重要基础。全球草原面积 32.7 亿公顷，我国有天然草原 3.928 亿公顷，约占全球草原面积的 12%，是名副其实的草原大国。

中国科学院方精云院士的研究结果表明，我国草原植被生物量占全国总生物量的 10.3%，草原土壤碳储量占全国土壤总碳储量的 36.5%。根据国家发布的《中华人民共和国气候变化第二次两年更新报告》，2014 年我国草原净吸收二氧化碳（净碳汇）1.0916 亿吨，占同年土地利用、土地利用变化和林业净碳汇 11.15 亿吨二氧化碳当量的 9.8%。

草原属于特殊的植被类型。“野火烧不尽，春风吹又生。”这是草原的写照。草原地上部分，春天生长，秋天枯死，一岁一枯荣，草通常作为饲料，用于饲养牛羊，或者秋天枯死腐烂向大气排放二氧化碳。为此，国际专业机构 IPCC 规定，草原地上部分属于零排放，既不是碳汇，也不是碳源，没有碳汇增量。草原碳汇主要来自地下部分，也就是通过可持续管理草原，可增加腐殖层，改良土壤，增加土壤碳汇。根据 IPCC 指南，每公顷草原每年增加的土壤碳汇量约 1.83 吨二氧化碳（即 0.5 吨碳）。如果国家和地方加强草原生态修复保护，全国有 50% 的草原得到科学的可持续管理，每年大约可以新增草原土壤碳汇 3.59 亿吨二氧化碳，这是一个非常可观的数字。

我国专家曾开发了一个可持续草地管理温室气体减排计量与监测方法学，并且获得了国际 VCS 组织的批准成为 VCS 方法学，也获得了国家气候变化主管部门批准备案成为 CCER 碳汇项目方法学（AR-CM-004-V01）。但是，由于单位面积碳汇产量低、开发成本较高，所以至今没有草原碳汇项目开发成功，未获得主管部门或注册处的批准。今后，可以进一步简化方法学，或开发标准化方法学，降低开发成本，促进草原碳汇项目开发和交易，从而促进我国草原的保护和修复。

2．增加我国草原碳汇的主要途径

近年来我国草原资源破坏十分严重，退化形势十分严峻。特别是超载放牧严重，草原严重破坏，进而退化、沙化。全国每公顷产草单产小于 3.5 吨的低产草原占 64.8%。退化的草原已经不是碳汇，而且形成碳源。为此，必须加大草原保护修复力度。为了改善草原生态系统的结构和功能，增加草原生物产量和草原碳汇，要坚持保护优先、节约优先、自然修复为主的基本方针。保持草原生态系统健康稳定，不断改善草原生态环境。要针对当前草原退化、面积减少、生态脆弱的现状，加大保护建设力度，确保草原面积不减少、用途不改变、质量不断提高、功能持续提升。积极采取有效措施增强我国草原碳汇能力。[①] 具体包括：

（1）大力开展草原保护与修复，加强草原建设，积极引导草原合

① 参见刘加文：《重视和发挥草原的碳汇功能》，载于《中国绿色时报》2018 年 12 月 6 日。

理利用、科学利用。

（2）不断强化草原监督管理，查处和打击各类违法、违规征占用草原、破坏草原植被的行为。

（3）要像重视种树一样重视种草，积极开展林草结合型国土绿化行动。

（4）认真落实生态文明建设各项制度，进一步完善草原保护政策，加大生态补偿力度，建立有利于草原可持续发展的长效机制。

（二）湿地碳汇及其主要增汇途径

1. 湿地碳汇概况

湿地通常指天然或人工、长久或暂时性的沼泽地、湿草原、泥炭地或水域地带，带有静止或流动，淡水、半咸水或咸水水体，包括低潮时水深不超过 6 米的水域。湿地被称为“地球之肾”，具有供给水源、调节宜居环境、丰富文化生活的作用，同时也是承载生命的摇篮。湿地在涵养水源、净化水质、蓄洪抗旱、调节气候和维护生物多样性等方面发挥着重要功能，是重要的自然生态系统，也是自然生态空间的重要组成部分。湿地保护是生态文明建设的重要内容，事关国家生态安全，事关经济社会可持续发展，事关中华民族子孙后代的生存福祉。

通常，湿地中埋藏着未被分解的有机物质，是一个碳库。此外，湿地植被生长发育，会吸收固定二氧化碳，生产有机物质，发挥碳汇功能；同时湿地还会释放甲烷气体。但扣除碳排放之外，湿地通常是一个碳汇。但是如果湿地特别是泥炭地受到严重破坏，如排干湿地水分，将会造成湿地的温室气体向大气中排放，从而加剧气候变暖的程度。

根据研究结果，我国湿地面积有 11 万平方公里，公顷植被碳密度为 22.2 吨碳，植被碳储量 2.4 亿吨碳，土壤碳储量 45.7 亿吨碳，总碳储量48.1亿吨碳（约176.4亿吨二氧化碳）。[①]

根据《中华人民共和国气候变化第二次两年更新报告》，2014年我国湿地净吸收二氧化碳（净碳汇量）4454万吨，排放甲烷172万吨（甲烷增温潜势为21，折算为排放3612万吨二氧化碳当量），碳汇源抵消后，湿地净碳汇量为842万吨二氧化碳当量，占同年土地利用、土地利用变化和林业净碳汇11.15亿吨二氧化碳当量的0.8%。

当沼泽湿地的水热条件非常稳定时，湿地中的泥炭不参与大气二氧化碳循环，所以沼泽地有机质的积累有助于减缓人为碳排放造成的温室效应。如果通过沼泽地排水将其改造为农田，那么沼泽就失去碳积累能力，并加速沼泽地有机质的分解，因此沼泽地就由碳“汇”转变为碳“源”。[②]

2．增加我国湿地碳汇的主要途径

根据国务院《湿地保护修复制度方案》[③]，增加湿地碳汇的主要途径如下：

（1）扼制减退趋势，完成湿地保护面积目标。我国湿地类型多、分布广、生物多样性丰富，在湿地保护工程的建设过程中，逐步形成了以湿地自然保护区为主的湿地保护体系。但是由于多种原因，湿地的保护问题依然十分突出。

（2）全面保护湿地，推进保护与修复。“全面保护湿地”主要体现在三个方面：将全国湿地纳入保护范围，将湿地与其他生态系统结合起来，针对不同湿地进行分级管理。

（3）形成保护合力，抓好制度实施。重点要从5个方面抓好湿地保护具体制度的实施：完善湿地分级管理体系，确保现有湿地面积不

---

① 参见于贵瑞、何念鹏、王秋凤等：《中国生态系统碳收支及碳汇功能理论基础与综合评估》，科学出版社2013年版，第132页。

② 参见《湿地是全球性碳汇：人为破坏将导致湿地变碳源》，中国天气网2010年4月19日。

③ 参见《国务院办公厅关于印发湿地保护修复制度方案的通知》（国办发〔2016〕89号），2016年11月30日。

减少，紧抓湿地利用监管的薄弱环节，着力提升湿地生态系统的整体功能，注重湿地保护的修复效果。方案提出的这些政策措施涉及面广、政策性强，需要各部门通力协作，形成湿地保护修复的合力。

（三）海洋碳汇及其主要增汇途径

1．海洋碳汇概况

海洋碳汇，或称为蓝色碳汇。海洋是一个巨大的碳库，不断通过表层海水与大气进行二氧化碳的碳交换。海洋大约吸收人类活动碳排放的四分之一。海洋无机碳库的碳储量大约为 39.12 万亿吨碳，是大气圈的 50 多倍和生物圈的近 20 倍，其中表层海水中的无机碳约 1.02 万亿吨碳；深层海水中的无机碳约为 38.1 万亿吨碳；海洋生物群的碳储量较小，只有约 30 亿吨碳。海洋碳汇在地球碳循环中具有重要地位。海洋碳汇相对比较稳定，并且属于自然过程，人类通常难以采取人为活动大力增加蓝色碳汇。

我国近海包括渤海、黄海、东海和南海，总面积约 471 万平方公里，占全球海洋面积的 1.3%。关于我国海洋碳储量和碳汇缺乏科学系统的研究，没有专业权威的研究数据。

2．增加我国海洋碳汇的主要途径

海洋碳汇相对比较稳定，很难采取人为措施大规模增加海洋碳汇。为了进一步增加海洋对二氧化碳的吸收能力，需要经过科学的分析评估，在生态风险可控、技术经济可行的前提下，可以谨慎考虑采用以下增加海洋碳汇的途径。

（1）在近海红树林退化区域，人工种植红树林和保护修复红树林生态系统，增加红树林碳汇。

（2）在近海海草床退化区域，人工种植和保护修复海草床生态系统，增加海洋碳汇量。不过这属于短期固碳。

（3）在近海适宜区域，开展大型海藻栽培，吸收二氧化碳，防治富营养化和减缓气候变化。主要栽培的大型海藻约有100种，其中海带、江蓠、裙带菜、紫菜、麒麟菜的产量约占大型海藻栽培总产量的98%。这也属于短期固碳。

（4）在海藻分布海域，投放微量铁盐，促进海藻生长和提高产量，增加海藻对二氧化碳的吸收，提高海洋碳汇。早在1992年和1995年施放铁盐的实验中得到证实，施放微量铁盐，能提高海洋中藻类的增殖速度，从而增加蓝色碳汇。但是，至今仍然不明确在海洋中施放微量铁盐对海洋生态系统的潜在风险和危害程度，因此只能作为一种选择，使用时需十分谨慎。这也属于短期固碳。

碳汇在我国碳达峰、碳中和中具有重要意义，2020年中央经济工作会议把做好碳达峰、碳中和工作列为2021年要抓好的八项重点任务之一，并且强调要开展大规模国土绿化行动，提升生态系统碳汇能力。2021年3月15日，中央财经委员会第九次会议强调，要提升生态碳汇能力，强化国土空间规划和用途管控，有效发挥森林、草原、湿地、海洋、土壤、冻土的固碳作用，提升生态系统碳汇增量。党中央国务院碳达峰、碳中和工作领导小组陆续出台的碳达峰、碳中和时间表、路线图、“1+N”政策体系，将从包括“持续巩固提升碳汇能力”在内的10个领域加速转型创新。① 其中，第七个领域具体要求了巩固生态系统碳汇能力和提升生态系统碳汇增量。据《新华财经》2021年4月19日报道，国家碳达峰、碳中和牵头单位国家发展和改革委员会，把“加强生态保护修复，全面提升生态系统碳汇能力”作为8个方面重点工作之一②，全面推进落实国家碳达峰、碳中和重大战略决策。可见，增加以森林为主的生态系统碳汇对落实国家碳达峰、碳中和重大战略目标意义重大，使命光荣。特别是林业碳汇具有

① 参见解振华：《碳达峰碳中和 1 + N 政策体系即将发布 十领域加速转型》，载于《新京报》2021年7月24日。
② 参见《国家发改委：八方面推进碳达峰碳中和工作》，新华财经客户端2021年4月19日。

生态、社会和经济等多重效益，是典型的生态产品，受到国际社会的高度关注和普遍欢迎。此外，研究和发展草原、湿地、海洋碳汇，对于生物多样性保护、减缓和适应气候变化、落实“3060”“双碳”目标具有重要意义。为此，本章重点介绍了有关的碳汇常识及其对碳达峰、碳中和的作用、潜力及主要增汇途径，澄清碳汇相关重要概念、重点内容、增汇途径，分享成功碳汇项目案例，对从事碳达峰、碳中和事业具有指导价值。

第十二章 碳达峰碳中和的全球合作

王 谋 辛 源 陈 迎 张永香

《巴黎协定》第四条指出："为了实现第二条规定的长期气温目标，缔约方旨在尽快达到温室气体排放的全球峰值，并在公平和可持续发展基础上，在21世纪下半叶实现温室气体源的人为排放与汇的清除之间的平衡（碳中和）。"包括欧盟、中国以及重返《巴黎协定》的美国都积极提出、更新气候治理目标并开展气候行动应对气候变化，体现了全球合作应对气候变化的国际态势。

一、碳达峰碳中和全球合作背景

（一）全球气候治理进程

自 1992 年各国在巴西里约热内卢达成《联合国气候变化框架公约》（以下简称《公约》）以来，国际社会围绕细化和执行《公约》开展了持续谈判，大体可以分为 1995—2005 年、2006—2012 年、2013—2015 年、2015 年至今几个阶段，达成了《京都议定书》《坎昆协议》《巴黎协定》等标志性成果。

1995—2005 年，《京都议定书》谈判、签署、生效阶段。《京都议定书》是《公约》通过后的第一个阶段性执行协议。由于《公约》只是约定了全球合作行动的总体目标和原则，并未设定全球和各国不同阶段具体行动目标，因此 1995 年缔约方大会授权开展《京都议定书》谈判，明确阶段性的全球减排目标以及各国承担的任务和国际合作模式。《京都议定书》作为《公约》第一个执行协议，从谈判到生效时间较长，经历美国签约、退约，俄罗斯等国在排放配额上高要价等波折，最终于 2005 年正式生效，明确了 2008—2012 年《公约》下各方承担的阶段性减排任务和目标。《京都议定书》将《公约》（附件 I）国家区分为发达国家和经济转轨国家，由此产生发达国家、发展中国家和经济转轨国家三大阵营。

2006—2012 年，谈判确立了 2013—2020 年国际气候制度。2007 年在印度尼西亚巴厘岛举行的联合国气候变化大会通过了《巴厘路线图》，开启了后《京都议定书》国际气候制度谈判进程，覆盖执行期为2013—2020年。根据《巴厘路线图》授权，应在2009年缔约方大会结束谈判，但当年大会未能全体通过《哥本哈根协议》，而在次年2010年坎昆大会上，将《哥本哈根协议》主要共识写入2010年大会通过的《坎昆协议》中。其后两年，通过缔约方大会"决定"的形式，逐步明确各方减排责任和行动目标，从而确立2012年后国际气候制度。《哥本哈根协议》《坎昆协议》等不再区分附件I和非附件I国家，并且由于欧盟的东扩，经济转轨国家的界定也基本取消。

2011—2015年，谈判达成《巴黎协定》，基本确立2020年后国际气候制度。2011年，南非德班《联合国气候变化框架公约》第十七次缔约方大会授权开启"2020年后国际气候制度"的"德班平台"谈判进程。根据美国奥巴马政府在《哥本哈根协议》谈判中确立的"自下而上"的行动逻辑，2015年《巴黎气候协议》不再强调区分南北国家，法律表述一致为"国家自主决定的贡献"，仅能通过贡献值差异看出国家间自我定位差异，形成所有国家共同行动的全球气候治理范式。

2016年至今，主要就细化和落实《巴黎协定》的具体规则开展谈判。其间，国际气候治理进程再次经历美国、巴西等政府更迭产生的负面影响，艰难前行。2018年，在联合国气候变化卡托维兹大会上，缔约方就《巴黎协定》关于自主贡献、减缓、适应、资金、技术、能力建设、透明度、全球盘点等内容涉及的机制、规则达成基本共识，并对落实《巴黎协定》、加强全球应对气候变化的行动力度作出进一步安排。

（二）全球气候治理的主要机制

全球气候治理是以各主权国家为主，多个利益相关方共同参与，通过气候公约机制和公约外机制，共同应对气候变化的国际合作模式。应对气候变化，控制温室气体排放在某种程度上有可能限制发展空间，影响各国的经济和政治利益，也可能成为国际合作的重要领域。人类社会必须理性地通过国际制度安排应对气候变化，明确各国应承担的责任，同时推动国际合作，实现人类社会发展与保护全球气候的共赢。从 1979 年世界气象组织（WMO）召开第一次世界气候大会呼吁保护全球气候，到 1990 年国际气候谈判拉开帷幕，人类应对气候变化进入了制度化、法律化的轨道。应对气候变化的国际合作机制，主要分为气候公约机制和公约外机制两大类，公约外机制包含了定期的、不定期的、国际的、区域性的、行业性的、专业性的多种机制。所有机制因其不同的定位和功能，在应对气候变化国际合作中扮演了不同的角色，发挥了不同的作用。

全球气候治理的参与方包括主权国家政府、政府间国际组织和非国家行为主体等。主权国家政府是主要参与方和治理主体，在考虑本国诉求和发展情况的条件下，通过气候谈判参与全球气候治理；政府间国际组织的功能是协调各国利益，以联合国气候变化框架公约秘书处（UNFCCC）为核心，同时也包括政府间气候变化专门委员会（IPCC）、联合国环境署（UNEP）、清洁能源部长会议（CEM）等相关组织；非国家行为主体包括与应对气候变化相关的非政府国际组织（NGOs）、社会团体、企业以及个体等。一方面是积极参与国际谈判等气候治理活动，影响政府决策；另一方面是全球气候治理体系中负责实施行动的主要承担者。

1.《联合国气候变化框架公约》及其相关机制

全球气候治理的运行机制核心是《联合国气候变化框架公约》，在明确气候变化问题的科学性并达成一致共识的基础上，各主权国家在公约秘书处的协调下，按照“共同但有区别责任”和“各自能力”原则开展气候谈判，并辅以公约外的政治、经济、技术机制，主权国家、政府间国际组织和非国家行为主体多方参与，逐渐形成多层多圈、多主体博弈的复杂格局，并通过相互影响、合作，共同推动实现全球气候治理目标。

《公约》的目标是“将大气中温室气体的浓度稳定在防止气候系统受到危险的人为干扰的水平上”，并明确规定发达国家和发展中国家之间负有共同但有区别的责任，即各缔约方均有义务采取行动应对气候变化，但发达国家对气候变化负有历史和现实的责任，理应承担更多义务；而发展中国家的首要任务是发展经济、消除贫困，但也需要采取措施降低温室气体排放，走低碳发展的路径。

由于《公约》只是一般性地确定了温室气体减排目标，没有法律约束力，属于软义务，无法实现《公约》的最终目标。因此，第一次《公约》缔约方大会（1995年召开）决定进行谈判以达成一个有法律约束力的议定书。于1997年在日本京都召开的《公约》第三次缔约方大会上达成了具有里程碑意义的《联合国气候变化框架公约的京都议定书》(简称《京都议定书》)。《京都议定书》首次为附件I国家（发达国家与经济转轨国家）规定了具有法律约束力的定量减排目标，并引入排放贸易（ET）、联合履约（JI）和清洁发展机制（CDM）三个灵活机制；2007年，印度尼西亚巴厘岛召开的公约第13次缔约方会议，达成《巴厘行动计划》，勾画了构建2012年后国际气候制度的路线图和基本框架，也将游离于国际合作之外的美国拉回谈判轨道。2011年，在南非德班召开的第17次缔约方会议形成德班授权，开启了2020年后国际气候制度的谈判进程，并同时讨论如何增强2020年前减排行动的力度；2012年多哈召开的《公约》第18次缔约方会议明确执行《京都议定书》第二承诺期，包含美国在内的所有缔约方就2020年前减排目标、适应机制、资金机制以及技术合作机制达成共识，并形成长期合作行动工作组决议文件。2015年巴黎会议，在包括美国、中国在内的各方大力推动下达成《巴黎协定》，基本明确了在2020—2030年期间国际气候治理的制度安排和合作模式。2019年西班牙马德里举行的第25届缔约方会议，通过了除《巴黎协定》第六条“碳市场”相关内容之外的《巴黎协定》其他主要议题的实施细则。

2. 公约外机制

为了推动《公约》谈判，缔约方在《公约》体系外也开展了多种活动与实践，这些合作机制体现了对公约机制的补充，为增进缔约方相互了解，推动形成共识起到了积极作用。这些机制从性质上来看，主要可以分为政治性、技术性和经济激励性三种类型。

第一，国际政治属性的公约外机制，主要包括联合国气候峰会、千年发展目标论坛、经济大国能源与气候论坛、二十国集团、七国集团、亚太经合组织会议等。这些机制的共同特点是由政府首脑或者高级别官员参与磋商，就一些重大问题达成政治共识，但一般不就具体技术细节进行讨论。联合国气候峰会等政治性的公约外机制，通常主要在全局性、长期性、政治性的问题上发挥重要作用，因为参会级别高，尤其是首脑峰会，往往能解决一些长期困扰公约下技术组谈判的重大问题，从而推进公约谈判进程。

第二，行业或部门技术性的公约外机制，主要包括国际民用航空组织、国际海事组织以及联合国秘书长气候变化融资高级咨询组等合作机制。这些机制针对公约谈判中的一些行业、部门或具体问题开展专题研究和讨论，并将讨论结果和建议反馈《公约》，以促进《公约》下相关问题的谈判进程。这些机制的局限性在于：首先，气候变化并非这些机构或机制的主营业务，其关注的角度和目的可能与《公约》不同；其次，不同的机制也有各自的议事规则和指导原则，不同机构所遵行的规则和原则与《公约》也可能存在差异，从而存在认识上的不匹配。

第三，经济激励 / 约束性的公约外机制，包括与气候变化相关的贸易机制，与生产活动和国内外市场拓展相关的生产标准制定等公约外磋商机制。经济激励措施在《公约》谈判中属于辅助性的谈判议题，大部分时间谈判的并非《公约》的核心关注问题，但这些问题与实体经济运行以及相关行业、领域的发展利益紧密相关。贸易机制、标准制定机制等这些机制本身已经有很长时间的积累和发展，在气候变化问题形成国际治理机制之前就已经存在；但在气候变化治理机制产生之后，各种机制之间存在边界模糊、原则差异等问题，因此这些机制对气候变化问题的讨论磋商不仅包含技术性问题，也包含政治性、原则性问题。

（三）《巴黎协定》的目标及主要特征

《巴黎协定》是《公约》下现阶段（2021—2030年）的执行协议。该协定于2015年12月在《公约》缔约方第21次会议期间达成，2016年11月4日正式生效。《巴黎协定》是在联合国框架内195个国家缔约方代表通过多次谈判，最终达成的国际气候协议，内容涵盖2020年起的温室气体减排、气候变化适应以及国际资金机制。它是继1992年达成的《公约》、1997年达成的《京都议定书》之后，国际社会应对气候变化实现人类可持续发展目标的第三个里程碑式的国际条约。《巴黎协定》的长远目标是将全球相对于工业革命前温度水平的平均气温升高控制在远低于2 ℃，并努力将升温控制在1.5 ℃以内，从而大幅度降低气候变化的风险和危害。《巴黎协定》是在变化的国际经济政治格局下，为实现气候公约目标而缔结的针对2020年后国际气候制度的法律文件。其确立的制度框架主要包括以下几点。

1. 继续肯定了发达国家在国际气候治理中的主要责任，保持了发达国家和发展中国家责任和义务的区分，发展中国家行动力度和广度显著上升

由于国际经济、排放格局的调整，发达国家希望打破南北国家的责任界限，要求所有国家共同承担应对气候变化的责任，形成统一的减排和监测框架，事实上是希望向发展中国家转移应对气候变化的责任和义务。发达国家的立场遭到发展中国家的反对，但后者也展现了很高的合作意愿和灵活度。《巴黎协定》最后承认了南北国家、国家与国家间的差距，体现了缔约方责任、义务的区分。基本否定了发达国家希望推动责任趋同的计划。在案文的不同段落中重申和强调了共同但有区别的责任原则，为发展中国家公平、积极参与国际气候治理奠定了基础。同时，也拓展了发展中国家开展行动的力度和广度。

2. 采用自下而上的承诺模式，确保最大的参与度

《巴黎协定》秉承《哥本哈根协议》达成的共识，由缔约方根据自身经济社会发展情况，自主提出减排等贡献目标。正是因为各国可以基于自身条件和行动意愿提出贡献目标，很多之前没有提出国家自主贡献目标的缔约方也受到鼓励，提出国家自主贡献，保证了《巴黎协定》很高的参与度，同时也因为是各方自主提出的贡献目标更有利于确保贡献目标的实现。

3. 构建了义务和自愿相结合的出资模式，有利于拓展资金渠道并孕育更加多元化的资金治理机制

《巴黎协定》继续明确了发达国家的供资责任和义务，照顾了发展中国家关于有区别的资金义务的谈判诉求，既尊重事实，体现了南北国家的区别，也赢得了各国尤其是发展中国家对于参与国际资金合作机制的信心。同时，《巴黎协定》还鼓励所有缔约方向发展中国家应对气候变化提供自愿性的资金支持。这些举措将有助于巩固既有资金渠道，并在互信的基础上拓展更加多元化的资金治理模式。

4. 确立了符合国际政治现实的法律形式，既体现约束，也兼顾了灵活

气候协议的形式在一定程度上可以表现各国政治意愿和全球环境意识水平。1997 年国际社会达成《京都议定书》，明确了以“议定书”这种相对严格的法律形式执行公约；而到了 2015 年，国际社会应对气候变化的能力相对 1997 年有了明显的进步，中美等排放大国也由相对保守地参与国际气候治理进程转为积极开展应对气候变化行动，应该说各缔约方应对气候变化的意愿加强了，能力也提高了。在此背景下，《巴黎协定》如果不具有法律约束力，将不满足全球日益提高的环境意识，也不符合各国积极行动的逻辑。因此，《巴黎协定》虽然没有采用“议定书”的称谓，但从其内容、结构到批约程序等安排都符合一份具有法律约束力的国际条约的要求，当批约国家达到一定条件后，《巴黎协定》将生效并成为国际法，约束和规范 2020 年后全球气候治理行动。《巴黎协定》没有采用“议定书”的称谓：一方面，因为各国的贡献目标没有包括在其正文中，而是放在《巴黎协定》外的“计划表”中，这会导致其功能和作用与议定书有一定差异；另一方面，“协定”的称谓相比“议定书”也会相对简化部分国家批约的程序，更有助于缔约方快速批约。

5. 建立全球盘点机制，动态更新和提高减排努力

为确保高效实施，促进各国自主减排贡献能满足全球长期减排目标要求，《巴黎协定》建立了每 5 年一次的全球盘点机制，盘点不仅是对各国贡献目标实现情况的督促和评估，也将可能被用于比较国际社会减排努力与 IPCC 提出的实现 2 °C 乃至 1.5 °C 温控目标间的差距，并根据差距敦促各国提高自主减排目标的力度或者提出新的自主减排目标。全球盘点 4.3 条“逐步增加缔约方当前的国家自主贡献”的机制，将是各国提出自主贡献目标后可以不断提升行动力度、不断审视行动力度充分性，并实现协定和公约目标的保证。盘点机制针对的是各国自主贡献目标，因此盘点的执行方式也应该是开放性、促进性的而非强制性的。盘点可以结合透明度规则以及协定的遵约机制，向对于自主贡献目标执行不力或贡献目标太过保守的国家施加压力，促进其提高贡献力度。盘点机制相对以往达成的气候协议是一种创新，既可以促进、鼓励行动力度大的国家不断发挥潜能升级行动，也可以给目前贡献目标相对保守的国家保留更新目标和加大行动力度的机会，从而促进形成动态更新的、更加积极的全球协同减排和治理模式。

二、碳达峰碳中和全球承诺

随着全球气候治理进程的深入推进，越来越多的国家实现碳达峰，并广泛探索实现经济发展与碳排放脱钩的实践路径。在此基础上各国广泛响应《巴黎协定》提出的21世纪后半叶实现净零排放目标，包括欧盟、美国、中国等主要主体纷纷提出碳中和目标，将全球气候治理推入一个新的阶段。

1. 目前碳排放达峰的全球概况

碳达峰的“碳”有不同解释，有的仅指化石燃料燃烧产生的二氧化碳，如我国在《巴黎协定》下提出的碳排放达峰目标，有的则是指将多种温室气体折算为二氧化碳当量的碳排放。讨论碳达峰的意义主要是为了判断一个国家未来碳排放的趋势，以及探寻经济社会低排放发展的实现路径。但前提是，碳达峰的国家已经经历经济增长过程并实现较高水平的财富积累和社会福利。低人类发展水平和低收入水平的国家即便实现碳达峰也意义不大：一是这些国家人均排放量本来就很低，从排放公平的角度看，应该存在增加排放的权益；二是这些国家未来发展具有较大不确定性，目前观察到的峰值随着经济社会发展很可能只是一个阶段性的峰值。根据1750—2019年全球各国和地区二氧化碳排放数据，对高于世界银行高收入国家标准的国家和地区二氧化碳的排放趋势进行分析发现，截至2019年，全球共有46个国家和地区实现碳达峰（见表12-1），主要为发达国家，也有部分发展中国家和地区。

表 12-1　截至 2019 年底碳达峰国家和地区的达峰时间与峰值

达峰时间（年）	国家和地区	峰值（万吨）	达峰时间（年）	国家和地区	峰值（万吨）
1969	安提瓜和巴布达	126	2003	芬兰	7266
1970	瑞典	9229	2004	塞舌尔	74
1971	英国	66039	2005	西班牙	36949
1973	文莱	997	2005	意大利	50001
1973	瑞士	4620	2005	美国	613055
1974	卢森堡	1443	2005	奥地利	7919
1977	巴哈马	971	2005	爱尔兰	4816
1978	捷克	18749	2007	希腊	11459
1979	比利时	13979	2007	挪威	4623
1979	法国	53028	2007	加拿大	59422
1979	德国	111788	2007	克罗地亚	2484
1979	荷兰	18701	2007	中国台湾	27373
1984	匈牙利	9069	2008	巴巴多斯	161
1987	波兰	46373	2008	塞浦路斯	871
1989	罗马尼亚	21360	2008	新西兰	3759
1989	百慕大三角	78	2008	冰岛	382
1990	爱沙尼亚	3691	2008	斯洛文尼亚	1822
1990	拉脱维亚	1950	2009	新加坡	9010
1990	斯洛伐克	6163	2010	特立尼达和多巴哥	4696
1991	立陶宛	3785	2012	以色列	7478
1996	丹麦	7483	2012	乌拉圭	859
2002	葡萄牙	6956	2013	日本	131507
2003	马耳他	298	2014	中国香港	4549

资料来源：Our World in Data（用数据看世界）网站公开统计数据。

注：①世界银行对高收入国家的最新衡量标准参见 https://datahelpdesk.worldbank.org/knowledgebase/articles/906519-world-bank-country-and-lending-groups。
②峰值选用达峰当年二氧化碳排放量（不含土地利用变化）。

2. 全球碳中和承诺的情况

在联合国气候变化框架公约秘书处（UNFCCC）和联合国环境署（UNDP）的支持下，由智利、英国发起成立的“气候雄心联盟”

（Climate Ambition Alliance）号召各国承诺在 2050 年实现碳中和。根据英国非营利机构“能源与气候智能小组”的统计，目前国际上已有 127 个国家和地区以立法、法律提案、政策文件等不同形式提出或承诺提出碳中和目标（见表 12–2），其中苏里南、不丹两个国家由

表 12–2　世界主要国家和地区提出的碳中和目标

国家 / 缔约方	承诺性质	承诺碳中和时间
苏里南	—	已实现
不丹	—	已实现
丹麦	完成立法	2050 年
法国		2050 年
匈牙利		2050 年
新西兰		2050 年
瑞典		2045 年
英国		2050 年
加拿大	法律提案	2050 年
智利		2050 年
欧盟		2050 年
西班牙		2050 年
韩国		2050 年
斐济		2050 年
芬兰	政策文件	2035 年
奥地利		2040 年
冰岛		2040 年
日本		2050 年
德国		2050 年
瑞士		2050 年
挪威		2050 年
爱尔兰		2050 年
南非		2050 年
葡萄牙		2050 年
哥斯达黎加		2050 年
斯洛文尼亚		2050 年
马绍尔群岛		2050 年
美国		2050 年（拜登竞选承诺）
中国		2060 年
新加坡		21 世纪下半叶
其他数十个国家	政策讨论中	2050 年

资料来源：Energy & Climate Intelligence Unit，https://eciu.net/netzerotracker；Climate Ambition Alliance:Net Zero 2050，https://climateaction.unfccc.int/。

于低工业碳排放与高森林覆盖率已经实现了碳中和目标。全球范围有越来越多的国家将碳中和目标作为重要的战略目标，采取积极措施应对气候变化。

三、碳达峰碳中和全球合作

（一）加强科学研究，推动认知水平提升

气候变化问题是当今国际社会普遍关注的全球性环境问题之一。全球应对气候变化不仅涉及科学问题，也是国际政治经济问题。政府间气候变化专门委员会（IPCC）通过汇总评估全球范围内气候变化领域的最新研究成果，为全球气候治理提供科学依据及可能的政策建议。IPCC 历次评估报告都成为气候变化国际谈判的重要科学支撑，对谈判进程发挥重要影响。IPCC 评估报告不仅为各国政府制定相关的应对气候变化政策与行动提供了科学依据，同时也是气候变化科学阶段性成果的总结，是普通公众了解气候变化知识的重要途径。

1. IPCC 为国际气候治理提供科学支撑

IPCC 五次评估报告关于气候系统的变化、变化的归因、气候变化的风险、适应气候变化的紧迫性以及实现温控目标的路径等话题的结论越来越聚焦于《公约》目标的实现。从二者的动态进程来看，IPCC 在科学基础上支撑了国际气候治理。IPCC 第一次评估报告 1990 年发布，该报告第一次系统地评估了气候变化学科的最新进展，并从科学上为全球开展气候治理奠定了基础，从而推动 1992 年联合国环境与发展大会通过了旨在控制温室气体排放、应对全球气候变暖的第一份框架性国际文件《联合国气候变化框架公约》，明确了《公约》第二条。1995 年发布的 IPCC 第二次评估报告（SAR）尽管受到

了部分质疑，但却为 1997 年《京都议定书》的达成提供了科学支撑。IPCC 第三次评估报告（TAR）开始分区域评估气候变化影响，相应的在 UNFCCC 的谈判中“适应”议题也逐渐被提高到与“减缓”并重的应对气候变化的议题。2007 年发布的 IPCC 第四次评估报告（AR4）开始将温升和温室气体浓度结合起来，综合评估了不同浓度温室气体下未来的气候变化趋势，为 2 ℃被作为应对气候变化的长期温升目标奠定了科学基础，尽管 2009 年达成的《哥本哈根协议》并不具备法律效力，但经此之后 2 ℃温升目标被国际社会普遍承认。2014 年完成的 IPCC 第五次评估报告（AR5）进一步明确了全球气候变暖的事实以及人类活动对气候系统的显著影响，为巴黎气候变化大会顺利达成《巴黎协定》奠定了科学基础。

从具体内容来看，IPCC 通过历次评估过程对不同科学问题的认知不断强化，为国际气候治理奠定科学基础，开拓新的方法和路径。据 IPCC 报告：一是进一步明确了应对气候变化的科学基础和紧迫性。从最初的地表温度、海平面高度、温室气体浓度几个要素扩展到气候系统五大圈层几十个气候指标，强调了全球气候系统变暖的事实，并且未来气候系统将继续变暖。二是从归因的角度强化了 20 世纪中叶以来全球变暖的主要原因是人类活动，强化了减少人为排放的必要性。除了地表温度、海平面高度、积雪和海冰等要素外，一些极端气候事件变化中也检测出人类活动的干扰，并且对人类活动干扰的信度不断提高。三是对气候变化影响和风险的认识进一步夯实了 2 ℃温升目标的重要性。从全球尺度的影响到区域尺度、行业领域范围，给出了从 1 ℃到 4 ℃在不同温升目标下 8 类关键风险。四是适应气候变化既有大量机会，也存在赤字。这种局限性为损失与损害议题谈判提供了理论基础，并且适应问题的普遍性和区域性对“共区”原则落实产生影响。五是不断聚焦公约提出的实现可持续目标的转型路径，给出了实现 2 ℃温控目标的总体产业、技术布局、社会经济成本，以及支持实现路径转型的体制与政策选择。

IPCC 的五次评估报告中还提出了一些具有重要价值的概念、实施手段。如第二次评估报告提出了采用碳市场机制促进全球减缓合作的设想。第三次评估报告试图回答一些重要问题，诸如“发展模式将对未来气候变化产生怎样的影响？”“适应和减缓气候变化将怎样影响未来的可持续发展前景？”“气候变化的响应对策如何整合到可持续发展战略中去？”2016 年后为满足《巴黎协定》目标，IPCC 又开展了 1.5 ℃风险和实现路径的评估，提出建立一个有效的碳预算综合管理框架，努力避免人为温室气体排放导致气候系统危害，并利用其科学和政策的双重内涵，来推动谈判进程和加大行动力度，在新型气候治理模式下推动全球减排目标的实现。

2. 科学认知与国际气候谈判的互动方式

IPCC 作为气候变化领域最具影响力的科学评估组织，其国际影响主要通过知识的设计和生产、知识的传播和知识的消费 / 接受 3 种途径。IPCC 历次评估报告结论对联合国气候谈判进程产生了重要影响，体现为科学与政治的紧密性与独立性相伴而行。首先，IPCC 的科学研究为国家间气候谈判的政治和利益博弈提供问题维度和争辩领域，即 IPCC 的评估报告被作为国际气候谈判中利益角逐的前提条件。其次，IPCC 研究推动全球气候治理的共识形成并为不断演进的国际气候治理进程提供科学支撑，同时联合国气候谈判从需求侧为气候变化科学研究画了重点。最后，在气候谈判中，IPCC 的研究成果无法保持完全独立性，在一定程度上会受到政治博弈的影响。这种互动影响关系可以分为积极互动与消极互动两种类型。积极互动包括从催生模式到推动模式以及两者相互配合的模式；而消极互动模式存在 3 种发展方向，即并行发展模式、否定模式和相互破坏模式。

（二）巩固以《公约》为主体的多边合作机制和合作原则

在国际气候治理进程中，我国是以联合国为主要平台的多边合作行动模式的坚定支持者。2021 年 4 月 22 日，国家主席习近平在“领导人气候峰会”上发表重要讲话，从人类文明的高度对气候变化等全球性问题产生的根源进行了深刻反思。工业革命在创造财富的同时，也带来了气候变化、生物多样性危机等诸多全球性问题。气候变化问题不是孤立存在的，而是工业革命以来人与自然的深层次矛盾的一个集中体现。在此背景下，国家主席习近平基于生态文明思想，提出了“六个坚持”[①]的具体主张，简要而深刻地阐述了全球应对气候变化的中国理念和中国方案。

第一，坚持人与自然和谐共生。直击工业文明背后的深层次矛盾，强调构建人与自然生命共同体。这是习近平生态文明思想的核心要义，从人类可持续发展的高度占据了道义制高点。

第二，坚持绿色发展。“绿水青山就是金山银山”的科学论断，深刻洞察到绿色发展是当代科技革命和产业变革的大方向。尽管绿色转型面临重重挑战，但应更多看到的是世界大势不可阻挡，只有通过创新驱动可持续发展，才能抓住绿色转型发展带来的重大机遇。

第三，坚持系统治理。山水林田湖草沙都是生态系统的要素，彼此依存，也是气候系统的重要组成部分。基于生态系统的整体性思维，强调保护环境必须重视增强生态系统循环能力、维护生态平衡。

第四，坚持以人为本。生态环境是最普惠的民生福祉，绿色转型也是为了人类可持续发展的长远利益，这是习近平生态文明思想的重要出发点。强调探索保护环境和发展经济、创造就业、消除贫困的协同增效，在绿色转型中努力实现社会公平正义，体现了全心全意为人民服务的根本宗旨和中国方案的鲜明特征。

---

① 参见习近平：《共同构建人与自然生命共同体——在“领导人气候峰会”上的讲话》，载于《人民日报》2021 年 4 月 23 日。

第五，坚持多边主义。全球气候变化是人类面临的共同挑战，应对气候变化是各国利益分歧中难得的和稳定的“最大公约数”。实现碳中和目标，开启了全球绿色低碳发展的新征程。中国主张以国际法为基础、以公平正义为要旨、以有效行动为导向，维护以联合国为核心的国际体系，携手推进全球环境治理。中美重启气候合作，对全球应对气候变化无疑是一个积极信号。但当前国际环境治理面临的困难也是显而易见的。大国关系依然紧张，政治互信缺乏，某些国家气候政策随政府更迭严重摇摆，淡化或逃避履行国际义务，甚至还以单边措施相威胁。对此，我国立场鲜明地指出：“要携手合作，不要相互指责；要持之以恒，不要朝令夕改；要重信守诺，不要言而无信。”[①]

第六，坚持共同但有区别的责任原则。共同但有区别的责任原则不仅是 1992 年通过的《联合国气候变化框架公约》确立的基本原则，也是全球可持续发展领域开展国际合作的基本遵循。重申共同但有区别的责任原则是国际气候治理的重要基石，强调发展中国家的多重挑战、重要贡献、特殊困难和关切，呼吁发达国家从资金、技术、能力建设等方面帮助发展中国家推进绿色低碳转型，不应设置绿色贸易壁垒。其意在巩固发展中国家的团结协作，维护发展中国家发展的正当权益，体现了中国同广大发展中国家站在一起的基本政治立场。

（三）生态文明建设引领全球气候合作

全球气候治理是全球生态文明建设的重要构成，也是构建人类命运共同体的重要领域。党的十九大报告首次把引领气候治理和全球生态文明建设写进党的报告，指出我国要“引导应对气候变化国际合作，成为全球生态文明建设的重要参与者、贡献者、引领者”[②]，并向全世界表

① 参见习近平：《共同构建人与自然生命共同体——在“领导人气候峰会”上的讲话》，载于《人民日报》2021 年 4 月 23 日。

② 参见中共中央党史和文献研究院编：《十九大以来重要文献选编》（上），中央文献出版社 2019 年版，第 4 页。

明，我国将积极参与全球环境治理，落实减排承诺。2016 年 5 月，联合国环境规划署发布《绿水青山就是金山银山：中国生态文明战略与行动》报告，向全世界介绍了中国生态文明建设的指导原则、基本理念和政策举措，指出中国将生态文明融入国家发展规划的做法和经验，表明了中国决心依靠绿色低碳循环的发展道路，走出工业文明发展范式困境，为实现全球生态安全和可持续发展提供中国智慧、作出中国贡献、贡献中国力量。全球气候治理具有长期性、综合性、复杂性等特点，推动生态文明建设，引领全球气候治理，是中国新形势下参与全球气候治理的重大课题，对全球气候治理范式转型具有重大意义。中国应立足国情，主动探索，积极创新，引领引导有机结合，积极推动全球气候治理有序开展，取得实效。

第一，做全球气候治理正义的维护者。党的十九大报告提出了人类共同面临气候变化等许多领域非传统安全威胁持续蔓延的挑战，全球气候治理成为国际社会面临的共同任务。但在传统全球治理体系中，西方发达国家一直占主导地位，在气候治理领域也在争取主导话语权。中国作为全球第二大经济体，也是最大发展中国家，与发展中国家站在一起积极参与全球治理，秉持全球气候治理正义，扩大发展中国家的话语权，在全球气候治理领域主动发出声音，提出符合应对气候变化历史逻辑、符合各国发展水平、符合发展中国家利益的气候治理主张，在国际气候治理规则中积极反映发展中国家的利益与诉求，彰显和维护全球气候治理正义。

第二，做全球气候治理机制的促进者。中国为推动《巴黎协定》通过所采取的积极努力赢得了国际社会的高度评价，但是随后美国单方面退出《巴黎协定》，给全球气候治理增加了很大不确定性。围绕如何实现《巴黎协定》目标，各缔约国亟须在减缓、适应以及资金和技术支持等方面进一步协商和制定更具体、更细化的全球气候治理规则。中国应继续坚持共同但有区别的责任、各自能力原则，从构建人类命运共同体和维护人类共同利益出发，积极促进国际社会平等协商，倡导和推动制定全球气候治理新规则，有效促进各国尤其是发达国家依约履行气候治理责任，推进相应措施有效落实。

第三，做全球气候治理的积极贡献者。党的十九大报告向世界表明，我国将积极参与全球环境治理，落实减排承诺。在《巴黎协定》国家自主贡献中，我国提出将于 2030 年左右使二氧化碳排放达到峰值并争取尽早实现。2020 年 9 月，国家主席习近平在第七十五届联合国大会一般性辩论上发表重要讲话，指出："中国将提高国家自主贡献力度，采取更加有力的政策和措施，二氧化碳排放力争于 2030 年前达到峰值，努力争取 2060 年前实现碳中和。"① 为落实承诺，我国在推进绿色发展、着力解决突出环境问题、加大生态系统保护力度、改革生态环境监管体制等方面作出了全面部署和安排，并提出"开展绿色经贸、技术与金融合作，推进绿色'一带一路'建设"等倡议。中国在全球气候治理领域的积极贡献，会给国际社会作出有力示范，也会增加国际社会对中国引领全球气候治理的认同。

第四，做全球气候治理的广泛合作者。全球气候治理是国际社会的共同任务，实现全球气候治理目标，需要国际社会广泛而持续的合作。2014 年以来，中国在气候变化的国际舞台上，通过二十国集团领导人峰会、金砖国家领导人峰会、APEC 以及中美、中欧、中法对话等平台，以更加积极开放的姿态与其他发达国家合作，先后形成《中美气候变化联合声明》《中欧气候变化联合声明》《中法元首气候变化联合声明》等一系列成果文件，为应对气候变化领域的全球合作注入了积极因素，显示了中国在气候外交上更加灵活务实的姿态。在《巴黎协定》生效后，广大发展中国家在减缓与适应气候变化方面会面临更多挑战。中国不仅需要主动承担与我国国情、发展阶段和实际能力相符的国际义务，而且需要大力倡导通过国际社会合作来应对气候变化，进一步加大气候变化南北合作，利用好中国气候变化南南合

① 参见《习近平在第七十五届联合国大会一般性辩论上发表重要讲话》，载于《人民日报》2020 年 9 月 23 日。

作基金项目，帮助其他发展中国家提高应对气候变化能力，促进更多发达国家向发展中国家提供支持，并促进国际社会向发展中国家转让气候治理技术，为发展中国家技术研发应用提供支持，促进绿色经济发展。

第五，做全球气候治理的科技创新者。破解全球气候变化问题的关键还是要依靠科技进步。《巴黎协定》生效后，发展中国家在全球碳减排中扮演着十分重要的角色，但缺乏先进的技术来实现减排目标，而发达国家拥有较多先进技术却推广应用有限。中国一方面应加强应对气候变化科技创新，大力加强节能降耗、可再生能源和先进核能、碳捕集利用和封存等低碳技术、绿色发展技术的研发、应用和推广；另一方面还应充分利用先进的科学技术深化国际合作，积极推进南北对话、沟通与协调，推动国际社会形成更加符合维护全球气候安全需要的技术合作机制，促进全球气候治理技术的深入研究和深度推广运用。

第六，做全球气候治理的理性担当者。尽管自哥本哈根气候大会以来，我国在气候治理领域的声音愈来愈强，在塑造全球气候治理新机制上日益发挥着举足轻重的作用，但也需要清醒地认识到我国仍然是一个发展中国家，我国综合国力与发达国家还有差距，经济社会发展还不成熟，还有许多自身的问题需要解决，并不具备独自引领全球气候治理的实力。因此，在参与全球气候治理中，应保持战略定力，既发挥建设性作用，又量力而行，不做力所不及的承诺，不承担力所不及的责任，而应秉持“共同但有区别的责任”基本原则，推动全球气候治理更加包容、务实和富有建设性。

总之，我国在积极参与和推进全球气候治理的进程中，硬实力和软实力不断增强，成为维护发展中国家利益的中坚力量，有力地推动了全球气候治理朝着更加公正、合理和有序的方向发展。同时，我们也应清醒地认识到全球气候治理在议题、责任、主体、组织方式及结构上发生的重大变化，我国需要通过走生态文明之路塑造自身治理能力，提升治理水平，为实现全球气候有序治理作出积极贡献。

后 记

2021年6月，应北京华景时代文化传媒有限公司相邀，编者组织了来自中国社会科学院、中国科学院、国务院发展研究中心、北京师范大学、山西大学、中共北京市委党校、北京汇智绿色资源研究院的专家学者，结合党中央、国务院关于碳达峰、碳中和目标各项要求，以十二章内容，编写了《碳达峰碳中和的中国之道》一书，全方位阐释碳达峰、碳中和相关知识，力求行文流畅、简洁、客观、规范，使高深理论通俗化，可以作为一般读者的碳达峰、碳中和普及读物。

2020年9月22日，国家主席习近平在第七十五届联合国大会一般性辩论上发表重要讲话，指出，“中国将提高国家自主贡献力度，采取更加有力的政策和措施，二氧化碳排放力争于2030年前达到峰值，努力争取2060年前实现碳中和”。实现碳达峰、碳中和是一场广泛而深刻的经济社会系统性变革，是党中央经过深思熟虑作出的战略决策，体现了构建人类命运共同体的中国担当和推进高质量发展的主动作为。党员干部是先进生产力和先进生产关系的代表，要全方位、全方面、全系统深刻理解碳达峰、碳中和理念，要主动担当、积极作为，以改革精神、创新举措、责任意识不断提高早日实现碳达峰、碳中和目标的思想自觉、行动自觉。

本书立足“十四五”时期以及2025年、2030年、2060年三个重要时间节点，结合党中央国务院关于碳达峰、碳中和目标各项要求，以十二章内容阐述了国际视野下碳达峰、碳中和的中国之道，并从概念内涵、实践路径、能源基础、投资需求、科技创新、消费变革、综合应对、碳定价机制、城市引领、目标协同、碳汇作用、全球合作十二个方面全方位阐释碳达峰、碳中和相关知识，回答了碳达峰、碳中和有什么深刻含义，中国提出碳达峰、碳中和的目标出于什么样的战略考量，中国该如何实现碳达峰、碳中和的目标，“双碳”行动又将对中国和世界产生怎样的深远影响等问题，为各行业读者提供不同视阈下关于碳达峰、碳中和的系统解读，与《中共中央 国务院关于完整准确全面贯彻新发展理念做好碳达峰碳中和工作的意见》《2030年前碳达峰行动方案》精神高度吻合。本书行文既严谨精准又简明易懂，是科学理论的大众化表达。

本书在编写过程中，得到了北京华景时代文化传媒有限公司和中国财政经济出版社的大力支持。本书特邀国务院发展研究中心周宏春研究员共同主编。周宏春老师笔耕不辍，论述颇多，各章节作者积极参与主体和框架讨论，在较短的时间内完成初稿并根据出版方建议修改完善，体现了高度的参与热情和严谨的学术精神。具体写作分工为：序言由中国社会科学院生态文明研究所副所长、研究员庄贵阳撰稿；第一章由中国社会科学院生态文明研究所研究员陈迎、中国气象局国家气候中心副研究员张永香撰写；第二章、第七章由国务院发展研究中心研究员周宏春、中国建筑节能协会清洁供热产业委员会秘书长周春、国发绿色节能环保技术研究院常务副院长李长征撰写；第三章由庄贵阳研究员、中国社会科学院大学生态文明研究系博士研究生窦晓铭撰写；第四章由中国社会科学院生态文明研究所副研究员张莹撰写；第五章由山西大学经济与管理学院副教授丛建辉、山西大学经济与管理学院硕士研究生李锐、山东大学经济学院硕士研究生孙盼婷撰写；第六章由中共北京市委党校经济学教研部讲师薄凡撰写；第八章由中国科学院广州能源研究所副研究员王文军、深圳市云天统计科学研究所研究员傅崇辉、澳门科技大学商学院硕士研究生赵栩婕撰写；第九章由庄贵阳研究员、中国社会科学院大学生态文明研究系博士研究生魏鸣昕撰写；第十章由北京师范大学环境学院教授毛显强、博士研究生郭枝、研究助理高玉冰撰写；第十一章由北京汇智绿色资源研究院院长、教授级高级工程师李金良撰写；第十二章由中国社会科学院生态文明研究所研究员王谋和中国气象局高级工程师辛源、研究员陈迎、副研究员张永香撰写。另外，中国社会科学院大学博士研究生张致宁和本科生李明遥为本书勘校核对付出了辛勤劳动。本书的编写过程除了引用作者自己发表的各类成果之外，还参考学习了相关论著，在注释中随文标出，未能一一注明者尚祈见谅！尽管如此，限于本人水平，本书肯定还存在不少缺点和错误，敬请读者批评指正！

庄贵阳

2021 年 10 月